电子设计与原型开发入门

Prototyping Electronic Devices

跨界设计必须学会的Arduino电子互动装置设计

孙德庆 著

人民邮电出版社
北京

图书在版编目（CIP）数据

电子设计与原型开发入门 ：跨界设计必须学会的Arduino电子互动装置设计 / 孙德庆著. -- 北京 : 人民邮电出版社, 2020.8
（i创客）
ISBN 978-7-115-53792-8

Ⅰ. ①电… Ⅱ. ①孙… Ⅲ. ①电子电路－电路设计②单片微型计算机－程序设计 Ⅳ. ①TN702②TP368.1

中国版本图书馆CIP数据核字(2020)第059964号

内 容 提 要

本书源自作者在纽约大学主讲的热门课程“电子设备原型设计与实践”。该课程主要面向有基本电子学和编程知识的工程、艺术、设计专业的学生，传授电子产品原型设计、项目开发方法。该课程没有把重点放在研究电路的工作原理上，而是把重点放在实践上，传授如何应用电子技术来解决问题、实现创意。

本书通过 14 章内容，结合大量有趣的实践练习，向读者介绍电子原型制作的知识和技巧。第 1～3 章介绍了原型制作的基础知识和关于 LED 的入门和进阶知识；第 4～6 章介绍了如何从零开始自己设计一块 Arduino 开发板，并将它从零件开始一步步打造成有完整功能的开发平台；第 7～8 章介绍了 Arduino 的程序调试以及多任务处理；第 9～14 章为电机、电源、通信、信号处理、蓝牙等进阶内容。

无论是随手翻阅本书，还是动手做练习，你都能了解产品原型设计及制作的整个过程，同时熟悉交互设计与快速迭代的方法。无论你是创客、艺术家、设计师、学生，还是相关从业人员，你都可以从本书中有所收获。

◆ 著　　　　孙德庆
　责任编辑　周　明
　责任印制　彭志环
◆ 人民邮电出版社出版发行　　北京市丰台区成寿寺路 11 号
　邮编　100164　　电子邮件　315@ptpress.com.cn
　网址　https://www.ptpress.com.cn
　天津画中画印刷有限公司印刷
◆ 开本：787×1092　1/16
　印张：11.25　　　　　　　2020 年 8 月第 1 版
　字数：272 千字　　　　　 2020 年 8 月天津第 1 次印刷

定价：89.00 元

读者服务热线：(010)81055493　印装质量热线：(010)81055316
反盗版热线：(010)81055315
广告经营许可证：京东市监广登字 20170147 号

推荐序

The mission of ITP is to explore the imaginative use of communications technologies — how they might augment, improve, and bring delight and art into people's lives. Deqing Sun's Prototyping Electronic Devices class at ITP is a great example. For years it has offered all sorts of novel expression in physical electronic devices to people who are not engineers and who don't own an electronics factory. We are happy to see these experiments and explorations in this exciting emerging field shared with Chinese reader. We are wishing the series of articles will be an inspiration for your learning.

——Dan O'Sullivan, Associate Dean for Emerging Media at the Tisch School of the Arts and the TBS Chair at ITP. Together with co-author Tom Igoe, he wrote the *Physical Computing Book*

互动媒体（ITP）研究生项目的理念是探索那些充满想象力的通信技术应用，思考如何用这些技术改善人们的生活，并在生活中带入欢乐与艺术。孙德庆在ITP的“电子设备原型设计与实践”课程就是一个很好的例子。在过去的几年中，这门课给那些不是工程师也没有工厂的人们提供了各种创新的方式来学习交互电子设备设计。我们很高兴与中国的读者分享我们在这个新兴领域的探索与实验。我们希望这本书能在你的学习中为你提供灵感。

——丹尼尔 · 奥沙利文，纽约大学互动媒体（ITP）研究院主任，与汤姆 · 伊戈合著《交互式系统原理与设计》

前　言

很高兴和读者分享这本书。这本书源自我在纽约大学主讲的一门热门研究生课程——“电子设备原型设计与实践”（Prototyping Electronic Devices）。学习这门课程的学生的专业类型从工程到艺术、设计都有，大家对于电子的了解程度各异，但目标都是提高自己的电子原型制作能力，来完成更好的作品。我把在这门课程上的内容和心得集结成这本书，希望能对大家的学习有帮助。如果你希望了解更多原型制作、项目开发的知识，无论你是创客、设计师、学生，还是相关从业人员，你都可以从这本书中有所收获。

与大多数工程专业不同，我所执教的互动媒体（Interactive Telecommunications Program，ITP）研究院并不从技术细节出发，而是着重于项目本身的创意，再从上而下地解决实现创意的过程中所遇到的技术问题。这本书并不是一本典型的电子学教科书，我们不会从触发器来讲解电路的工作原理，而是会更广地向读者介绍原型制作时常用的不同技术，并讲解这些技术的应用范围。

我假设你已经对电子学和编程有了最基本的了解，知道什么是电压、什么是电流、什么是欧姆定律，想要获得提高、学习项目开发的技能。我将通过14章内容，结合大量有趣的实践练习，向你介绍电子原型制作的知识和技巧。第1 ~ 3章介绍了原型制作的基础知识和关于LED的入门和进阶知识；第4 ~ 6章介绍了如何从零开始自己设计一块Arduino开发板，并将它从零件开始一步步打造成有完整功能的开发平台；第7 ~ 8章介绍了Arduino的程序调试以及多任务处理；第9 ~ 14章介绍电机、电源、通信、信号处理、蓝牙等进阶内容。无论是随手翻阅，还是动手做练习，你都将了解产品原型设计及制作的整个过程，同时熟悉交互设计与快速迭代的方法。

现在，读者不妨开始思考一个关于电子装置的点子，随着内容深入，无论是做思维体操，还是动手实践，通过反复迭代，逐步将这个点子变成一个可执行的制作规划，甚至一个可工作的原型。下面开始我们的学习旅程吧！

孙德庆
2020年3月

致 谢

首先我要感谢纽约大学互动电信研究所和人民邮电出版社让本书得以成书。这本书从一门研究生课程开始，经历几载，得以以这样一本书的形式呈现给电子爱好者朋友们。

感谢互动电信研究所的Dan O'Sullivan、Tom Igoe、George Agudow以及所有学生对于课程的付出与支持。是你们让这门课程延续至今，日渐完善。

感谢《无线电》杂志社的房桦、周明、韩蕊等对这一领域的关注及对写作的支持，使课程以十几篇杂志连载的形式与读者见面，并汇集成现在这本书。

最后，我要感谢我的家人Chickpea和小Chickpea，她们在我教书以及写作本书的过程中给予了极大的支持。

优秀学生作品

为了方便读者朋友快速了解这本书能够帮助你们学习哪些方面的知识，我在这里列出了一些优秀往届学生作品。这些作品都是学生在上课的过程中，不断利用课上所学的知识迭代、改善而成的优秀作品。希望读者朋友能通过浏览这些作品，对本书的内容有一个快速而直观的了解。

POV 地球仪

作者：Assel Dmitriyeva

视觉暂留（POV）是一种视错觉。该作品利用这种现象来创建地理数据可视化的新方法。它可以代替常规显示器进行动画显示。

可寻址灯串

作者：Brandon Newberg, Dominick Chang

可寻址灯串是可以像控制智能LED一样控制的白炽灯泡。这样，你就可以使用与控制LED灯带相同的硬件，以编程方式将灯调暗，同时让灯光保持传统灯泡灯光的温暖感。

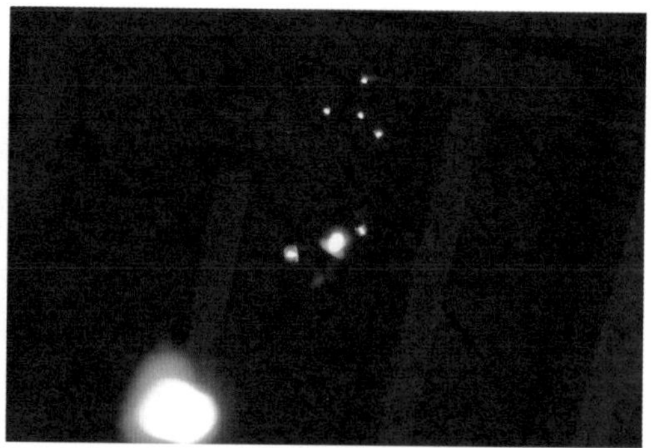

Meta-Time

作者：Chengchao Zhu

Meta-Time既是一种新颖的乐器的名字，也是一场反映人类日常与时间的斗争的现场表演的名字。

时间很迷人。人类使用它，但也与它抗争。人类可能认为他们在控制时间，但是，他们只是时间的劳工，甚至是时间的奴隶。Chengchao Zhu选择用金属链、钟表和手轮来制造一台扮演残酷的角色的机器。而他作为表演者，则试图展示人与时间、人与机器之间的斗争。

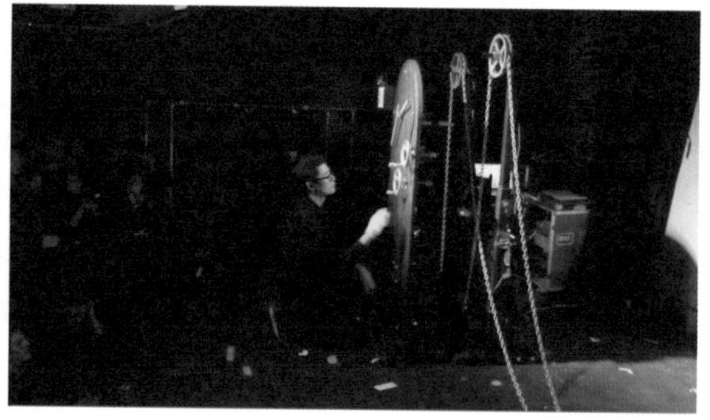

纠缠

作者: Cole Orloff

“纠缠”是一个互联的雕塑系统，旨在探索关系、信息以及我们如何组织关系和信息。它们使用时相隔万里，但每对物体能实时共享信息。通过有趣的探索和互动，该系统可以通过充分展示自己的信息，来让我们做更多推测。

智能容器 DIY 套件

作者：Jasper Wang

智能容器是一个DIY套件，你可以通过一些简单的组装、黏合和焊接操作来自己建造一系列智能花盆。

成功组装后，该容器就做好养育一棵小植物的准备。传感器会自动检测土壤水分，看植物是否渴了；LED将持续每10分钟闪烁一次，以提醒你浇花。你可以根据不同植物的习性自定义不同的阈值。

你可以使用底部的磁性插座轻松连接许多容器，磁性材料还可以将电流传递到下一个容器。因此，你仅需一根mircoUSB线。

制作你的秘密花园，制作你自己的秘密故事。

JellyFish

作者：Lei Li

JellyFish是用于音乐制作的视觉交互式乐器系统的原型控制器。它被设计为可以在3个侧面连接其他模块的模块。每个模块包含64个按钮（8×8）和两个立体声TRS音频插孔，用于连接扩展设备（例如踏板）。每个硬件模块中都使用Arduino

Micro Pro微控制器。每个按钮由机械键盘按键、半透明键帽和全彩LED制成。Arduino Micro Pro微控制器通过使用给每个全彩LED分配的驱动芯片，分别控制这些全彩LED的颜色和亮度。

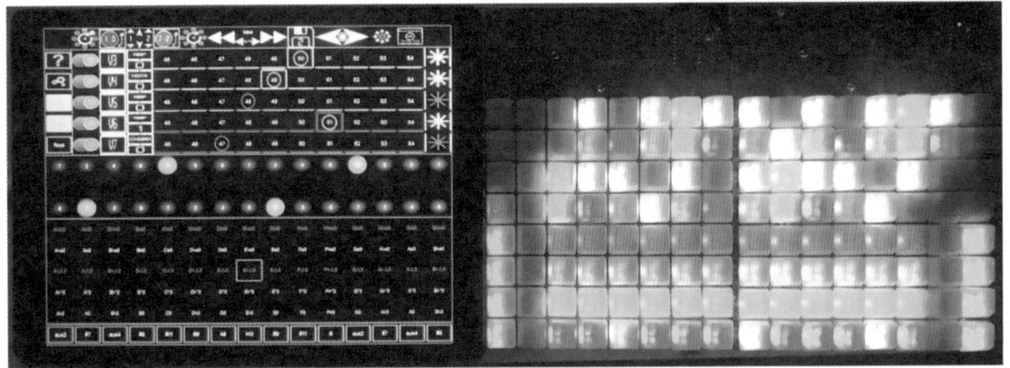

SMART wire

作者：Tsimafei Lobiak

SMART wire的意思是形状记忆合金电阻跟踪线，这是一个Arduino的库，使用DPM8600系列电源转换器激活镍钛记忆合金线。该库是为没有技术背景或形状记忆材料使用经验的人员设计的。该库用途广泛且足够简单，许多业余爱好者的项目也可使用。此外，该项目还是一个用于收集和整理有关形状记忆线的制造、使用、示例和技巧的信息库。

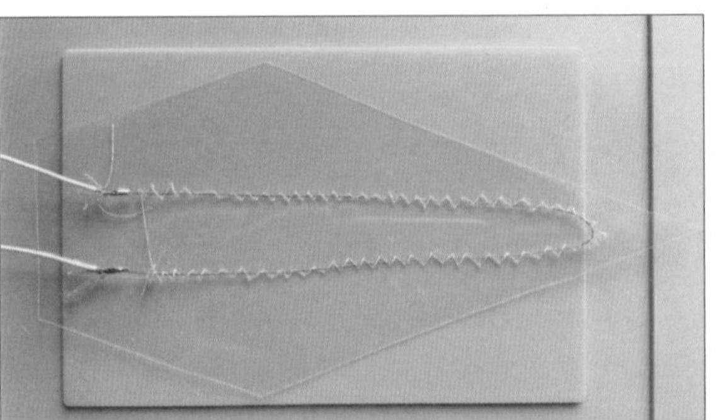

In Cookie We Trust

作者：Vidia Anindhita

In Cookie We Trust是一个窗口显示交互装置，可以在新媒体中重新解释经典的幸运签语饼。（注：幸运签语饼是一种美国中餐馆中常见的元宝形薄脆饼，里面藏着写着带有哲理性的预言的小纸条。）我们使用面部识别技术检测观众的面部，以便显示个性化“预言”（只是个交互游戏，并不是真的预测未来）。

Squeeg

作者：Vidia Anindhita

你的握力如何通过空中的声音改变你的心情？Squeeg是一种可根据你挤压的程度来创建特定情绪的蛋形无线音乐控制器。

目 录

1 原型制作基础 ······ 001

1.1 如何良好焊接 ······ 001
1.2 如何用面包板高效布线 ······ 004
1.3 什么样的电线连接是可靠的 ······ 006
1.4 动手做！搭个电子绕环游戏 (Wire Loop Game) ······ 006
1.5 总结及引申 ······ 007

2 LED基础知识 ······ 008

2.1 LED基本原理 ······ 008
2.2 LED有黄金——LED的结构 ······ 008
2.3 正极、负极勿接反——使用LED ······ 009
2.4 如何计算LED所需限流电阻的值 ······ 010
2.5 不同颜色的LED ······ 011
2.6 LED调光基础——PMW ······ 012
2.7 LED调光进阶——如何显得自然流畅 ······ 012
2.8 其他几种带有LED字眼的技术 ······ 013
2.9 动手做！制作一个2×2×2 LED立体阵列 ······ 014
2.10 详细步骤 ······ 015
2.11 总结及引申 ······ 017

3 LED应用进阶 ······ 018

3.1 Arduino驱动LED的基本原理 ······ 018
3.2 使用Arduino控制多个LED ······ 020
3.3 扫描LED ······ 022
3.4 将功能块拆分成函数 ······ 024
3.5 让LED三维阵列显示动画 ······ 025
3.6 驱动更大的LED矩阵 ······ 027
3.7 智能LED ······ 028

3.8 总结及引申 …… 029

4 PCB原理图设计 …… 030

4.1 我们为什么需要PCB …… 030
4.2 自制PCB？订购PCB？ …… 031
4.3 PCB术语 …… 032
4.4 PCB设计软件 …… 037
4.5 原理图的内容和结构 …… 037
4.6 动手做！PCB设计软件设计练习 …… 039
4.7 总结及引申 …… 044

5 PCB设计 …… 046

5.1 PCB设计的流程 …… 046
5.2 如何阅读数据手册？ …… 047
5.3 人工检查PCB设计的问题 …… 049
5.4 设置线路图规则 …… 050
5.5 更改网格大小 …… 051
5.6 显示和隐藏不同的层 …… 052
5.7 改变PCB的大小 …… 053
5.8 拖动元器件 …… 054
5.9 去除多余的丝印 …… 055
5.10 开始布线 …… 056
5.11 导出Gerber …… 059
5.12 导出BOM …… 060
5.13 总结及引申 …… 060

6 PCB焊接组装 …… 062

6.1 焊接的安全问题 …… 062
6.2 修复电路板 …… 062
6.3 焊接贴片元器件 …… 064
6.4 焊接Arduino M0 …… 066
6.5 烧写Bootloader …… 071
6.6 焊接排针 …… 073
6.7 总结及引申 …… 073

7 调试Arduino …… 074

7.1 调试思维模式（The Debugging Mind-Set） …… 074
7.2 调试Arduino代码的4种方式 …… 075
7.3 用逻辑分析仪调试代码 …… 077
7.4 扩展：调试Arduino Uno …… 086
7.5 总结及引申 …… 088

8 实现多任务处理 …… 089

8.1 最基本的LED闪烁程序 …… 089
8.2 停止使用delay() …… 090
8.3 状态机 …… 092
8.4 以两个不同频率闪烁LED …… 093
8.5 将功能块封装成类（class） …… 094
8.6 睡眠（sleep） …… 096
8.7 中断（interrupt） …… 098
8.8 总结及引申 …… 099

9 电机的种类和操作 …… 100

9.1 直流有刷电机 …… 100
9.2 舵机 …… 104
9.3 步进电机 …… 105
9.4 步进电机的连接 …… 108
9.5 直流电机、舵机和步进电机的比较 …… 111
9.6 总结及引申 …… 111

10 电源与通信协议 …… 112

10.1 常见的电源和电源参数 …… 112
10.2 不同种类的电源和应用场景 …… 114
10.3 电线的分类和选用 …… 118
10.4 电池 …… 119
10.5 在Arduino上应用通信协议 …… 121
10.6 总结及引申 …… 124

11　总线 ······ 125
11.1　USB ······ 127
11.2　I^2C ······ 128
11.3　SPI ······ 131
11.4　1-Wire ······ 132
11.5　RS-485 ······ 133
11.6　小练习：在两块Arduino上实现I^2C通信 ······ 134
12　信号处理 ······ 135
12.1　平滑滤波算法 ······ 137
12.2　滞回比较算法 ······ 138
12.3　峰值检测算法 ······ 140
12.4　包络线检测算法 ······ 142
12.5　总结及引申 ······ 143
13　Arduino USB通信 ······ 144
13.1　Arduino上几种不同的USB接口 ······ 144
13.2　Arduino USB串口通信 ······ 146
13.3　Arduino USB键盘通信 ······ 148
13.4　Arduino WebUSB通信 ······ 149
13.5　总结及引申 ······ 152
14　蓝牙低功耗 ······ 153
14.1　什么是蓝牙低功耗 ······ 153
14.2　蓝牙低功耗的角色概念 ······ 154
14.3　在iOS里制造一个蓝牙外围设备 ······ 159
14.4　用WebBluetooth制造一个蓝牙中央设备 ······ 161
14.5　连接到实体设备 ······ 163
14.6　结语 ······ 164

本书配套数字资源下载平台地址：
http://box.ptpress.com.cn/y/
RC2020000005

1 原型制作基础

通过本章，你将了解：电子零件如何良好焊接，有哪些工具和焊接技巧？面包板和面包有什么联系，如何规范而高效地使用面包板测试电路？用了大量零散电线时如何理线，NASA又是怎样做的？

1.1 如何良好焊接

连接电子零件的最主要方式是焊接。焊接(Soldering)是一种使用焊料将两片金属进行连接的工艺。焊料(Solder)是一种低熔点合金，一般以锡为主。焊接点既能提供一定强度的机械连接，又能形成电器连接。在制作电子原型的过程中，一般以手工焊接为主，需要的主要器材有焊料、焊台、助焊剂。

焊料主要采用焊锡丝(Solder Wire)。在焊接电子零件时，我们使用直径为1mm或更细的焊锡丝。好的焊锡丝中心是空的，空心里填充了助焊剂（见图1.1）。这种焊锡丝在焊接时，中心的助焊剂可以去除被焊接金属的氧化层，并在焊接过程中保护焊接点，减少氧化。

电子制作用的焊锡丝(Electrical Solder Wire)的配方一般分为两种：有铅焊锡和无铅焊锡。有铅焊锡是锡与铅的合金，优点是焊接时融化温度较低。无铅焊锡一般由锡、银、铜组成，它不含铅，在保护人体健康方面有一定优势。在电子原型的制作过程中，我们一般不需要申请环境保护认证或满足相应标准，且使用有铅焊锡可以使用较低的焊接温度，降低损伤零件和电路板的风险，新手也更容易掌握，所以有铅焊锡被广泛使用。至于焊锡中的铅，它并不会因皮肤接触被人体吸收，而是通过食用被吸收。因此焊接后要及时洗手，并避免在焊接场所吃东西。

焊接的工具最好选用调温焊台(Solder Station)。老式的电烙铁缺乏控温能力，焊接电线或低密度电路板尚可，但焊接中高密度电路板，尤其是贴片元器件，就比较困难了。相对的，调温焊台可以较精确地控制温度，我们推荐使用300~400℃进行大多数焊接操作。如果温度过低，焊锡融化的时间会比较长，甚至难以融化。温度过高，则可能会损伤电路板、元器件或者电线外皮。同时助焊剂挥发过快，可能导致焊接点氧化。再者，在高温下，烙铁头的寿命也会缩短。

现代的烙铁头(Solder Tip)为了提高导热性能，尖端涂有镀层，这一点与老式紫铜烙铁头不同。而烙铁头尖端的镀层一旦损坏，整个烙铁头就报废了。对照图1.2所示的烙铁头示意图，现代烙铁头内部是铜芯(Copper core)，用于导热。铜芯外面有一层铁(Iron plating)。烙铁头的前部有一层抗腐蚀锡镀层(Solder plating)，融化的焊锡可以附着在上面。烙铁头其余的部分镀了铬(Chrome plating)，不能被焊锡附着。由此我们了解了烙铁头真正关键的部分只有尖端的锡镀

图 1.1　单芯焊锡丝的截面图。金属中心的白色物质为助焊剂

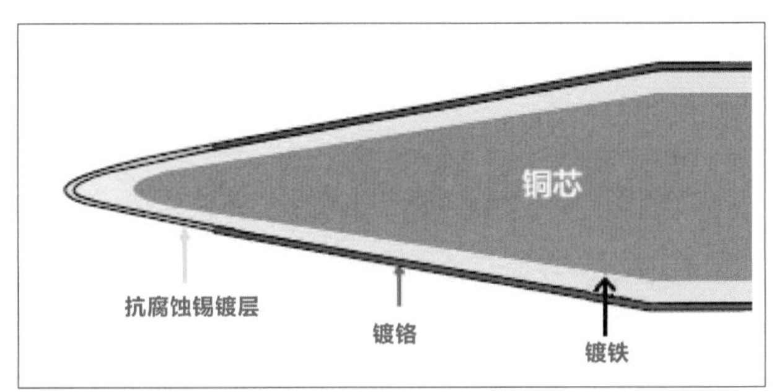

图 1.2　烙铁头的结构，只有尖端的黄色区域可以焊接，要避免损伤此处的锡镀层

层，使用的时候要注意保护，避免刮擦，绝不可以打磨。此外，加热时尽量保证整个锡镀层都包裹着新鲜融化的焊锡，防止它氧化。清洁烙铁头可以使用挤干水的湿润海绵或者烙铁头清洁球。

焊接的另一个重要材料是助焊剂(Flux)。虽然焊锡丝中心已经包含了少量的助焊剂，但如果焊接不够迅速，或者需要再次焊接时，焊锡丝中的助焊剂便不够用了，这时我们需要补充额外的助焊剂。选用助焊剂时，一般使用以松香为主料的助焊剂。如果焊接密度高，也可选择BGA焊油。注意一定不可以使用焊接金属用的焊锡膏。与电子用的助焊剂不同，焊接金属用的焊锡膏可能会导电并有腐蚀性，如果用在电子零件和电路板上可能会导致故障。如果使用松香作助焊剂，尽量将松香用酒精调成松香水或者直接购买液态助焊剂。我们推荐将松香水装入助焊笔或者直接购买一次性助焊笔（见图 1.3），这样可以有效提升使用效率。

那么助焊剂是如何工作的，又有什么注意事项呢？助焊剂在受热时会在焊接点附近形成一层保护膜，从而减少焊锡的氧化，增加熔融焊锡的流动性，使焊接点光滑闪亮。需要注意的是，在焊接温度下虽然铅不会被气化，但助焊剂以及它的分解产物可能会形成烟气。这些烟气对呼吸道有刺激，我们需要尽量避免吸入烟气。常见的保护设备是吸烟仪(Fume Extractor)，配合过滤网，可以比较有效地过滤掉焊接烟气。如果条件有限，佩戴带有滤毒罐的防护面具也可以起到很好的防护效果。

准备好以上工具，读者朋友就可以练习电子元器件焊接了，这里介绍一些实用技巧（见图 1.4）。① 首先在待焊接的焊盘和引脚上涂上助焊剂。② 然后给烙铁头尖端镀上一层薄锡，如果

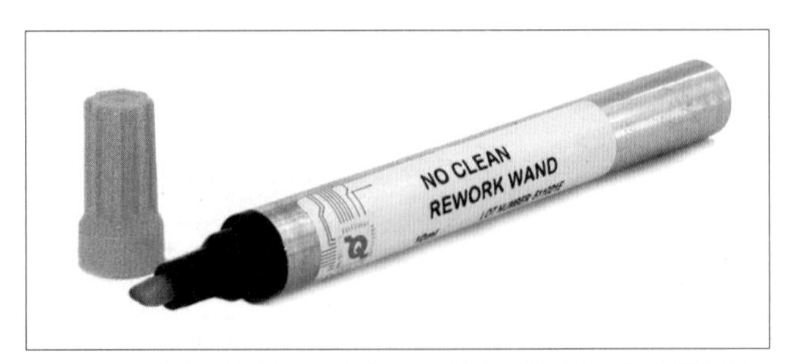

图 1.3　一次性助焊笔。可以单手直接将助焊剂涂到待焊区域，方便高效

烙铁头上有旧的焊锡，可以在此时用挤干水的湿润海绵或专用清洁球去除。③ 之后用烙铁头尖端加热焊盘和引脚，在正确的温度下，只需一两秒，助焊剂就会被加热至冒烟。④ 之后将焊锡丝压到焊盘上，利用焊盘的温度将焊锡丝熔化至流动并覆盖整个焊点（注意这一步不要将烙铁头直接压在焊锡丝上，以避免烙铁头较高的温度让焊锡丝中的助焊剂过度挥发）。⑤ 当焊点有了足够的焊锡，形成漂亮的锥形焊点时，先移开焊锡丝，再移开烙铁头。⑥ 这样一个结实、漂亮的焊点就完成了！

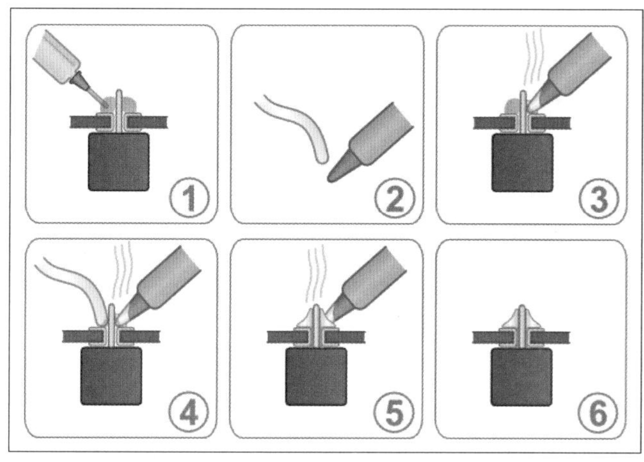

图 1.4 焊接步骤及技巧

新手可能有一个疑问，怎样的焊接点才是良好的？参照图 1.5 来看，只有第一个锥形焊接点被认为是良好的，其余的无论是焊锡太多、太少、干裂、粗糙，都可能给电路带来隐患。必要时，我们需要通过再次焊接来修复不良焊接点。这里介绍一个技巧：我们先在不良的焊接点上再加一些助焊剂。如果不良焊接点的焊锡太少，就用焊锡丝再加一些焊锡。反之，如果焊锡太多，可用干净的烙铁头将焊接点的焊锡粘下来一些，重复这个过程就能减少焊点的焊锡量。如果只是焊点不光滑，用烙铁头将焊点融化一次即可，助焊剂将会让这个焊点变得光滑、闪亮。

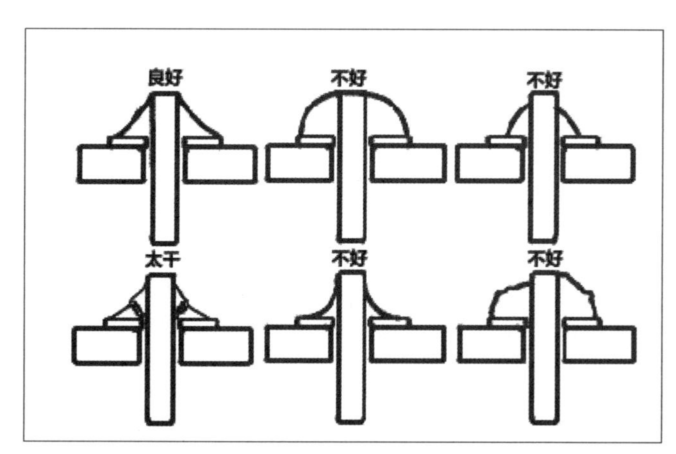

图 1.5 焊接点好坏对比，只有左上为良好的焊接点

1.2 如何用面包板高效布线

做最初的电路原型测试时，将元器件插在面包板(Breadboard)上并插线是一种非常方便的做法。在面包板上无论插拔零件还是电线，都比焊接法方便、快捷。看看你手中的面包板，上面布满规则排列的小洞（见图1.6）。如果你拆开面包板，会发现许多横竖间隔的金属夹片。当零件的引脚或导线插入面包板的孔中，这些金属夹片就夹持住了引脚和导线，使它们不易脱落。同时，由于这些夹片是金属的，所以它们可以导电。图1.6所示就是一块半尺寸面包板。其中横向相邻5个插孔共用一个夹片，没错，也就是说这5个插孔是相互接通的。此外两边纵向各有两条长的夹片，一般用作电源轨。需要注意的是，全尺寸面包板的电源轨可能是分成两截的，中间不导通，需要用导线连接（后面的动手实例将讲解如何连接）。

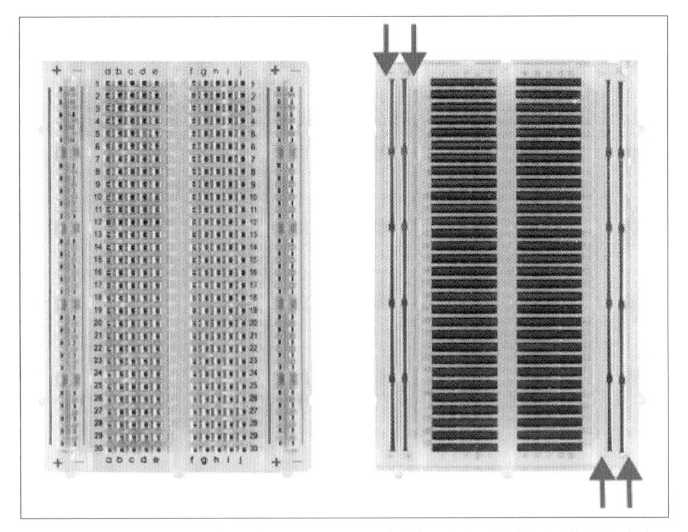

图1.6 半尺寸面包板。左侧是正面，右侧是拆开塑料壳的面包板，条状物是金属夹，箭头所指的长条金属夹通常用作电源轨

图1.7 早期焊接式面包板。面包板上钉有铜图钉，电子元器件和电线焊接在铜图钉上

读者朋友可能好奇，面包板这个名字和面包有什么联系？它看起来可并不像任何一种面包啊。其实，面包板这个名字本来指切面包的砧板，这种砧板在传统中餐里是没有的。与中式面包房里香甜松软的面包不同，做主食的西式面包一般既不甜也不软，需要用刀切成片食用。切面包时会使用一把有锯齿的长面包刀，在一块较小、较薄的砧板上切割，并直接将切好的面包放在这块砧板上上桌。早期无线电爱好者们使用的元器件都比较大，而面包砧板大小合适又容易获得，他们便将铜图钉钉入面包砧板，然后在图钉上焊上电线和零件，从而组成电路（见图1.7）。我们现代的面包板是Ronald J. Portugal在1971年发明的，查阅当年的专利文档，它的结构和我们今天的面包板别无二致。这种新式面包板早期被称为“免焊式面包板”（“Solder-less” Breadboard)，之后随着焊接式面包板退出历史，这种免焊式面包板就慢慢简化成了现在的面包板。

最常见的面包板连线方式是使用面包板软跳线(Jumper Wire)，这种线一般成捆出售，价格便宜、颜色多样（见图1.8）。线的主体是彩色多股线，容易弯曲。两头是硬金属细棍，很容易插入面包板内。金属细棍与柔软的线身连接处有黑色塑料保护，方便抓取插拔。使用这种软跳线搭建电路非常快，而且容易修改。但是你会发现用它搭建的电路即不整齐，不利于调试，也不牢固，很容易因为误碰误撞导致脱落。如果你的面包板电路需要长时间工作，不建议使用这种软跳线连接电路。

更加稳妥的办法是使用单股导线来连接电路。这种方法的好处是电线可以贴合面包板，不容易掉落；走线整齐，容易看清楚电路结构，便于调试（见图1.9）。想要动手实践的读者朋友可以购买预切割好的盒装导线，里面包含各种长度和颜色的导线。或者自己动手，便宜、快捷地弯制导线。自己弯制导线的另一个好处是可以自由控制导线的长度，使电路更整齐。通过测试，我们推荐使用22号单股电线（芯径直径为0.64mm），使用剥线钳可以很容易地移除线皮，露出线芯。这种粗细的金属芯有足够的机械强度，既容易插入孔内，又不易脱落。

准备好剥线钳和22号单股电线，我们就可以自制面包板导线了。下面与大家分享一些技巧：如何快速制作一条长度合适的面包板导线。前面提到全尺寸面包板的电源轨可能是分两截、中间不导通的，这里就以连接电源轨为例。首先将导线一端的线皮剥掉6mm左右，并将剥出的线芯用指甲弯折90°。之后，将弯折的线芯插入面包板空洞里（连接点的一端），将线布好并尽量保证导线紧贴面包板，在线的另一个连接点处用指甲在电线皮上划一个痕迹。将电线取下，并在痕迹外侧6mm处剪断线皮，将线皮从指甲划痕处剥除，将剥出的线芯用指甲弯折90°（见图1.10）。至此，一节长度完美的导线就加工好了！将它插到面包板上不会有任何凸起或弯曲。

如果你需要进一步保护线头和零件，防止它们从面包板上掉落，可以使用热熔胶将导线与零件粘在面包板上。担心粘好的电路难以修改？很简单，只需要将浓度为70%的酒精喷到热熔胶上，等5s左右就可以轻松取下热熔胶了。

图1.8 面包板跳线。组装效率很高，但跳线较高容易被碰掉，不易观察电路结构

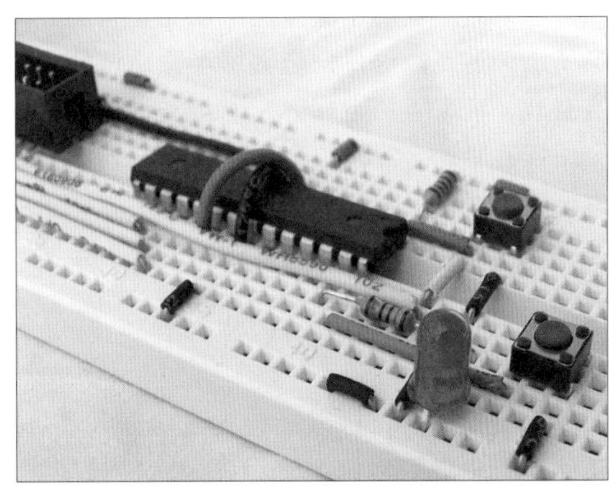

图1.9 面包板单股线。导线紧贴电路板，不易脱落，电路结构一目了然

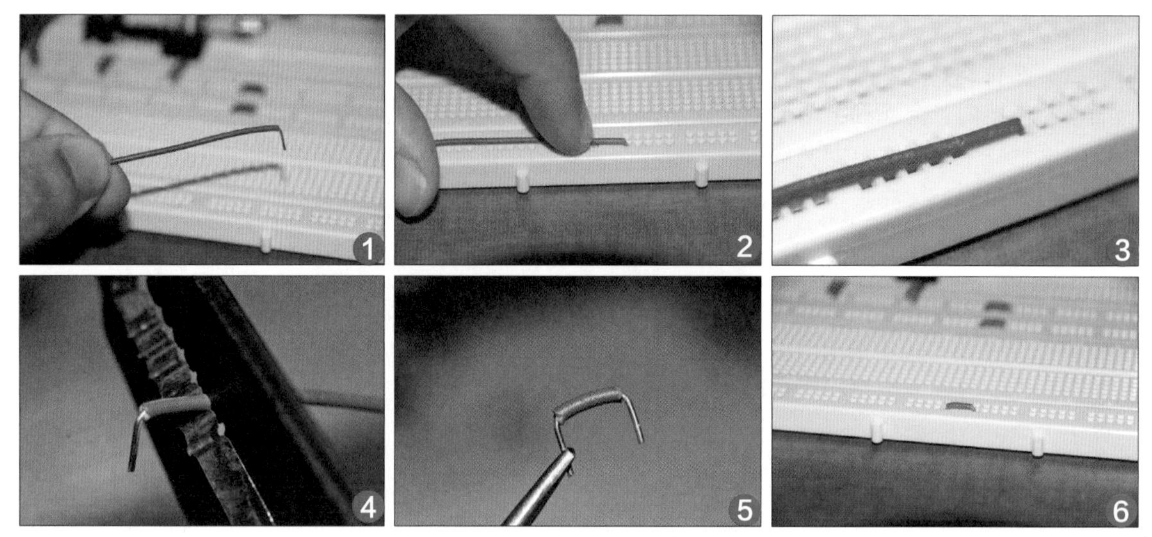

图 1.10 制作面包板导线技巧

1.3 什么样的电线连接是可靠的

对于可靠的定义，不得不提到半个世纪前将人类送上月球的NASA(美国国家航空航天局)。它对于连线、焊接、电路板维修等工作，都有基于大量测试得出的严格标准和详尽说明。这里推荐一份标准《*NASA Workmanship Standards*》(NASA工艺标准)，它用通俗的文字和清晰易懂的图例详细介绍了什么样的工艺是可接受的，什么样的工艺是不符合标准的以及不符合标准的原因。你可以访问NASA官网查阅这份资料，无论是了解压线、焊接、线束连接或点胶的操作技巧，还是随手翻看开阔眼界，这本手册都是很棒的资料。

1.4 动手做！搭个电子绕环游戏 (Wire Loop Game)

本章的动手制作部分是搭建一个有趣的电子绕环游戏。这是一个锻炼手眼协调能力的游戏，玩家手持金属环，沿着一根弯曲的金属裸线移动金属环，要保持金属环始终不碰金属裸线，一旦碰线，游戏就算失败(见图1.11)。换用不同长度和弯曲形状的金属裸线，或不同大小的金属环，就可以调整游戏难度，升级挑战。

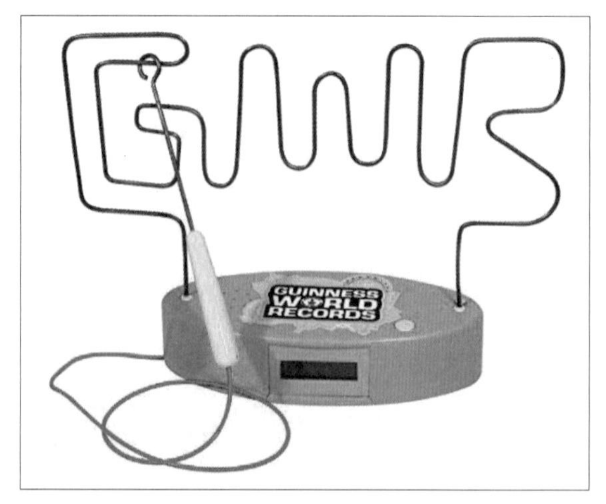

图 1.11 市场上可以买到的电子绕环玩具

我们使用面包板来搭建这个电子设备，在此过程中你可以练习使用面包板的技能。参考图1.12中搭建好的电路和原理图，动手试试看！

图1.12中的Arduino仅仅用来提供电源，不执行任何代码。一旦金属圈与金属线接触，LED将会亮上几秒，来提醒玩家游戏失败。这个电路的核心是一个由555（图1.12中的黑色芯片）构成的单稳态电路。电路中的按钮由两部分组成，一部分是一根长的金属裸线，另一部分是接地的金属圈。这两者一旦触碰，就等效于一个按键开关被按下。由于触碰的时间很短，如果直接连接LED的话难以看清楚。因此这里我们使用了一个单稳态电路：即使金属圈碰撞很短的时间，LED也可以亮起数秒，提示玩家。

1.5 总结及引申

本章我们了解了原型制作的基本技巧，包括焊接的工具及技巧、各种布线工具和规范，以及理线技巧。除了技术技巧，设计方法在原型制作中也同样重要。读者朋友不妨大胆设想一个不存在的疯狂装置（Fantasy Device），为它构思一个操作界面。设计时你要从使用者角度出发，思考他应该看到什么、听到什么、触摸到什么。将这个操作界面简单画出来，甚至用纸盒做做看，把设计好的操作界面展示给朋友，观察他们如何理解你的界面。

如果这个设计练习你感兴趣，推荐阅读Chris Crawford的著作《*The Art of Interactive Design*》中的第一章和第二章。

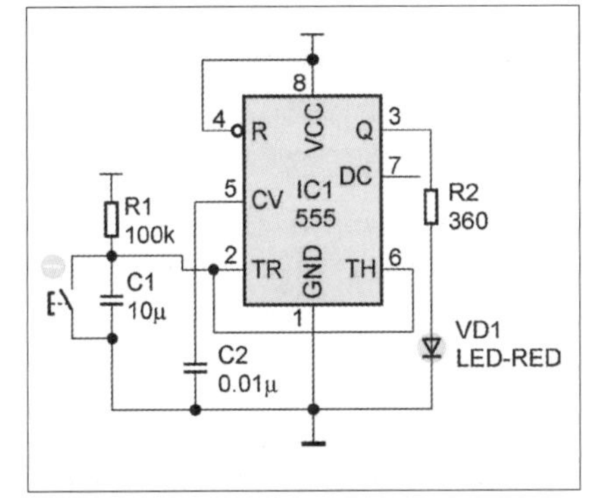

图 1.12 电子绕环游戏搭建实物图及电路图

2 LED基础知识

LED是大家熟悉的电子器件，它的结构是怎样的？特性如何？使用LED时有哪些技巧？如何控制LED亮度使它看上去自然流畅？我们一起动手做一个LED三维阵列吧！

2.1 LED基本原理

LED的全称是发光二极管(Light-Emitting Diode)，是一种能发光的半导体电子器件。简单来说，它可以把电能转化成光能，通电就亮，断电就灭。

与普通二极管(Diode)一样，发光二极管内部也有P型半导体(P-type)和N型半导体(N-type）形成的PN结。在外部电压的作用下，N型区的电子(Electron)和P型区的空穴(Hole)在复合(Recombination)时，电子的能量会以光的形式释放。光的颜色则由半导体的材料决定。

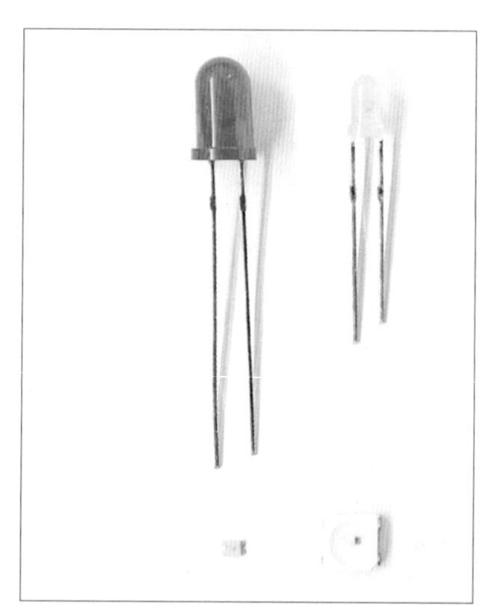

图2.1 LED有不同尺寸的封装。图中上方为直插型LED（ϕ5mm、ϕ3mm），图中下方为贴片型LED（0805、5050）

2.2 LED有黄金——LED的结构

我们平时常用的LED一般是封装好的（即有一个塑料头），按照焊接方式可以分为两种：直插型(Through-Hole)和贴片型(Surface Mount)。直插型LED有两条金属引脚，方便用于面包板、洞洞板等进行快速原型搭建。贴片型LED没有引出的引脚，一般用在定制PCB上。LED有不同尺寸的封装（见图2.1），选择时应综合考虑电路布局、焊接的难度（越小越难焊接）和功率（大尺寸功率高）等因素。

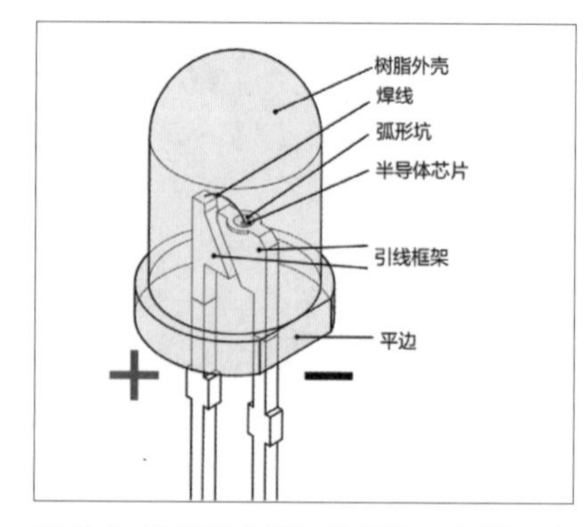

图2.2 直插型LED的结构示意图。中心黄色部分为LED核心元件

拿起一颗直插型LED（见图2.2），我们看到的主要部分是它的树脂外壳(Epoxy Lens/Case)。树脂外壳既可以固定和保护内部结构，又作为LED的镜头，起到散光或聚光的作用。外壳下端是两条金属引脚(Leadframe)，长的一条是阳极(Anode)，短的一条是阴极(Cathode)。如果你通过放大镜观察，会发现其中一条引脚的顶部有一个弧形坑(Reflective Cavity)，LED核心元件就在这个坑里（见图2.3），而元件顶部有一条金线连接着另一条金属

引脚。没错，LED中有黄金！当电流通过核心元件时，它发出的光将由弧形坑反射，并由顶部的树脂镜头聚光。

2.3 正极、负极勿接反——使用LED

LED本质上是一个二极管，它的符号和二极管类似：一个三角形、一条线、一组向外指的箭头指示它能发光。三角形所指的方向就是电流能流过的方向（见图2.4）。

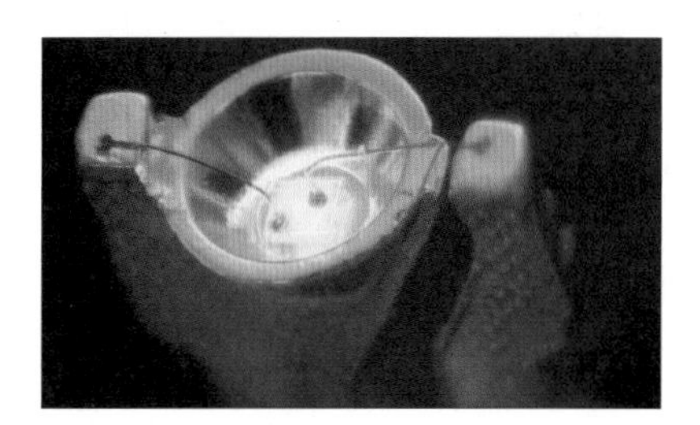

图 2.3 直插型 LED 的核心元件结构。引线由黄金制成

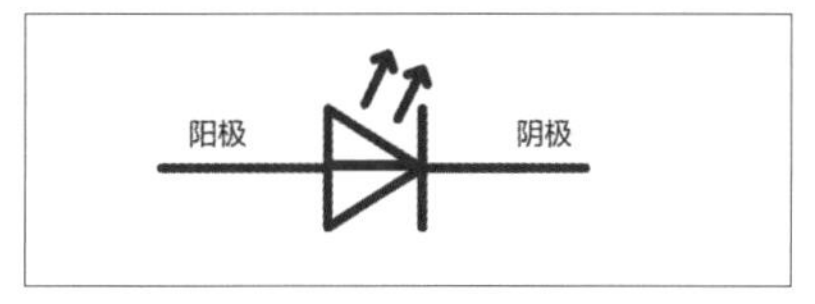

图 2.4 LED 符号。三角形所指的方向就是电流能流过的方向

LED的电流特性也符合二极管的特性（见图2.5）。当正向（Forward）施加低电压时，流过LED的电流非常小(图中V_d左侧的曲线)，直到电压达到LED的开启电压（V_d），LED上流过的电流将急剧增大，这时LED会显著发光。对LED反向（Reverse）施加低电压时，流过LED的电流也会很小，直到电压达到LED的反向击穿值（V_{br}），LED上流过的电流将急剧增大，但整个过程中LED都不会亮。需要注意的是，如果给LED施加过高电压（超过V_d或V_{br}），都会导致过大电流通过LED，从而产生大量热甚至烧毁LED。一般应用中，电压不应超过5V，只要LED正极、负极接对，只要考虑正向电压即可，即图中右半部分。

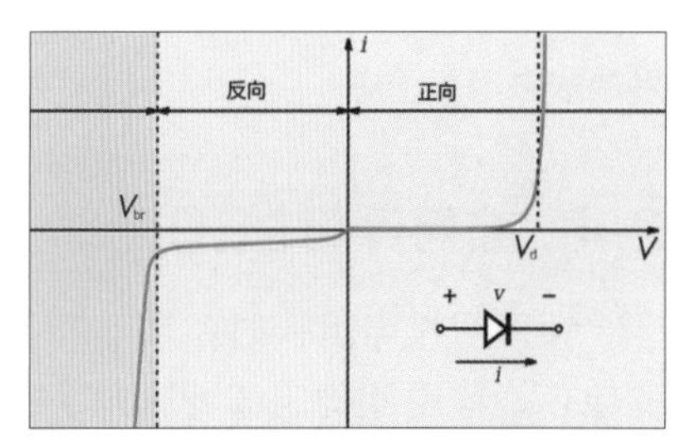

图 2.5 二极管电流与电压关系曲线。一般应用中，施加给 LED 的电压不应超过 5V

那么驱动LED的合适电流是多少？我们不妨查看所使用的LED的数据手册，图2.6所示是一种红色LED的电流-电压关系曲线。我们可以读出在特定的电压（Forward Voltage）下，LED上所流过的电流（Forward Current）毫安数值。一般应用中，电流不应超过20mA，以免产生过多热量。

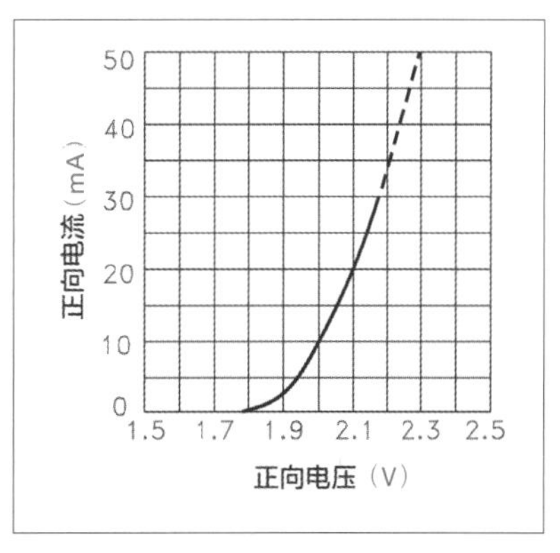

图 2.6 一种红色 LED 的电流－电压关系曲线。一般应用中，施加给 LED 的电流不应超过 20mA

细心的读者会发现，图中20mA对应2.1V，50mA只对应2.3V。联想很多单片机（如Arduino）是5V输出，如果直接插LED，那对应的电流曲线早已突破图中的上限，岂不是早爆炸了？我们试试看！结果并没有期待中的爆炸（见图2.7）。

我们用万用表测量一下LED两脚间的电流和电压，分别是64.4mA和2.76V，并不是5V。如果拔掉LED，我们再量电压，电压输出值又变成了5V。其实这与大部分单片机的工作原理有关。单片机的输出引脚并不是一个理想的恒压源，它输出电流的

图 2.7 Arduino 5V 输出口直接插 LED 并不会使 LED 烧毁

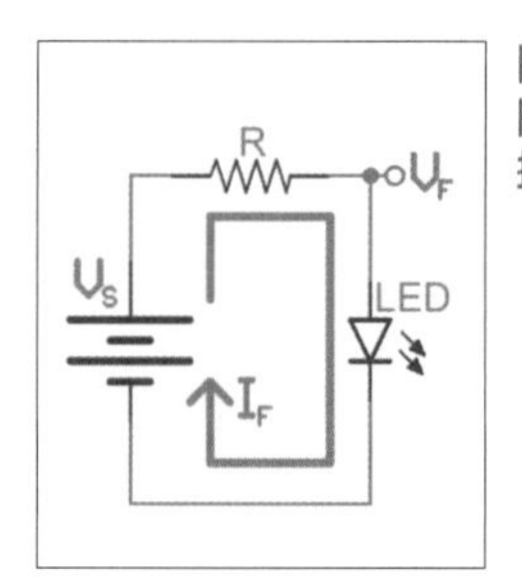

图 2.8 LED 与限流电阻 R 的连接方式

能力是有限的。因此，将一个引脚置高后，如果不连接任何外部器件，该引脚的电压是5V；当输出电流较大时，它的输出电压就会低于5V。以Arduino为例，我们打开它的主芯片（ATmega328P）数据手册中的电流-电压关系曲线图，读图可知：引脚输出电流20mA时，输出电压只有4.2V；当输出电流增大时，输出电压会进一步下降。因此，当LED接入时，随着通过LED的电流增加，引脚的输出电压不断下降，直到引脚和LED的电流供求达到平衡为止。

实践中直接将LED接到单片机上是否合适呢？这取决于用途，除非是快速测试，否则一般不建议这么做。以前面接红色LED为例，通过LED的电流达到了64mA，已经比较大了。对普通LED来说，这样大的电流会产生不少热量，积聚在LED内部，使LED寿命缩短。另外，5V的单片机输出2.76V，那么其余的2.24V就在单片机内部被转换成了热量。如果只是一两颗LED还好，如果LED较多，便会使单片机过热。推荐的用法是在LED上串联一个限流电阻（见图2.8），起到限制电流、分担电压、避免驱动芯片发热的作用。

2.4 如何计算LED所需限流电阻的值

计算限流电阻值时，精准的方法是参照所用LED的电流-电压关系图，读出所需电流对应的电压，运用欧姆定律计算电阻值。通常实践时，我们会使用LED电流-电压的简化模型，而不是每次都读图。常用简化模型是：LED显著发光电流为20mA，此时红色LED电压为2.0V，绿色LED电压为3.1V，蓝色LED电压为3.5V。没错，不同颜色的LED正常工作的电压不同，下一节将会介绍原因。

假设我们需要红色LED在5V电源下显著发光。首先，我们知道LED将需要20mA与2V（根据简化模型）。那么，串联的限流电阻将分压3V（5V−2V）。由于LED和电阻是串联关系电流相等，流过电阻的电流也是20mA，所以使用欧姆定律（$I=V/R$），得出电阻为145Ω（2.9V/20mA）。

由于我们使用的是简化模型，同时电路中通常还有我们没考虑到的方面，如果需要准确控制LED电流，可以将计算得到的电阻值连接到电路中，使用万用表测量实际得到的电压、电流，根据需求调整电阻的阻值。

进行快速原型制作时，如果只需要LED显示亮灭，一般在LED上串一个1kΩ电阻即可。这时LED发光柔和，在5V下的电流一定不会过大。图2.9所示是一种内置电阻的LED，即把电阻封装在树脂外壳内部，外观看起来跟普通LED别无二致，也为快速原型制作带来不少便利。

2.5 不同颜色的LED

不同颜色的LED正常工作所需电压（Foward Voltage）不同。不同型号和封装的LED如果颜色一致，一般电压也相差不多（见图2.10）。一个记忆窍门是，LED颜色越靠近彩虹的红色端，电压越低；反之电压越高。

细心的读者会发现，白色、暖白、蓝色LED的电压是一样的。这是因为白色LED的本质是一颗蓝色的LED！艾萨克·牛顿爵士在1704年的著述《光学》(Opticks）中证明，白色光可由黄色光和蓝色光混合而成。现代白色LED正是利用这一原理，它的基础是一颗蓝色LED，上面覆盖有黄色荧光粉（Phosphor）。由于蓝光（Blue luminescence）的能量较黄光高，一部分蓝光激发荧光粉，被转换成黄色光。黄光和蓝光混合在一起，看起来便是白光（见图2.11）。

这种方法看似凑合，事实上是一个伟大的发明。尼克·何伦亚克（Nick Holonyak Jr.）在1961年便发明了红色LED，不久黄色和绿色LED也被发明出来。但由于缺少蓝色LED，LED屏幕在很长一段时间里不能显示全彩色。1993年中村修二成功研制出商用蓝色LED，同时使得白色LED的制造成为可能，他因此被授予2014年的诺贝尔物理学奖。蓝色LED专利过期后，LED的价格得以大幅下降，使得LED屏幕广泛普及开来。

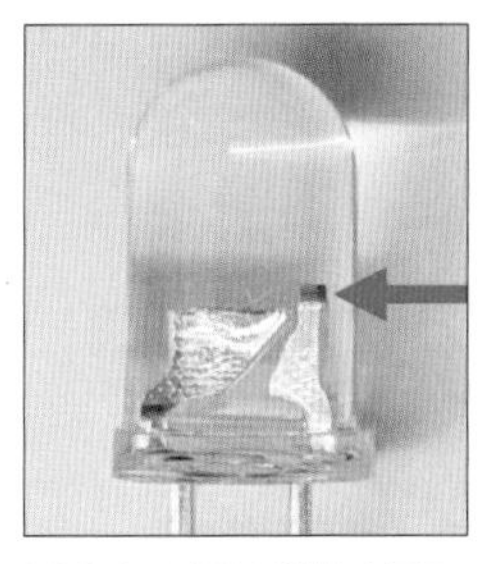

图2.9 内置电阻的LED。箭头处灰色的小方块是电阻，串联在正极与引线之间

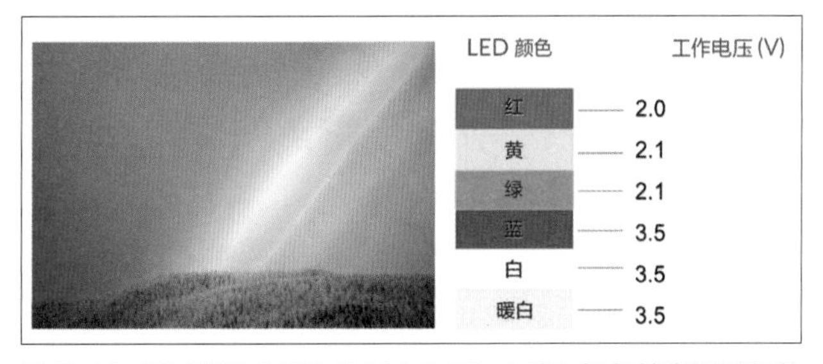

图 2.10 不同颜色 LED 的工作电压。LED 颜色越靠近彩虹的红色端，电压越低

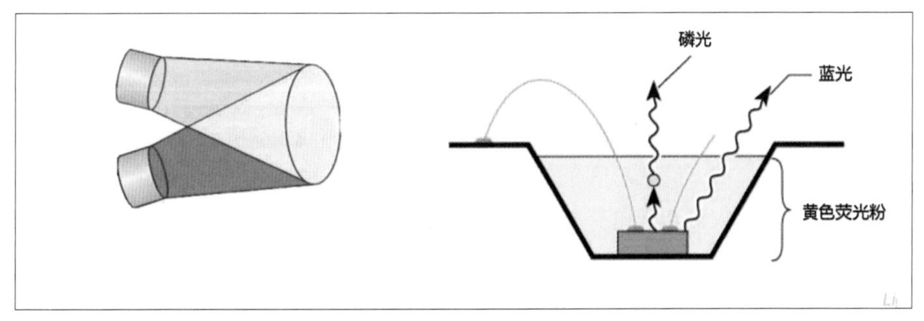

图 2.11 白色 LED 的结构。白光是由蓝光混合黄光而成

2.6 LED调光基础——PMW

实践中常用的LED调光方法，利用了人眼的一个特性：闪光融合（flicker fusion）。简单来说，如果LED闪烁频率足够快，肉眼就无法观察到光的间断闪烁，而是会感到连续发光。例如使用Arduino的AnalogWrite功能驱动LED，它每秒钟会闪烁490次，此时肉眼无法观察到LED的闪动，会觉得它的亮度是恒定的。

读者朋友可能会疑惑，为什么不直接调节电压、电流来改变LED亮度呢？某些专业LED驱动器，确有此法。快速原型制作时不常用这种方法，原因有二：首先LED的亮度和电流并不是线性关系，不能简单把电流和亮度当作线性看待；另外一般单片机并不具有模拟输出能力，调节电流比较困难。因此，我们使用脉冲宽度调制（PWM）的方法，来等效一个模拟量（Analog）。

PWM调光的基本思想是：利用闪光融合原理，通过快速开关LED，使LED看上去发出恒定的亮光；亮光的强度，通过调节打开和关闭的时间比例来控制。这种比例被称为占空比（Duty cycle），占空比越高，LED看起来就越亮。如占空比达到50%时，打开和关闭的时间各占一半，即LED有一半时间在发光，此时亮度等效于满亮度的一半。

我们不妨一起动手实验，将LED接到Arduino支持PMW的引脚上，用AnalogWrite函数调节占空比。写一个循环函数，试试看从AnalogWrite(0)到AnalogWrite(255)过程中，LED亮度如何变化（见图2.12）。

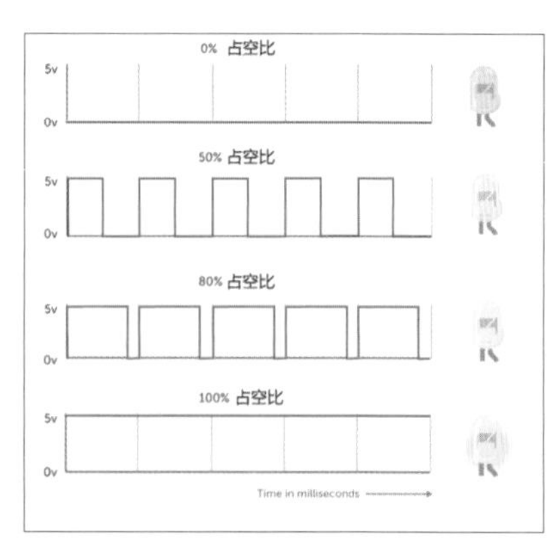

图 2.12 PWM 调光法。占空比越高，LED 越亮

2.7 LED调光进阶——如何显得自然流畅

上面的实验中，你是否也观察到LED的亮度变化看起来并不均匀，而是在某个时刻突然变亮？例如PMW从1变到2时，亮度变化非常明显；从254变到255时，却基本看不出亮度变化。这不是因为PWM工作不正常，而是因为我们肉眼的另一个特性：看强光和弱光的灵敏度不同。

我们使用史蒂文斯幂定律（Steven's Power Law，见图2.13）来处理这一问题。幂定律属于心理物理学（Psychophysics）研究范畴，它总结了物理刺激量（Stimulus Intensity，横轴）和感觉量（Magnitude Estimate，纵轴）之间的关系。对于光亮度（Brightness）而言，人眼感知的亮度，与实际亮度的1/3次幂成正比。举个例子，一支蜡烛发出一定亮度的光；如果想要人眼感受到双倍的亮度，两只蜡烛并不够，需要

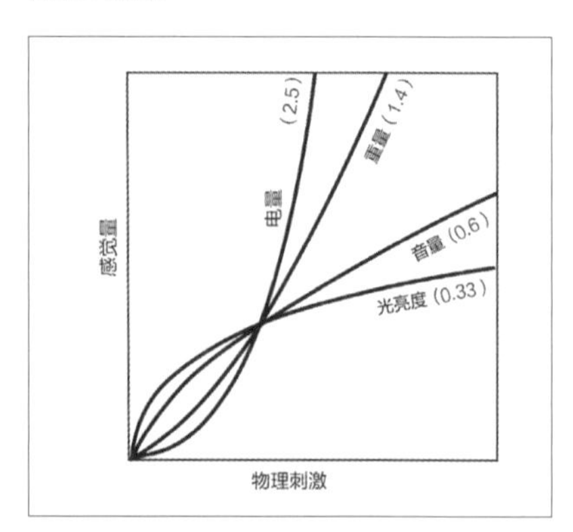

图 2.13 史蒂文斯幂定律

8只蜡烛（8的1/3次幂是2）。

实践中，我们可以让LED的亮度变化符合三次方曲线，来补偿人眼的感知曲线。接着上一个实验，你可以试试以下两组占空比数值，让单片机以固定速度切换数值，看看两种控制方法的区别。

（1）线性变化的占空比：31、63、95、127、159、191、223、255（看上去很快变亮，之后变化不明显）。

（2）三次方关系的占空比：1、4、13、32、62、108、171、255（看上去亮度变化均匀）。

如果你有早期苹果电脑，你一定记得它前端那颗白色呼吸灯，它自由流畅的亮度变化为整个产品增加了灵动气息。Adafruit曾用示波器捕捉了它的亮度信号（见图2.14），可以看出，苹果的LED呼吸灯信号基本符合三次方关系，应用了史蒂文斯幂定律原理。

2.8 其他几种带有LED字眼的技术

2.8.1 OLED：有机发光二极管

最早的OLED（Organic Light-Emitting Diode）由法国科学家André Bernanose在20世纪50年代发明。顾名思义，OLED是一种使用有机材料制成的发光二极管。普通LED的核心发光元件使用无机半导体材料制作，需要在晶圆上加工、测试、切割、封装，再将千万个LED排列组成屏幕，步骤烦琐，成本较高。OLED则不同，它的发光材料是有机材料，而且是层叠结构（见图2.15），可以使用喷墨打印或者是丝网印刷法生产直接印出一片屏幕。OLED可以一次生产拼装大量发光二极管，平均到每个二极管的成本很低，也使得近些年OLED显示设备得以普及。

其实OLED的原理很简单。MIT教授Vladimir Bulovic在2009年制作了一个科普视频，用一根通电的酸黄瓜介绍OLED的工作原理。莳萝酸黄瓜（Dill Pickles）富含盐分和水分，导电性很强。将酸黄瓜接入110V市电后，电流大量通过黄瓜，产生的热量将黄瓜内的水分煮沸，水蒸气形成大量小气泡，阻断电流流过，并使黄瓜降温。当温度降低到一定程度时，气泡减少，电流重新接通，在此瞬间，打出的火花将酸黄瓜中的钠离子激发，发出明亮的黄光（见图2.16）。这个过程反复快速进行，于是整根酸黄瓜看起来发出了稳定的光（还记得人眼的闪光融合特性吗）。

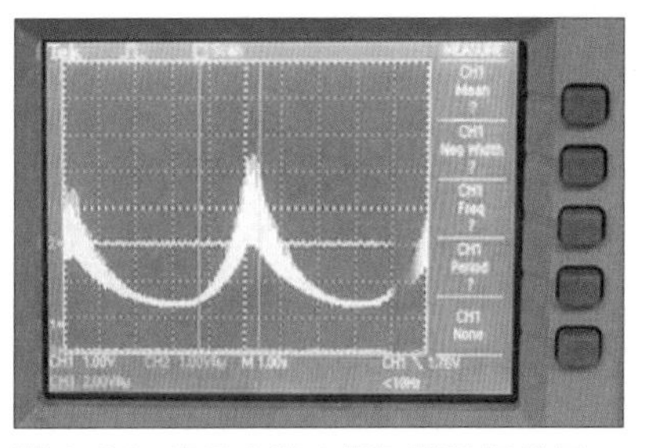

图2.14 苹果电脑LED呼吸灯信号。基本符合三次方关系

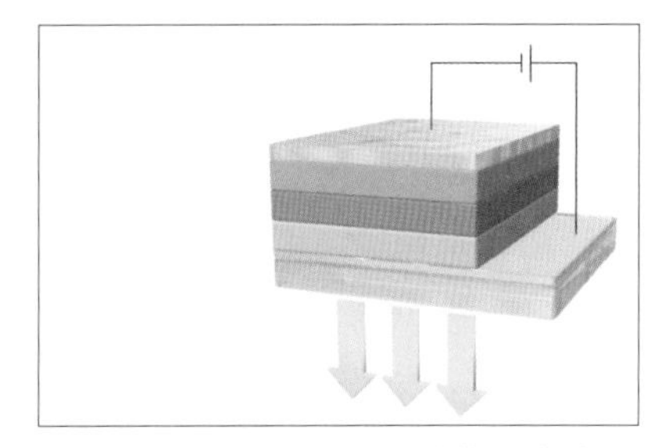

图2.15 OLED的层叠结构，光向下发出（来源：Adachi Laboratory）

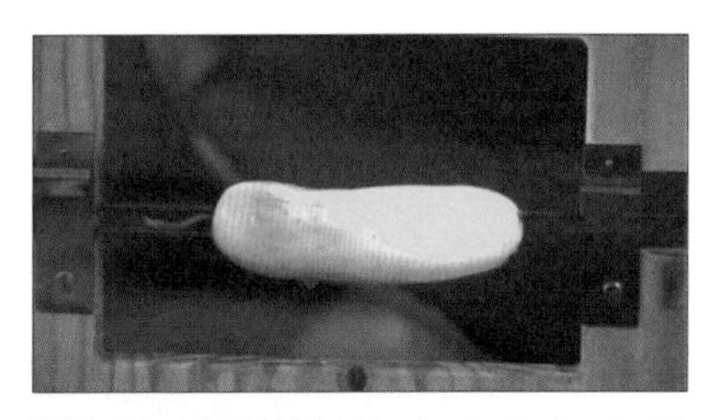

图2.16 MIT教授Vladimir Bulovic用酸黄瓜制作的OLED（来源：Vladimir Bulovic on OLED Displays）

该实验很危险，建议观看网络上的视频。使用调压器（Variac）为黄瓜供电，一定注意安全，不要接入市电。

2.8.2 量子点LED（QLED）

量子点LED（Quantum dot LED）是另一种发光技术。前文讲到，常见的白色LED是使用蓝光配合黄色荧光粉调制出白色光，由于缺乏红色和绿色光源，这种白色LED的光谱不连续，显色性欠佳。量子点（Quantum Dot）是使用10nm左右的晶体作为激发材料，不同尺寸的晶体受激可以发出光谱集中的色光（见图2.17）。因此，使用红色和绿色量子，配合蓝色的LED，就可以得到精确的红绿蓝三色光或白光。除此之外，量子点技术还被用于生物染色分析、光伏器件、光催化等领域。

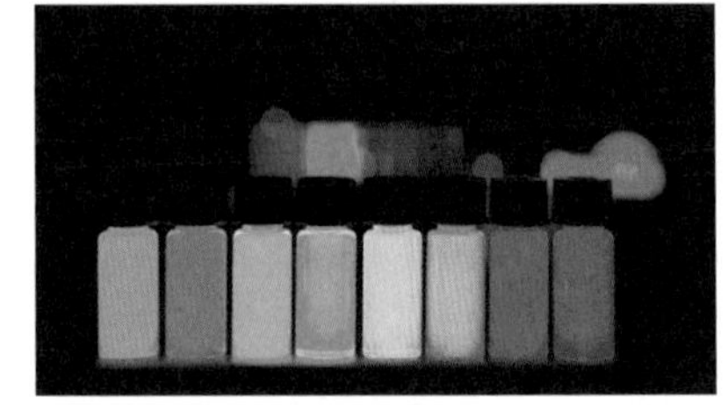

图 2.17 量子点溶液。每种颜色光谱集中

2.9 动手做！制作一个2×2×2 LED立体阵列

本节让我们一起制作一个2×2×2 LED立体阵列（见图2.18）。这不仅可以练习前面讲到的焊接技巧，也可以帮助大家熟悉LED，同时为后面的编程练习做好准备。此外你还将体会到治具的便捷之处。如果你学会了2×2×2 LED立体阵列的原理和制造方法，便可以自己制造出更大的立体阵列。

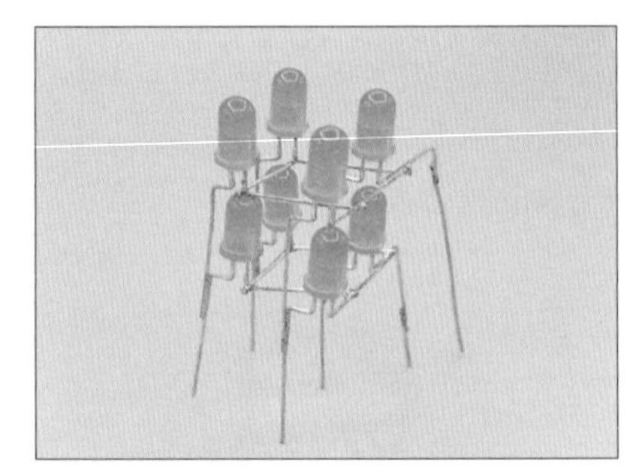

图 2.18 2×2×2 LED 立体阵列

我们将使用治具（Jig）来辅助焊接8颗LED。由于制作LED立体阵列需要精确地折弯LED引脚，并在正确的位置焊接，治具可以帮助我们准确定位器件、节省测量时间、降低焊接难度。图2.19所示是治具的图纸，推荐使用激光切割机用3mm厚度亚克力板加工，也可以使用3D打印机打印。

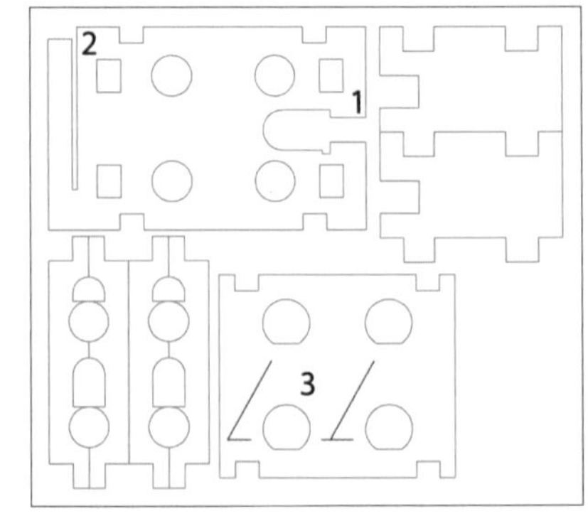

图 2.19 治具图纸。红色线为切割线，黑色线和数字为表面蚀刻

LED使用5mm直插LED，颜色不限。但在焊接前要测试确保每个LED都能正常工作。一旦把坏的LED焊接上去，会非常难以更换。这是一个值得牢记的守则：在焊接前检查所有元器件是否良好。参考图2.20所示电路连接，我们使用Arduino来驱动这个LED立体阵列。4个正极各串联一个680Ω电阻连接到Arduino的2、3、4、5号脚。两组负极连接到11、12号脚。完成后可以下载测试程序Arduino_04_LedCube222，程序的原理将在下一章详细介绍。如果你看到闪动的动画效果，恭喜！

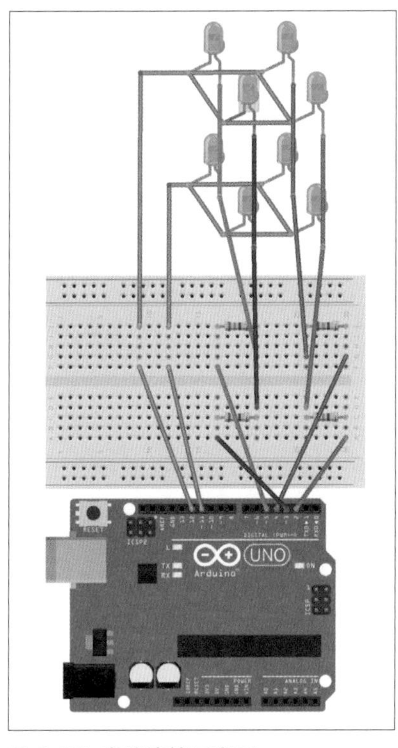

图 2.20 电路连接示意图

2.10 详细步骤

首先准备好以下元器件和治具。

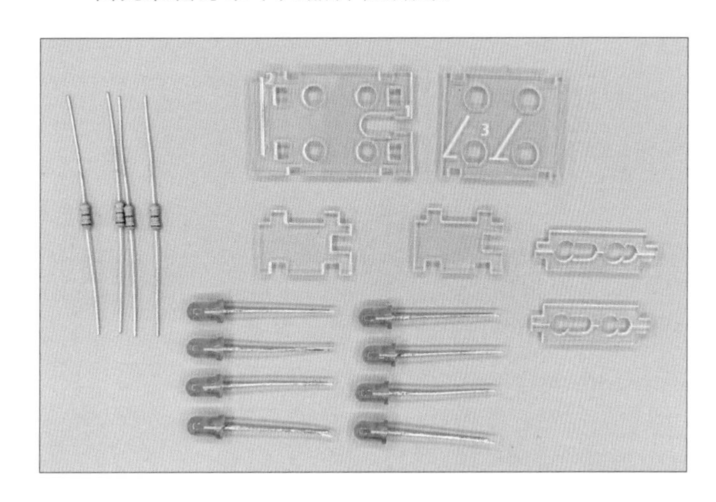

第一步 给 LED 弯脚。我们使用治具来固定 LED，保证 LED 两脚弯曲位置一致。首先将 LED 头部卡入治具的 1 号位置，再利用治具的侧面将 LED 的两个引脚弯折 90°。

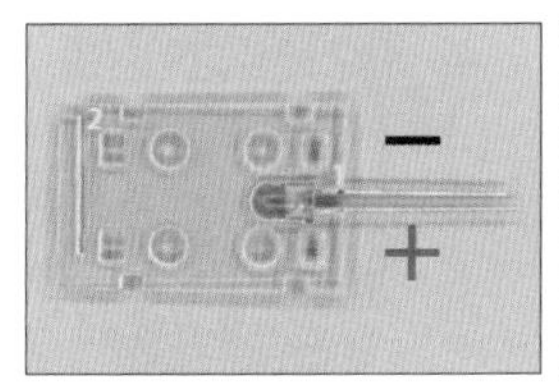

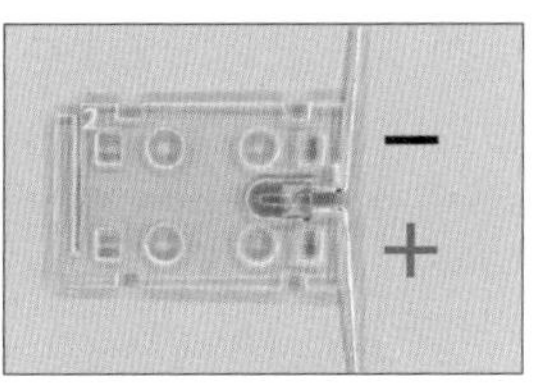

之后，再将LED的正极插入治具的2号槽，将其反向弯折90°。

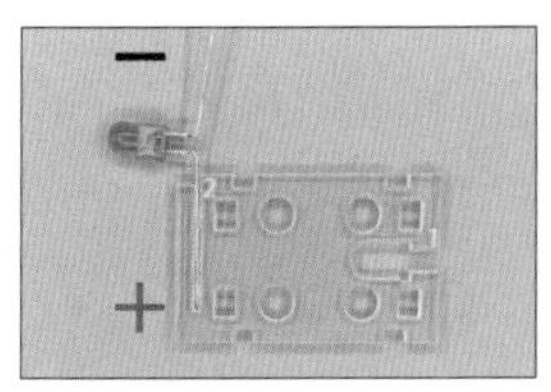

重复这个步骤，直至4个LED都弯好。

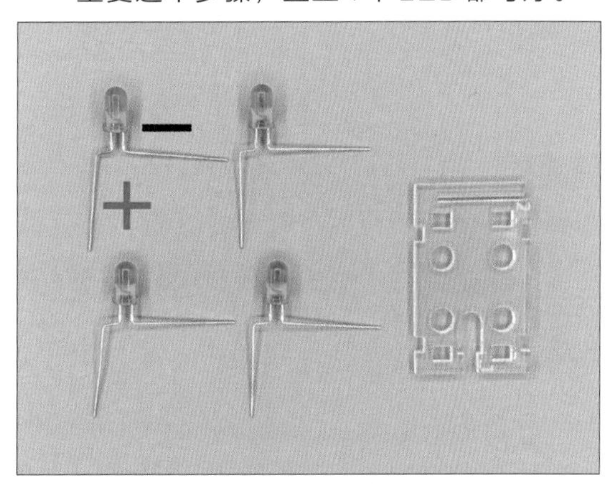

第二步 我们找出标有数字3的那片治具，将其叠在印有数字1、2的那片治具上。注意上面治具的孔较大，而且是切边孔，LED放入时正好和它的切边匹配，方向是唯一的。下面一片治具的孔较小，LED边缘的凸起无法通过。这样LED可以很好地被固定住。

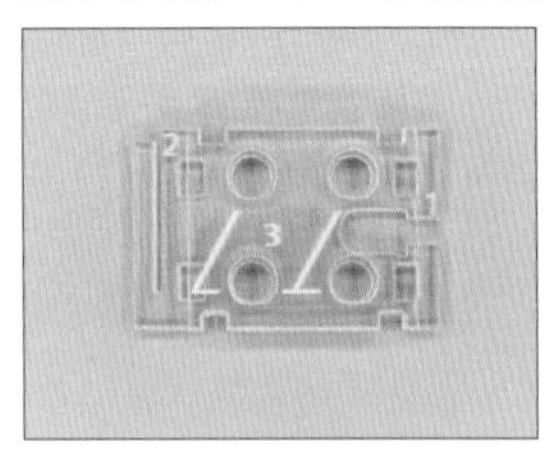

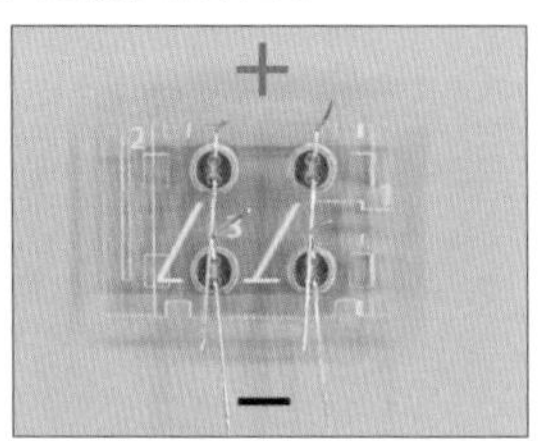

之后把下排两个LED的负极（较短的引脚）向左弯折90°，上排两个LED的负极向左下弯折30°，两个角度请参考治具上蚀刻的线条。之后我们把LED负极交叉的位置（图中黑圈处）焊接好。如果焊点不够漂亮，可以加些助焊剂再焊。

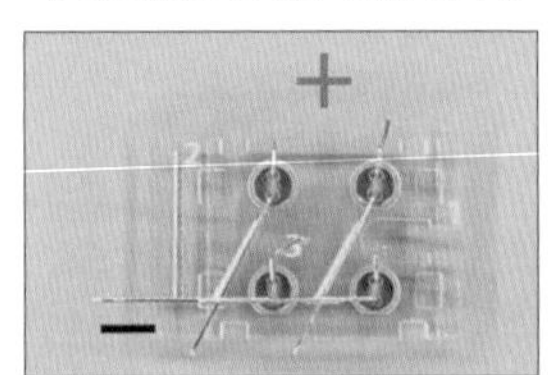

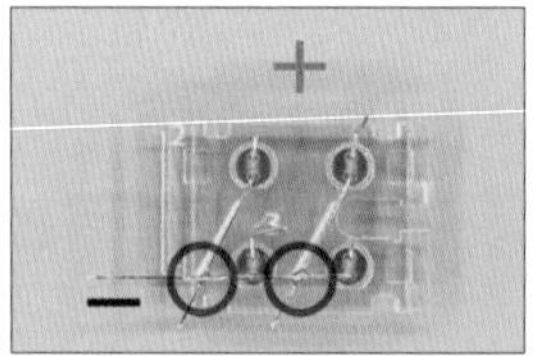

然后我们把下方多余的引脚剪掉，用剪下的引脚（或一截硬导线），把上排两个LED的负极焊接好（焊接位置如图中黑圈处），目的是增加结构的机械强度。

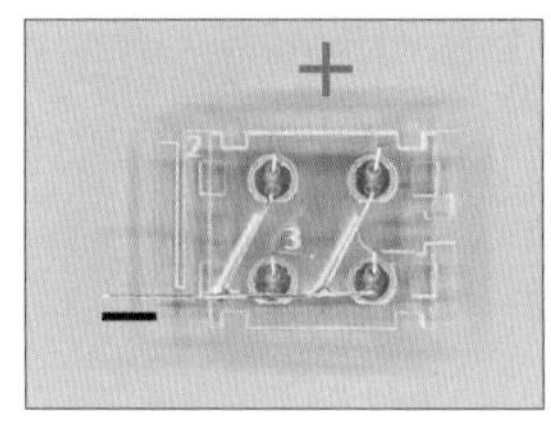

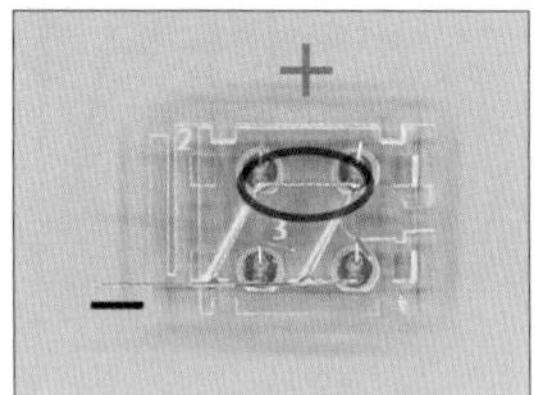

最后我们用万用表的二极管挡测试一下每个LED是否能正常工作。图中展示了右上LED的测试方法。

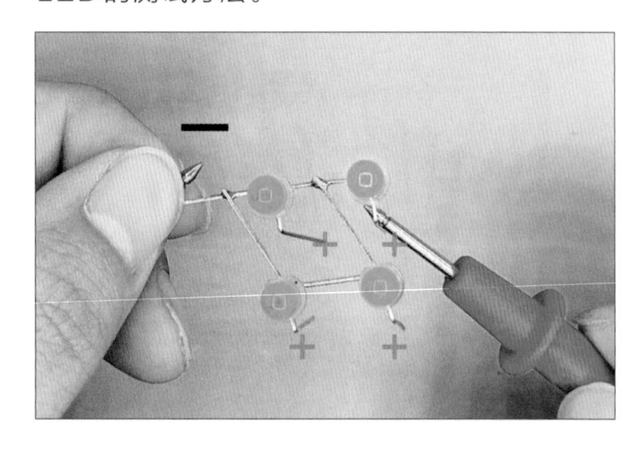

第三步 重复以上步骤，再做一层LED。当两层LED都准备好后，将一层LED放在有数字1、2的那片治具上，然后将两个侧支撑板立起来插入治具的方形孔中。

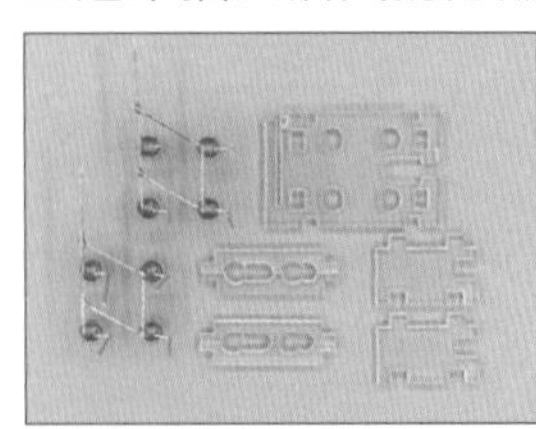

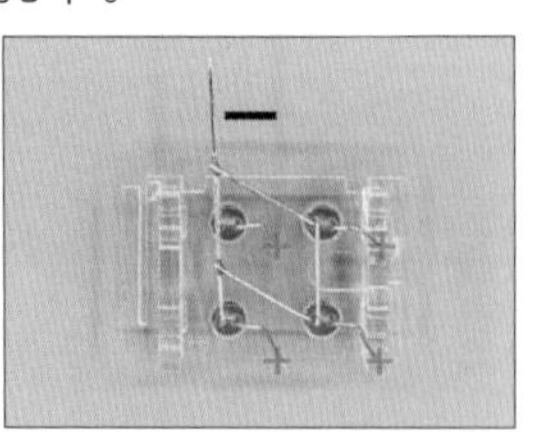

接下来将4块治具小片搭在侧支撑板的缺口中，下面LED的4条正极引脚应该从治具小片的半圆形孔中伸出。然后我们把另一层LED放置在4块治具小片形成的4个圆孔上。

这时，上层和下层LED的正极应该基本重合。我们可以用一些胶带固定治具，防止散开。

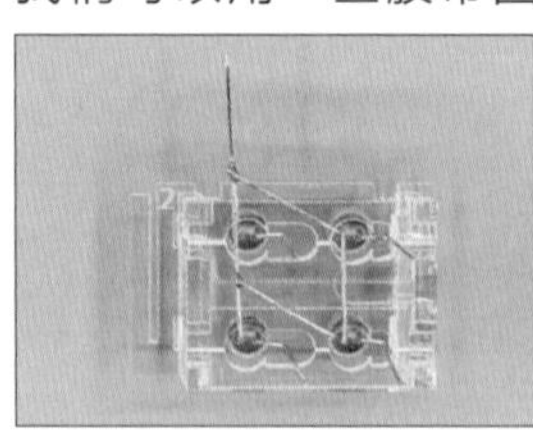

然后我们把上下层LED正极重合的部分焊在一起（图中红色圆点处）。

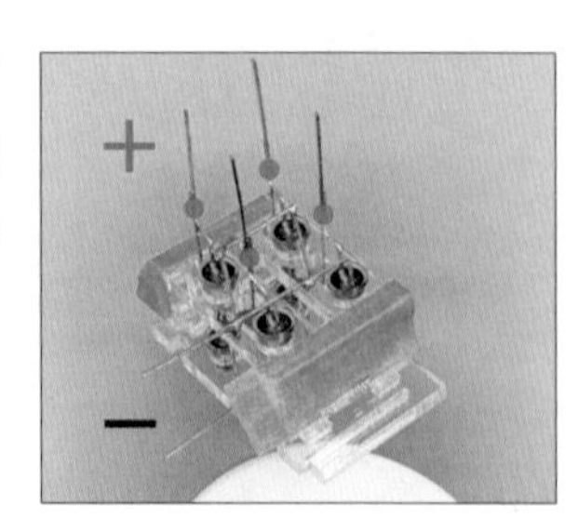

接下来我们把两个负极向上弯折，注意不要让它们重合。然后用刚才剪下的引脚（或硬导线）焊接在负极的末端，让负极和正极能达到同样的长度。

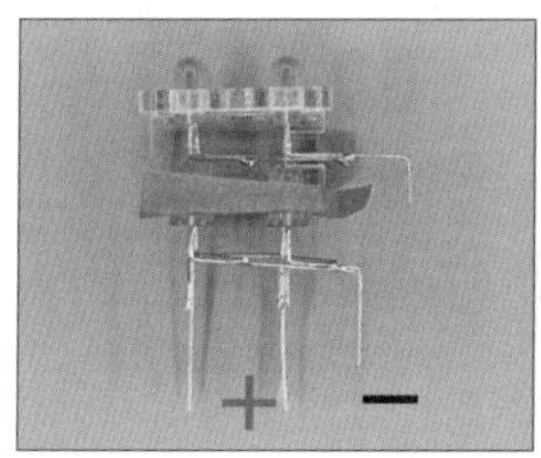

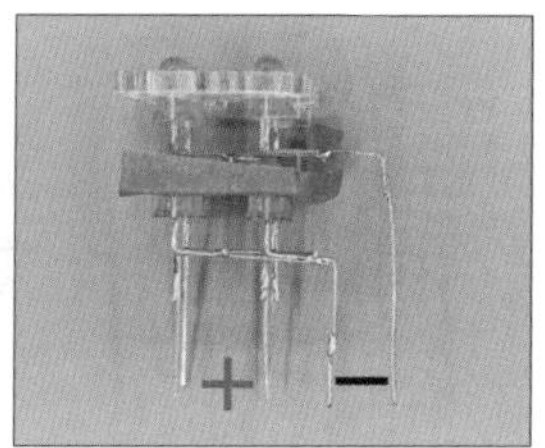

第四步 我们把做好的LED立体阵列接入Arduino来测试一下，参考前面的电路连接图，完成后可以下载测试程序Arduino_04_LedCube222。如果你看到LED依次闪动，恭喜！你的LED立体阵列做好了！

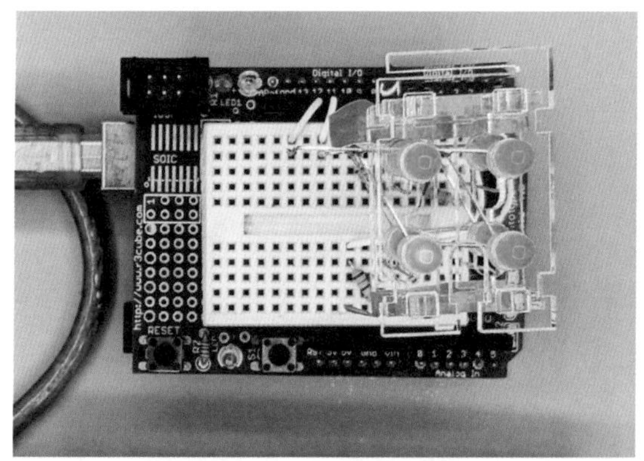

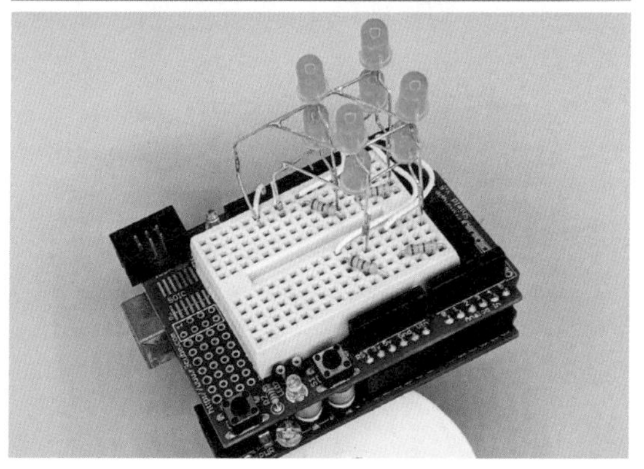

2.11 总结及引申

我们介绍了LED的结构工作原理、限流电阻的使用和计算、不同颜色LED的区别，以及如何调光。除了掌握这些技术、技巧，思考如何将LED应用在原型设计中也非常重要。现在请你看看周围的电子设备，找到2种带有LED的设备（如电视机和智能音箱），观察在不同操作和工作状态下，LED如何亮灭或闪烁，哪个更自然？快速闪动是否能代表“设备忙”？保持常亮是否表示“设备稳定”？变换不同颜色能否表达不同信息？如果你发现哪里不合理，如何改进？

如果你感兴趣这个设计练习，还记得你前面设想的疯狂装置（Fantasy Device）吗？不妨深入思考，你为它构思的操作界面上，如果加入LED，选用什么颜色？放在哪里最好？如何亮灭和闪烁？甚至把加入LED的操作界面展示给朋友，观察他们如何理解你的界面。

3 LED应用进阶

我们做好的LED三维阵列由8颗LED组成，如何使用Arduino控制它们，甚至控制更多的LED？如何编写程序用Arduino控制LED矩阵？如何使用智能LED？通过本文，你将从控制LED的代码中学习如何逐步优化和模块化代码，以及Arduino的进阶使用技巧。

3.1 Arduino驱动LED的基本原理

首先我们回顾一下，LED是一种只有在施加“正向电压”时才会发光的器件。因此，如果向LED施加反向电压，或者LED所处的电路是断开的，LED都不会亮。如图3.1所示，只有左上角的电路可以点亮LED（请思考一下其他3个电路中的LED为什么不亮）。事实上，其余3个电路并非无用，我们将利用LED的这一特性，来驱动多个LED。

Arduino有两个函数可以操作I/O口，分别是 digitalWrite() 和 pinMode()。前者有两个可选参数：HIGH和LOW，顾名思义，分别可以将I/O口置高或置低。后者也有两个可选参数INPUT和OUTPUT，即将I/O设置为输入或输出。通过组合这两个函数的4个参数，Arduino的I/O口可以被设置为4种状态（见图3.2）。下面我们将一一详细讲解。

首先强调一点，在讨论I/O口时，输入和输出并不像字面意思那样指电流流动的方向，而是指I/O口的驱动能力。设置在INPUT（输入）模式的I/O口没有强输出能力，因此基本不能驱动外部电路，也不会对外部电路造成明显的影响，因此适合从外部读取电平。在I/O口为INPUT

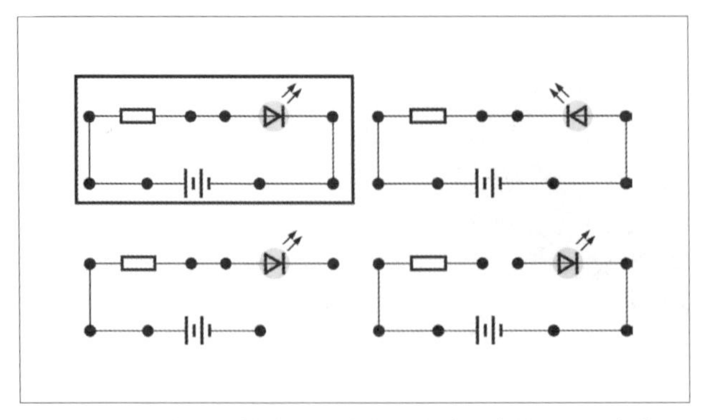

图3.1 LED的不同接法。只有左上电路图中的LED会亮

digitalWrite(ledPin, value); / pinMode(ledPin, mode);	HIGH	LOW
INPUT	**弱上拉** 外部器件需要上拉电阻时使用 如：按键开关	**高阻**（默认） 由外部电路决定电位
OUTPUT	**输出 VCC** 管脚将被连接到VCC 一般为 5V 或 3.3V	**输出 GND** 管脚将被连接到GND

图 3.2 Arduino I/O 配置有 4 种状态

状态时，取决于digitalWrite() 函数的参数，I/O口可以是高阻状态，即 digitalWrite(ledPin, LOW)；也可以是弱上拉状态，即 digitalWrite(ledPin, HIGH)，我们首先介绍高阻状态。

高阻状态，即 digitalWrite(ledPin, LOW)，是Arduino I/O口的默认状态。在此状态下，Arduino只会把内部的采样电路连接到I/O口上。这个采样电路可以读取I/O口的高、低电平，却不会对外部电路造成影响。在外界电路看来，就像是断开一样。在这种情况下，将高阻状态的I/O口连接到待采样的电路中，就可以读取电压的高低。需要特别注意的是，如果高阻状态的I/O口什么都不接，它上面的电压将会是随机的。这是因为我们的空间中充满了各种电磁波，而I/O口上的管脚就像天线，会被电磁波影响。

弱上拉状态，即 digitalWrite(ledPin, HIGH)，此时I/O口内部会接入一个上拉到VCC的电阻，约50kΩ，叫作上拉电阻（Pull-up Resister）。还记得我们刚才说高阻状态I/O口在不接外部元器件时的情况吗？这个上拉电阻就是解决此问题的。在有上拉电阻的情况下，如果I/O口不接外部元器件，I/O口的电压将会被拉到VCC的位置。而由于这个电阻比较大，即使当I/O口直接接到GND，电阻上的电流也不会过大而造成问题。例如实践中使用按键开关时，弱上拉状态就非常方便，我们用图3.3来解释原因。

如图3.3左图所示，我们将按键开关一端接到I/O口并设为高阻状态，一端接地（GND）。那么，在开关按下时，I/O与GND连通，I/O口上的电压为低；当按键松开时，I/O口与GND断开，I/O上就没有任何电路，它的电压便是随机的，可能为高，也可能为低。那么，我们如何通过读取I/O口的电压高低来准确探测按键开关是否被按下？为了解决这个问题，我们可以在I/O口处接一个比较大的上拉电阻到VCC处，来保证按键开关松开时，I/O口电压一定为高（见图3.3中图）。事实上，Arduino内部十分体贴地装有一个上拉电阻（见图3.3右图），可以省掉外部的上拉电阻，让电路变得更简洁。

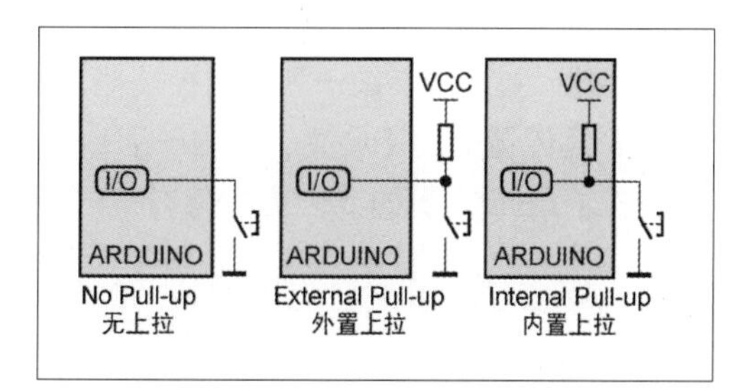

图 3.3 按键开关与上拉电阻的配置

将I/O口配置为OUTPUT（输出模式）时，即 pinMode(ledPin, OUTPUT)，I/O口会有较强的驱

动能力，可以驱动外部电路。当执行 digitalWrite(ledPin, HIGH) 时，I/O口将在内部连接到VCC处，并可以向外流出最多20mA电流，即输出VCC模式。当执行digitalWrite(ledPin, LOW)时，I/O口将在内部连接到GND处，并可以向内流入最多20mA电流，即输出GND模式。

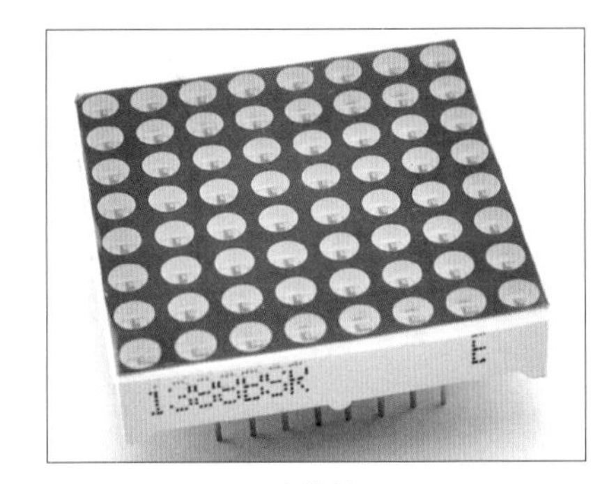

图 3.4 LED 矩阵模块

3.2 使用Arduino控制多个LED

使用Arduino控制少量LED很简单，我们将LED的阴极接到GND，将阳极通过一个限流电阻接到I/O口上，再直接使用 digitalWrite(ledPin, HIGH) 就可以点亮LED，使用digitalWrite(ledPin, LOW)可以熄灭LED。

细心的读者已经发现了这样做的限制：Arduino的I/O口数量有限。以Arduino UNO为例，即使把所有可用的I/O口全部用于驱动LED，也只能独立控制20路LED。如果要独立控制更多LED，就要想别的办法。想想常见的8 × 8 LED矩阵模块（见图3.4），它有64个可被独立控制的LED，却只有16个引脚，该如何控制呢?

我们不妨将问题简单化，先从2 × 2的LED矩阵开始分析，当我们彻底理解它的工作原理后，很容易扩展到其他尺寸的矩阵。如图3.5所示，4个LED排成2行2列，其中每行的阳极连接在一起，经过限流电阻，接到Arduino的两个I/O口上（图中为2号和3号I/O口）。同时每列的阴极也接在一起。

首先我们把左边一列的阴极接到地GND，右边一列不接地（图3.5中左上小图）。此时，Arduino无论怎样输出，右边一列LED都不会亮（因为电流无法通过两个反接的LED）。而左边一列LED可以被单独控制，即2号I/O口控制左上LED，3号I/O口控制左下LED。思考一下，如果我们想点亮左上的LED，让左下的LED熄灭，下面代码中的问号处应该填什么?

```
pinMode(2, ?);
digitalWrite(2, ?);
pinMode(3, ?);
digitalWrite(3, ?);
```

同理，我们把右边一列的阴极接地，左边一列不接地（图3.5中左下小图）。此时，左边一列的LED任何配置下都不会亮。右边一列LED可以被单独控制，2号I/O口控制右上LED，3号I/O口控制右下LED。例如我们想点亮右下的LED，让其他的LED熄灭，我们可以：

```
pinMode(3, OUTPUT);
digitalWrite(3, HIGH);
pinMode(2, OUTPUT);
```

```
digitalWrite(2, LOW);
```

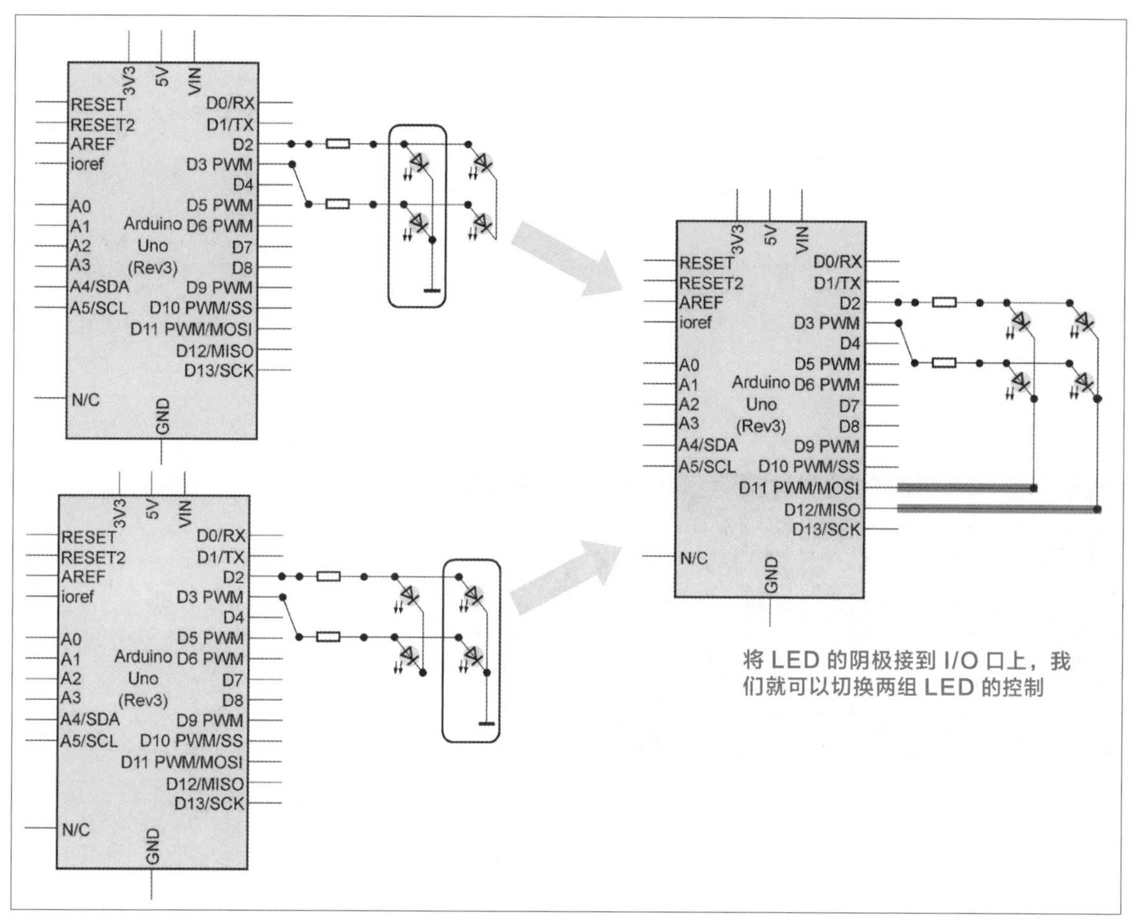

图 3.5 LED 矩阵 2 × 2 驱动方式

总结一下，2 × 2 LED矩阵中，我们任意选定一列，把这一列的阴极接地GND，并把其他列的阴极断开，就可以控制这一列上任何一颗LED的亮灭。如果轮流将每一列的阴极接地，控制接地一列连接在阳极上的I/O口，就可以控制所有的LED亮灭。你一定不想手工切换每一列接地，那么如何将这个工作自动化呢？我们可以将LED的两组阴极接到另外两个I/O口上，如图3.6中11号和12号I/O口。在这种情况下，将一个I/O设置成输出，并输出低电平（等效于连接到GND)，其他的I/O口置为高阻状态，就可以控制接地一列的LED。

如果你参照前面的内容做好了LED三维矩阵，让我们利用它来实验2 × 2矩阵的控制。将LED三维矩阵的阳极接到Arduino的2、3、4、5号I/O口，阴极接到11和12号I/O口。如果不使用4、5号I/O口，那么LED方块就只有前半个会工作，可以当作一个2 × 2矩阵使用。一起动手做一个小练习：参照图3.7所示的电路图，让你的LED方块每隔一秒在两张图的显示效果中切换，代码可参考图3.8。

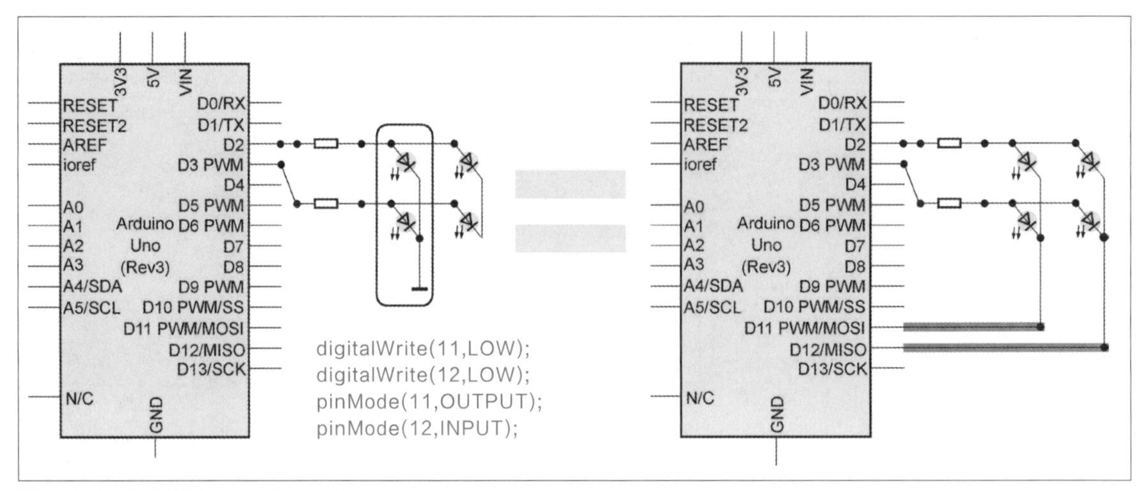

图 3.6 用代码控制左边一列 LED

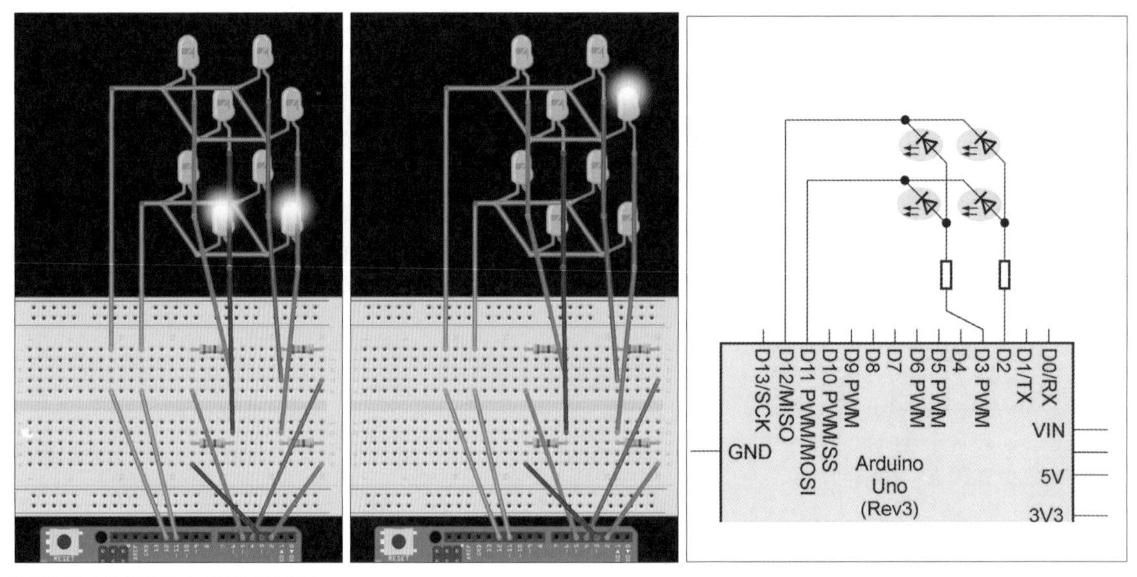

图 3.7 矩阵驱动小练习参考图

3.3 扫描LED

至此，你可能会有疑问：这种控制方法每次只能让一列LED亮起来，能不能让整个LED矩阵同时亮呢？严格来说不能。但是还记得人眼的闪光融合（flicker fusl/On）特性吗？只要切换每一列的速度足够快，人眼就看不出闪动，而是感觉所有LED始终在亮。事实上这就是业界控制LED矩阵的标准方法，叫作扫描。让我们来动手验证吧。

刚才的参考代码中有两处 delay(1000)。我们尝试把参数依次改为500、125、32、8，分别上传到Arduino中，然后观察LED闪动的效果。这几个参数，分别让LED以1Hz、4Hz、

```
void setup() {
  pinMode(2, OUTPUT);
  pinMode(3, OUTPUT);

  digitalWrite(11, LOW);
  digitalWrite(12, LOW);
}

void loop() {
  digitalWrite(2, HIGH);
  digitalWrite(3, HIGH);

  pinMode(11, OUTPUT);
  pinMode(12, INPUT);

  delay(1000);

  digitalWrite(2, HIGH);
  digitalWrite(3, LOW);

  pinMode(11, INPUT);
  pinMode(12, OUTPUT);

  delay(1000);
}
```

图 3.8 矩阵驱动小练习参考代码

16Hz 和 63Hz的频率闪动。我们可以看到，在16Hz（参数32）的情况下，人眼已经有一定困难来分辨LED的闪烁；在63Hz（参数8）时，人眼就看不出闪烁了。一般来说，只要扫描频率超过60Hz，人眼看到的图像就是稳定的。

分享一个实践中的经验，LED扫描频率在60Hz以上，人眼看起来亮度就已经稳定了。如果再快达到200Hz，人眼看起来会更加舒适。但是如果想要骗过快门，即让照相机、摄像机能漂亮地拍出亮度稳定的LED屏幕，就需要高得多的扫描频率。因为拍摄时由于LED较亮，一般情况下快门时间都较短，如果LED屏幕的扫描频率不够高，整个屏幕上的LED就无法在相机的单个快门时间内均匀亮起。以图3.9为例，两张照片都是以1/1560s的快门速度拍摄的同样的LED屏幕，不同的是左图中LED扫描频率为3840Hz，看起来所有LED亮度均匀；而右图中的扫描频率为960Hz，可以看到照片上有明显的亮暗条纹。而如果通过人眼直接看屏幕，并不会察觉左、右屏幕有什么区别。

当然，更高的扫描频率也意味着更快、更大量的信号传输。一般来说，Arduino或者其他单片机都比较难输出这么高的扫描频率，需要FPGA才能实现。但给FPGA编程劳神费力，实践中建议直接选购成品LED控制卡，可以省去大量的开发时间，也往往比自己采购零件拼凑控制板要便宜。

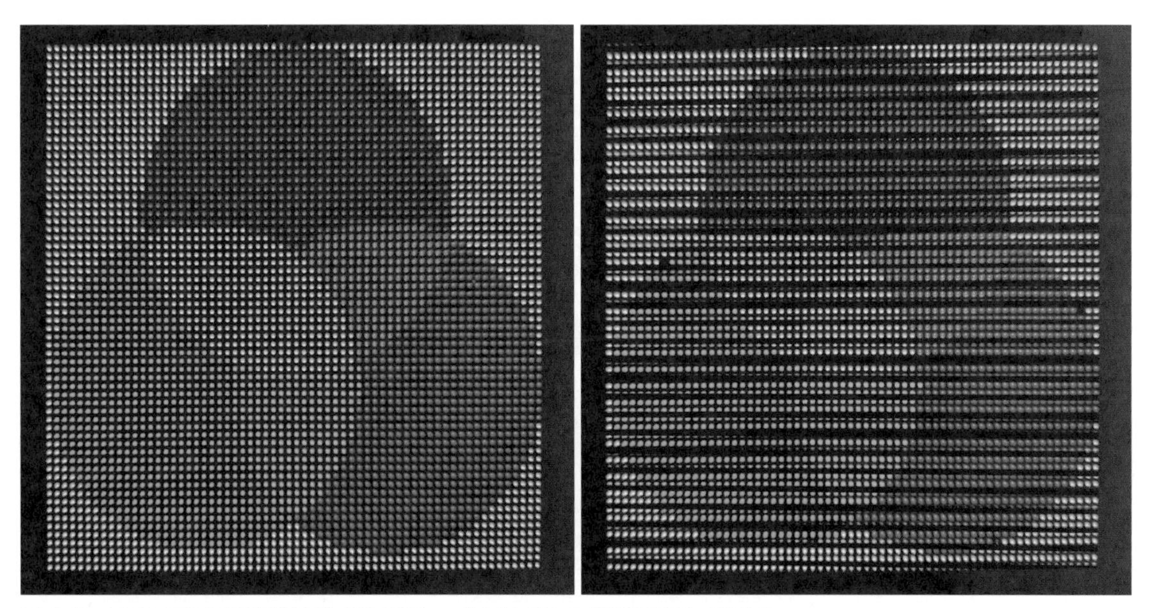

图 3.9 左图 LED 屏扫描频率为 3840Hz，右图 LED 屏扫描频率为 960Hz

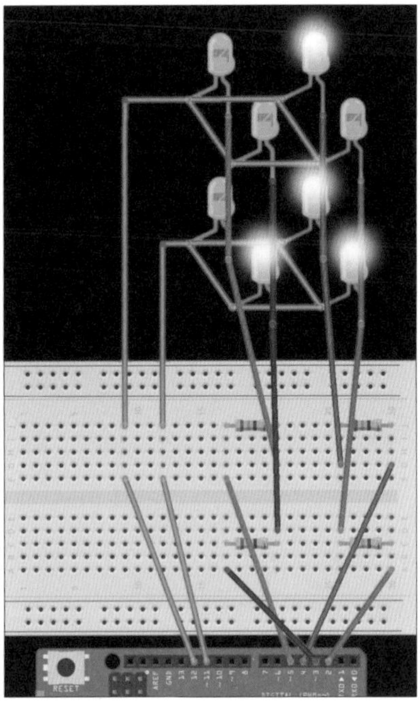

我们再回到LED扫描的练习，我们已经成功点亮了LED三维阵列的前面一半，如何控制整个装置？对于整个LED三维阵列而言，可以把它看作一个2×4的矩阵，两层LED各为一组，每组各有4颗LED。要操作上层LED，就把12号I/O口接地；要操作下层LED，就把11号I/O口接地。试试看，你能否用类似驱动2×2矩阵的方法，把整个LED方块点亮成图3.10中的图案。你也可以参考“Arduino_02_pattern_cube”中的代码。

图 3.10 LED 三维阵列驱动练习

我们一起来分析代码（“Arduino_02_pattern_cube”）。在点亮每一层LED时，我们进行了4步操作（见图3.11）。首先将控制这层中每个LED的阳极通过digitalWrite设置为正确的输出。然后，把控制这层的阴极接地。此时，这一层的LED就会按照我们的要求亮起。接着，我们等待8ms。最后，将共阴极断开，使LED熄灭，防止显示下一层时出现残影。

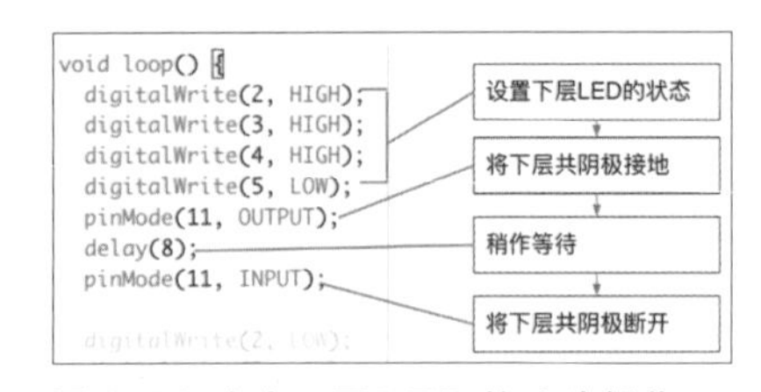

图 3.11 点亮一层 LED 的 4 步操作

3.4 将功能块拆分成函数

像上文那样，将每层LED的4步操作直接写在一起可能是测试代码最快的方式，但是并不利于修改，也不利于别人或者是未来的自己理解代码。我们不妨把代码按照功能划分成块，每一块打包成一个函数，这样代码更容易读懂。

首先建立函数enableLayer(int layer)和disableLayers()。其中enableLayer(int layer)函数根据传入的参数layer（即想要点亮哪一层），将对应的阴极接地。而disableLayers()则将所有的阴极断开，熄灭每一层LED（见图3.12）。

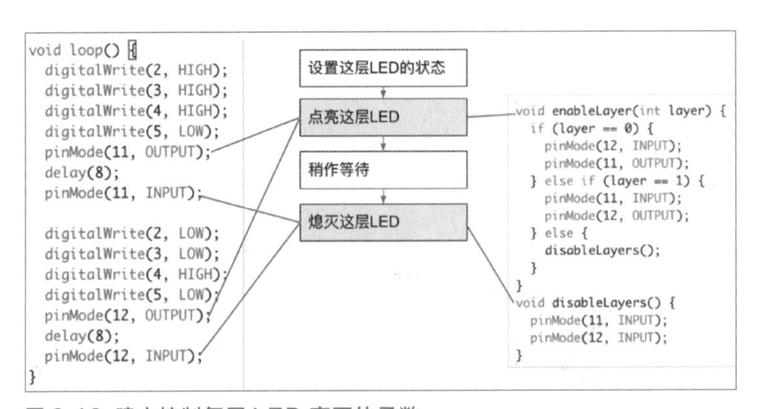

图 3.12 建立控制每层 LED 亮灭的函数

接下来，我们将设置LED的步骤抽离出来，建立一个独立的函数 setLayerOutput。这个函数有4个布尔型参数，分别对应4个LED的亮灭，这样主程序直接呼叫一个函数就可以设置4颗LED的参数（见图3.13）。

比较最初的代码和将功能块抽离成独立函数的代码，逻辑变得更加清晰、步骤分明。同时，由于各个功能块相互独立，如果出现问题，更容易定位到问题的位置并加以修复（见图3.14）。如果未来需要移植代码，独立的功能块也能简化移植的复杂度，降低移植出错的可能性。

3.5 让LED三维阵列显示动画

我们已经成功控制了每颗LED的亮灭，显示一个图案，接下来更进一步让它显示动画效果。

这并不复杂，动画是由一连串帧组成的，每一帧是一个独立静止的图案。把这些静止图案按照一定的速度进行切换，就形成了动画效果。为了能显示一连串静止图案，我们思考一下如何将这个图案存储成一段代码。

我们注意到一个LED只有亮和不亮两个状态，那么不妨用一个二进制的比特 (bit) 来表示一个LED的状态，0代表灭，1代表亮。我们一共有8颗LED，那么用8个比特就可以存储整个的图案。计算机中的一个字节 (Byte) 刚好是8个比特，所以我们使用一个字节就够了。例如表示图3.15所示的LED图案，我们首先给LED编号为LED0 ~ LED7，然后按照编号顺序将0或1串到一起，便得到了一个8位二进制数，简洁而完整地描述这个图案。

那么如何把这个8位二进制数写到Arduino中呢？我们并不需要把二进制数先转化成十进制，而是可以直接写入代码。Arduino是一种基于C++的语言，二进制的表示法与C++中一致。你只要把二进制数前面加上0b前缀，Arduino就会明白后面的一串数字是二进

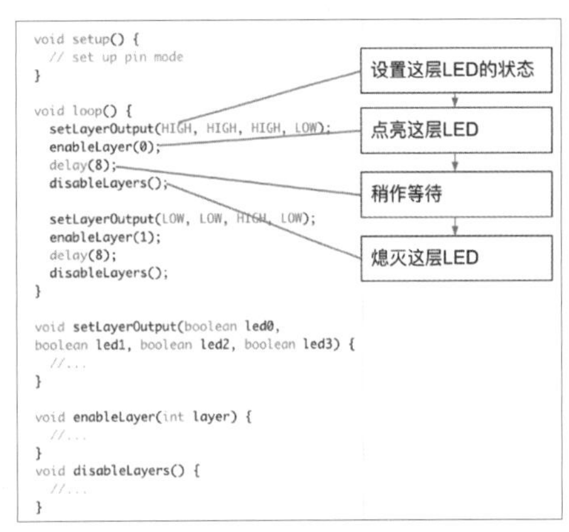

图 3.14 将功能块抽离成独立函数的主代码

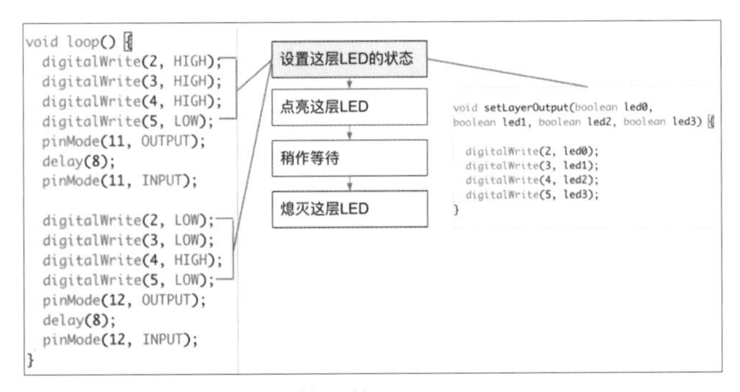

图 3.13 建立设置 LED 的函数

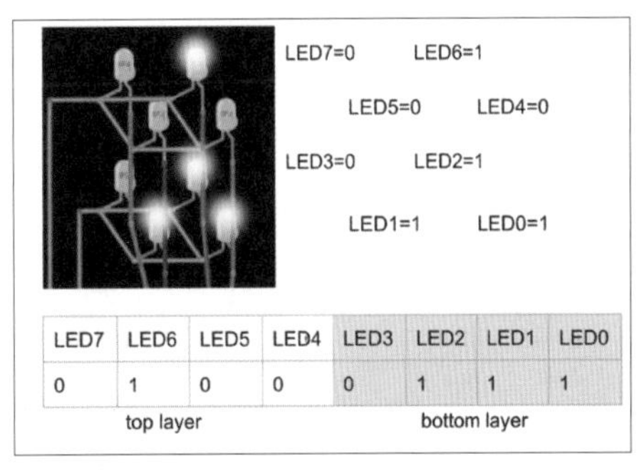

图 3.15 LED 图案的二进制表示法

制的。例如刚才我们讨论的图案，代码可以写成：0b01000111。直接写二进制数还有另外一个好处，你可以直接看到每一个比特是0还是1，也就能直观地看出每个比特和LED亮灭的关系。

有了存储LED图案的方式，我们不妨再建立一个函数，用来显示一个图案，即一帧。我们目前LED的扫描频率是63Hz（两个delay(8)），即一秒63帧，但动画不需要这么高的帧数。因此，我们在显示一帧时，需要不停地刷新LED方块，来保证方块的图案看上去是稳定的。这里建立一个新函数 displayByte(uint8_t data, uint16_t duration) 来显示一整帧（见图3.16）。这个函数有两个参数，data表示LED方块的图案，duration表示这一帧的长度。在这个函数中，使用一个while循环，来保证函数运行的时间与duration参数相匹配。而在设置LED时，对每一颗LED的状态，我们使用函数bitRead来获取data的8位二进制数中对应某一位的值。

接下来我们思考，怎样将整个动画的每一帧都存储起来？既然一帧是一个字节，那么所有帧可以用一个数组来保存。当动画不长、帧数不多时，这个数组不大，直接声明数组并附上初值即可。但是如果这个数组很大，我们可以把数组存储在Flash空间内，节省内存资源。这便是Arduino的一个进阶技巧。

以Arduino UNO为例（ATmega328），它使用1KB的数据存储器（Data Memory），可以任意修改，但其中的内容断电就会消失（见图3.17）。我们的变量、数组，平时都存储在这个存储器内。此外，UNO还有另一个32KB程序存储器（Program Memory），其中的内容断电不会消失，平时装载我们的程序代码。程序存储器虽然大，可是由于使用了闪存的制造工艺，它的写入次数是有限的，约10000次。因此，一般只有在更新程序的时候，我们才会修改程序存储器的内容。实践中对于一般程序而言，我们可以简单认为数据存储器可以任意修改，而程序存储器不能修改。

当我们使用有初始值的数组或变量时，其实这些值一开始都是在程序存储器中保存的。当Arduino上电后，Arduino的初始化代码会清理数据存储器，并把变量和数组的初始值复制进数据存储器对应的空间内，以备之后的代码使用。

对于动画效果这类数据，我们只需要读取，不需要修改数组内的值。这种情况下，可以不将这些数据复制到数据存储器中，而是直接从程序存储器读取。这样可以节省数据存储器的空间，甚至可以存储比数据存储器大的数组。

```
void displayByte(uint8_t data, uint16_t duration) {
  unsigned long beginTime = millis();
  while ((millis() - beginTime) < duration) {
    enableLayer(0);
    setLayerOutput(bitRead(data, 0), bitRead(data, 1), bitRead(data, 2), bitRead(data, 3));
    delay(8);
    disableLayers();
    enableLayer(1);
    setLayerOutput(bitRead(data, 4), bitRead(data, 5), bitRead(data, 6), bitRead(data, 7));
    delay(8);
    disableLayers();
  };
}
```

// 返回data的第0个比特

图 3.16 LED 方块显示一帧的函数

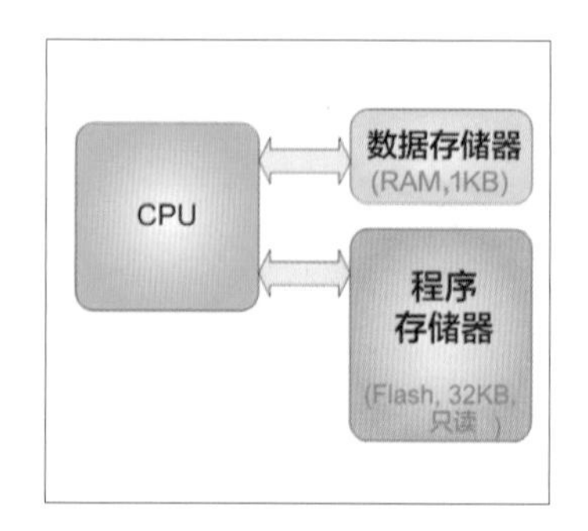

图 3.17 Arduino 存储器空间

在Arduino中，我们可以调用 <avr/pgmspace.h> 库来访问程序存储器内的数组。标准的C语言规范并没有规定这种用法，所以我们需要添加库和关键字来实现这一功能。以刚才的LED方块动画为例，我们建立cubePattern这个数组，来存储动画需要的4帧，在数组声明的开头，使用const关键字，来告诉编译器这个数组是常量，不会被修改。在数组声明的末尾，加上PROGMEM关键字，来告诉编译器这个数组是存储在程序存储器中的。

读取程序存储器数组的方式也略有不同，由于这时数组并非以标准的C语言方式声明，不能直接取用数组的值，我们需要使用函数pgm_read_byte来读取数组的值。pgm_read_byte函数可以帮我们在指定的位置读取一个字节。因此，我们把cubePattern的地址，加上我们需要读取值的偏移量，作为pgm_read_byte的参数，它就可以返回我们需要的一个字节数据（见图3.18）。如果需要读取其他大小的数据，可以参考pgmspace.h的说明。

3.6 驱动更大的LED矩阵

更大的LED矩阵的驱动方法其实原理与之前我们讨论的2×2矩阵一样。以图3.19所示8×8 LED矩阵为例，我们可以把它看作8组LED，每组8颗。驱动这种LED矩阵就在8组LED之间快速切换。当一组有多颗LED时，共阴极上的电流是整组LED的总和，会比较大。切记Arduino的管脚最多只能流过20mA，如果需要控制更大的电流，我们需要使用三极管扩流。由于我们只要控制电流的通断，让三极管工作在开关模式即可。

以图中的8×8矩阵为例，一颗LED发光时通过的电流约20mA，那么8颗LED的共阴极上需要流过160mA（20mA×8）。由于共阴极上只需要流入电流，我们可以选择一个NPN三极管（参考数据手册来确保三极管可以流过的最大电流）。一般来说，任何一个NPN三极管都能承受160mA电流。保守估计，三极管可以实现50倍的电流放大倍数，那么我们需要

```
#include <avr/pgmspace.h>
const uint8_t cubePattern[4] PROGMEM =
{0b00000001, 0b00010110, 0b01101000, 0b10000000};

void setup() {
  //...
}

void loop() {
  for (uint8_t i = 0; i < 4; i++) {
    displayByte(pgm_read_byte(cubePattern+i), 200);
  }
}

void displayByte(uint8_t data, uint16_t duration) {
  //...
}
```

图 3.18 在 Flash 存储器内保存数组和访问数组中的值

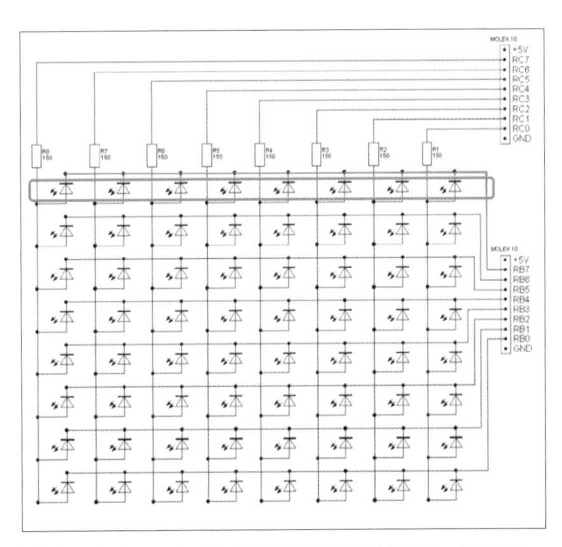

图 3.19 8×8 LED 矩阵的驱动原理与 2×2 矩阵一样，红框内为 1 组 LED

约3mA的电流来驱动三极管的基极。Arduino的输出电压一般是5V，而基极的驱动电压是0.7V，还记得怎样计算限流电阻吗？实践中我们可以粗略选择1kΩ的限流电阻，上面流过的电流为（5V−0.7V)/1kΩ = 4.3mA。这样经过三极管放大50倍就有200mA，大于我们所需的160mA，可以满足8颗LED的电流需求。你可以参考图3.20所示的三极管扩流电路。

3.7 智能LED

近几年随着LED的流行，出现了很多将LED与它的控制芯片封装在一起的智能LED。这种LED不需要限流电阻，也不需要提供PWM信号，只需要将它接入电源，并向它发送颜色信号，它就可以显示对应的颜色。更加方便的是智能LED间的串行连接，只需直接把后一个LED的输出口和前一个LED的输入口对接起来，这样我们的控制器（如Arduino）只需要使用很少的I/O口就可以单独控制一串LED，在快速原型制作中非常方便。图3.21所示是两种常见的智能LED。

最常见的智能LED是WS2811和它的衍生种类。它的数据只有一根线，即只用一个I/O口就可以单独控制一串LED，配合Arduino使用非常方便。Adafruit（一家纽约电子元器件经销商，提供大量开源资料）将这种RGB三色智能LED称为Neopixel，并且免费提供Arduino驱动库。快速原型制作时，使用这种LED，只要将一个或一串Neopixel接入Arduino的任何一个I/O口，再使用Adafruit提供的驱动库就可以控制了。

这种LED在信号处理和接线方面为我们免除了很多麻烦，我们只需要保证它的供电正常即可。一个实践技巧是，当它内部调光时，即内部在进行RGB快速地开关，因此它消耗电流并不稳定，是快速波动的。我们最好给它就近加上一个电容来稳定电压。如果购买成品灯条，一般在LED附近都已经焊好了电容（见图3.22左）。如果自己用散装的元器件搭建电路，建议在每个LED附近加一个至少0.1μF的电容，来保证LED供电的稳定（见图3.22右）。

需要注意的是，RGB三色智能LED一般每种颜色最大电流约20mA，如果RGB三色全亮发出白光，就是60mA。如果需要使用很多这种LED，它们的总电流就非常可观了。例如8颗这种LED需要480mA，20颗就需要1.2A。在这么大电流的需求下，Arduino和USB口无法胜任，需要根据电流的需求，为LED单独配置一个够强劲的外接电源，来保证电路不会因为供电不足而紊乱。

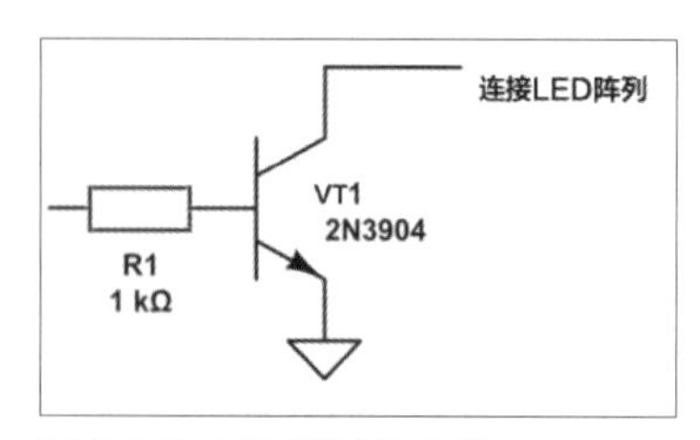

图3.20 三极管扩流电路

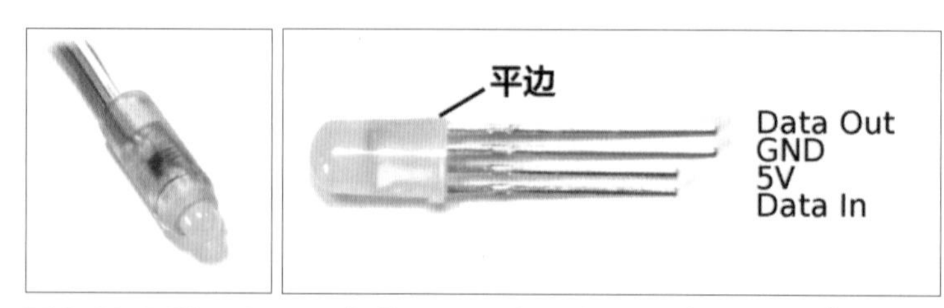

图3.21 两种WS2811智能LED。左图中LED（前端凸起）与控制芯片（黑色块）是相对独立的；右图中，控制芯片直接封装在LED内部

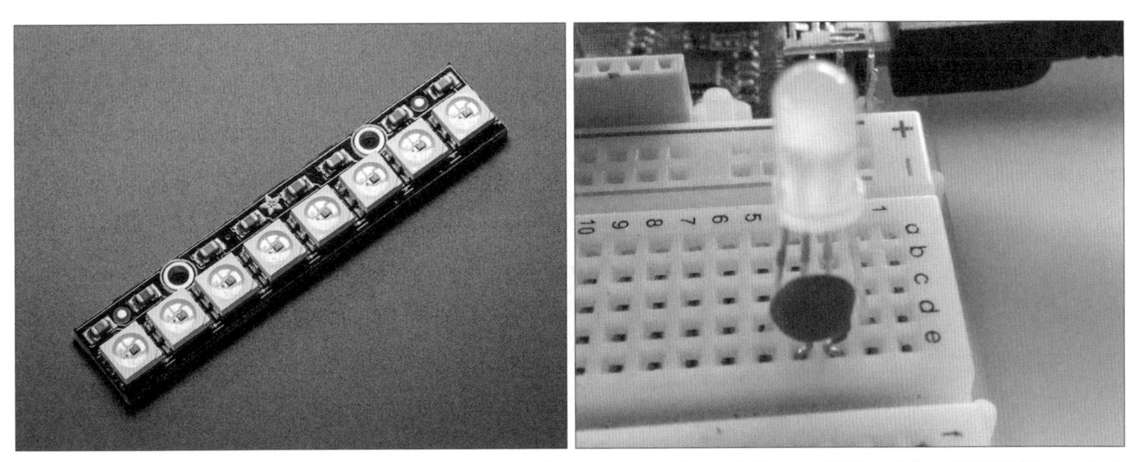

图 3.22 Neopixel。左图为成品灯条，每个 LED 上方已有一个电容；右图为自己搭建的电路，建议并联一个电容

3.8 总结及引申

我们了解了Arduino I/O口的特性，如何用Arduino驱动一个LED矩阵，并且进一步将代码抽象成功能块和函数，合理使用存储空间，从而显示动画效果。实践中经常会用到更大的LED矩阵和更方便的智能LED，我们了解了实践技巧和注意事项。下一次，当你看到LED灯条或LED屏幕时，不妨结合本章内容，分析它是如何被控制的，估计所需电流大小。如果你感兴趣将多个LED应用到你的原型设计中，不妨思考如果用来显示文字、英文字母，至少需要多少颗LED。你前面设想的疯狂装置（Fantasy Device）中，增加一块LED屏幕是否能传达更多信息？更多的信息会便捷用户与之交互，还是分散了用户的注意力？

4 PCB原理图设计

从本章开始，我们将分3章来体验PCB的制作流程，我们将一起设计并贴装一块自己的Arduino Zero！这章会先介绍原理图的设计，第5章介绍电路图的设计，第6章介绍元器件贴装、测试的方法。读完这3章，你会发现设计、制作电路板并不困难，相信你将有能力制作一块属于自己的电路板。

4.1 我们为什么需要PCB

在电子原型设计中，我们有很多种办法来搭建电路。最常见的办法是使用面包板，操作方法和技巧可以参考第1章。此外，我们还可以使用洞洞板、搭棚焊等方式，将元器件焊接起来。这些搭建电路的方式都不需要工厂定制，只要从市场上买回材料，自己动手就可以造出电路。但是使用PCB（Printed Circuit Board，印制电路板），大都需要从电路板工厂订购，不仅花费多，制造的时间也较长，设计电路板还需要相关知识并使用软件画图。总结一下，使用PCB的局限有如下几点。

- 生产需要额外的费用和时间。
- 由于生产和寄送时间较长，电路更难快速迭代。
- 可以使用贴片元器件，需要较高的焊接技术，以及较高级的焊接工具。
- 电路板设计知识和软件比较难以上手。
- 工厂做好的PCB，如果有设计问题，修改布线比较困难（见图4.1）。

但是使用PCB也有诸多好处，总结如下。

- 元器件和电路连接的可靠性很高。
- 可以使用贴片元器件，电路可以很密集，电路体积小。
- 更接近大批量生产的条件。
- 电路板设计软件可与其他3D设计软件协作，便于设计外壳等部件（见图4.2）。

设计、制作PCB是一件非常锻炼电子原型制作能力的工作，我们鼓励感兴趣的朋友大胆动手尝试。

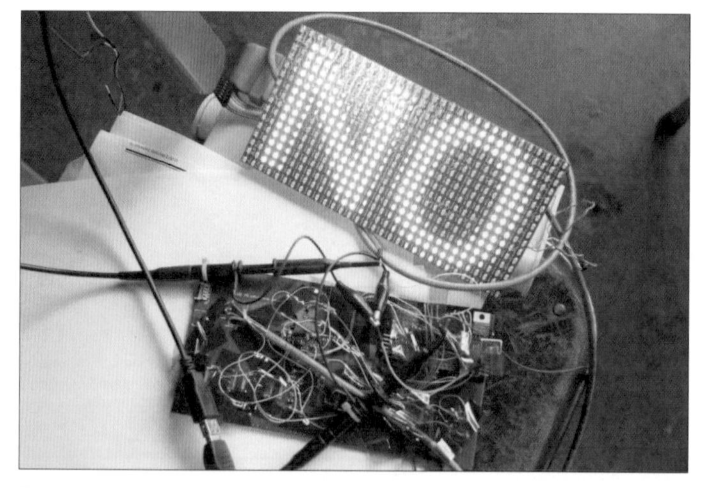

图4.1 PCB修改布线示例。用大量飞线对下方设计不良的电路板进行修改

如果你已经有了一个需要用到电路板的点子，只要同时满足以下几个条件，就可以考虑设计、制作自己的PCB。

- 已经用面包板或洞洞板验证了原型电路，确保电路能正常工作。
- 有足够的时间制作原型，电路板制作至少一周（如果需要跨国订购，至少两周）。
- 希望电路能更加紧凑、体积更小，或者更加稳定、看起来更专业。

图 4.2 电路板软件与 3D 设计软件协作。上图是 Wi-Fi 按钮渲染图，下图为制作好的原型实物

4.2 自制PCB？订购PCB？

你可能听说过自制PCB，没错，除了经工厂订购生产这一途径，在有特殊需求时，自制PCB也是一种选择。最常见的方法是使用覆铜板，它是一种贴有一层铜箔的绝缘板材，只需要将一部分铜箔去除，就可以形成电路连接。去除铜箔的方法一般有物理法和化学法两种。

4.2.1 物理法

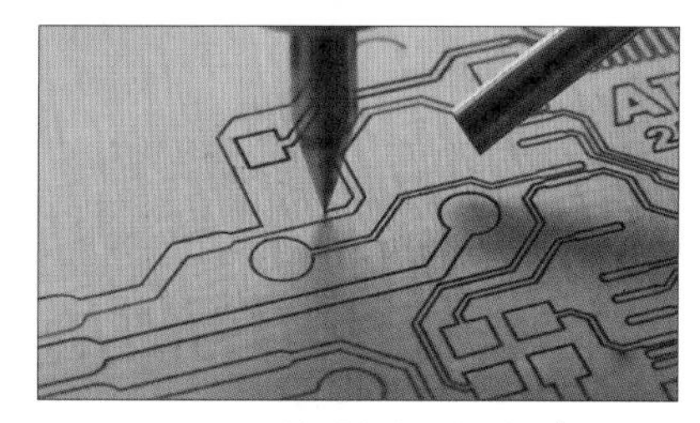

图 4.3 CNC 铣制电路板（来自 wegstr）

对于非常简单的电路，我们可以用刀刻的方式手工加工电路板。对于稍复杂一些的电路，可以使用CNC铣床将不需要的铜切除，即在覆铜板上铣出了电路（见图4.3）。这种方式虽然看似简单直接，但对于工具和操作要求较高，首先需要一台比较精密的CNC铣床，同时要求覆铜板装夹平整，不能一边高一边低，并且铣刀校正准确。开始加工时，铣刀会不可避免地切到铜箔下方的基材，因此建议使用较软的醛酚树脂覆铜板。如果使用玻璃纤维基材的覆铜板，不仅使铣刀磨损严重，也会产生不少有害粉尘，需要做好防护。此外还有使用导电银浆、碳浆等方式，但使用这些方法制作的电路性能和泛用性有限，不作推荐。

4.2.2 化学法

铜虽然是一种比较稳定的金属，但使用三氯化铁或者盐酸双氧水，都可以将铜溶解。我们利用这一原理，只要将要保留的铜用保护层覆盖，露出要去掉的铜接触溶液，就可以有选择性地腐蚀铜，留下我们需要的电路（见图4.4）。铜的保护层并不难制作，可以用油性记号笔手工涂画，或用热转印纸来转印激光打印墨粉，也可以用感光膜曝光形成。腐蚀完成后，将保护层擦除，就可以获得需要的电路了。

物理法和化学法虽然可以自行操作，但都有技术上的局限，自制的PCB与工厂生产的PCB不同。表4.1列出了主要区别，你可以根据实际需要进行选择。

表4.1 自制的PCB与工厂制作的PCB的不同

	自制 PCB	工厂制作的 PCB
层数	一般1层，如果对位准确可以做2层	一般2层起，也可以选择更多层
钻孔中沉铜	很困难	标准工艺
阻焊和丝印	需要额外步骤	标准工艺
制造时间	数小时	数天

图4.4 正在腐蚀的电路板（来自Brad's Blog）

4.3 PCB术语

4.3.1 原理图与电路图

跟一般画图不同，PCB是分两步进行设计的（见图4.5）。首先画原理图（Schematic Design），再根据原理图绘制电路图（Board or Layout Design）。虽然真正提交给工厂生产的只是电路图的部分，但首先绘制原理图，可以更方便我们理解和检查电路的结构，并且电路板软件会根据我们的原理图在电路图上添加零件以及连接方式。待电路图画完，软件还可以帮我们检查电路图和原理图是否一致，避免电路出错。

4.3.2 元器件与封装

元器件（Part）在PCB设计软件中是指一个零件的电气模型。一般在原理图中是一个方框，引出一些短线，即引脚，每个引脚都有标号和名称。

这里要着重强调，“封装”这一中文译名，对应两个不同的英文单词：Footprint与Package。这两个词的意思并不一样，为方便区分两种“封装”，我们建议将Footprint称为电

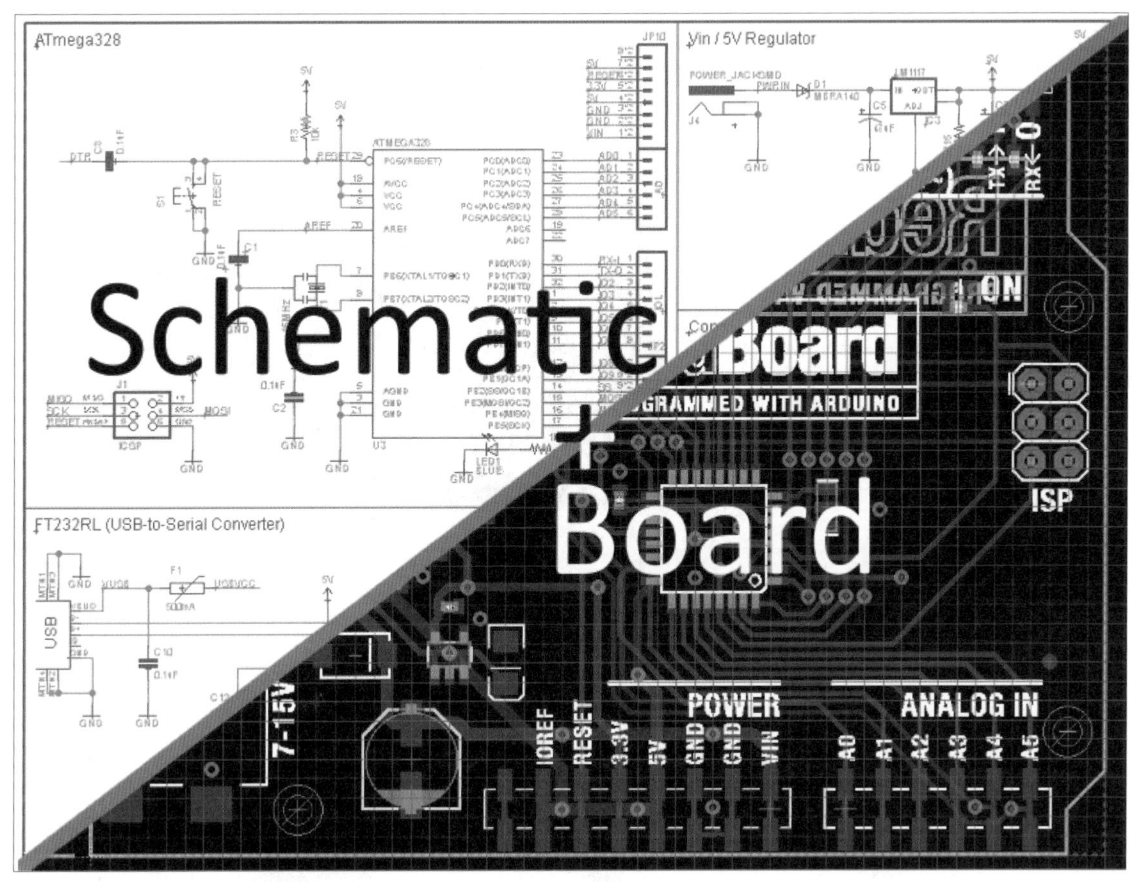

图 4.5 原理图（左上）和电路图（右下）（来自 sparkfun:）

路板封装，将Package称为元器件封装。元器件封装，顾名思义是指电子元器件的包装方式，不同包装方式的区别主要是尺寸以及焊接点（引脚）的位置。如果我们要把零件焊接到电路板上，每一个焊接点的对应位置，都应该有裸露的铜皮以供焊接。因此，对于不同的元器件封装，我们都需要有相对应的电路板封装来保证元器件的引脚和铜皮能够匹配。下面我们用表4.2来帮助大家理解，举例使用的零件是ATSAMD21。

需要注意的是，同一型号的元器件，可能有不同的元器件封装（Package）。以ATSAMD21为例，它有3种元器件封装（见图4.6）。更为常见的电容、电阻也有着不同的封装（见图4.7），我们推荐使用0805封装来制作原型，即宽0.08英寸（2mm），长0.05英寸（1.2mm）。这个尺寸比较小，可以节省电路空间以减小电路板尺寸，但是又不至于太小，适合手工焊接。我们从图中很容易理解，不同封装的元器件，需要不同的焊盘来匹配它们，画电路图时需要相应的电路板封装。

4.3.3 贴片元器件与直插元器件

仍然以图4.7为例，左侧12颗都是贴片元器件（Surface Mount），两侧的小块金属部分

表4.2　ATSAMD21不同包装方式的意义

名称	元器件（Part）	封装（Footprint）	封装（Package）
出现位置	原理图	电路图	现实世界
用途	表明电路的连接信息	表明焊接零件用的铜皮位置	表明现实世界中零件的尺寸

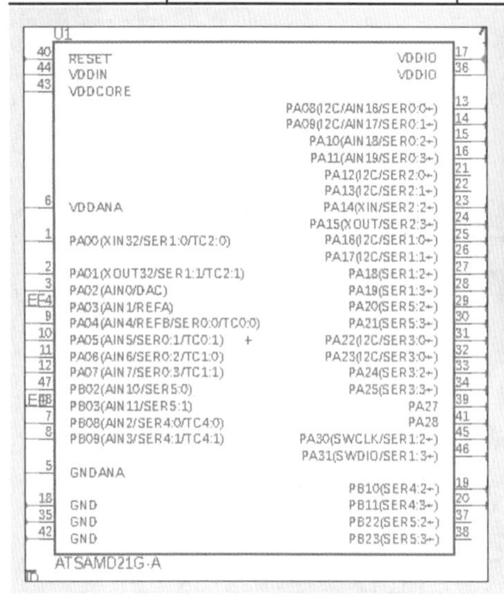

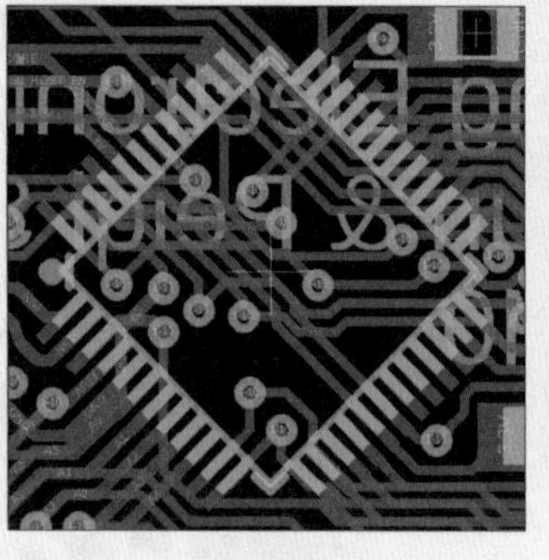

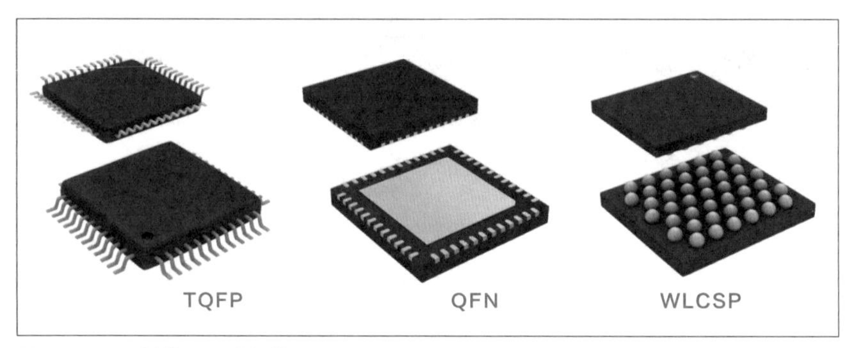

图 4.6 不同封装和尺寸的芯片

就是它的引脚，用来平贴在电路板表面焊接。右侧2颗有金属长引脚的是直插元器件（Through Hole），长金属引脚直接插入电路板中固定、焊接。从图中不难看出，贴片元器件有体积小、重量轻、组装密度高的优点，一般只有直插元器件的1/10大小，更加节省材料和能源。而直插元器件由于组装时金属引脚穿过电路板，因此更加牢固，尤其适用于需要经常插拔的连接器，如USB口。此外对于发热较大的功率型元器件，直插元器件散热更好。

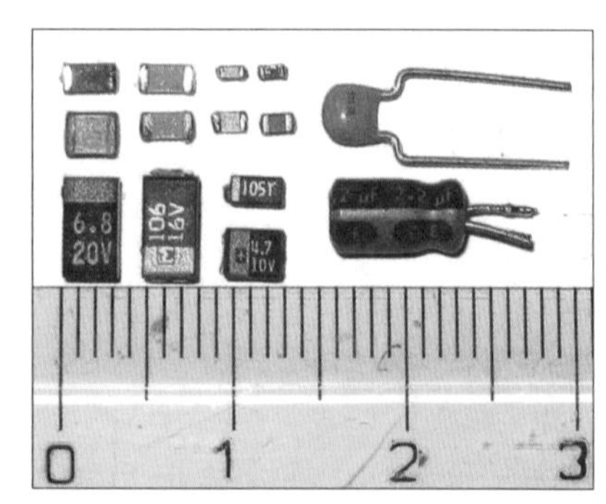

图 4.7 不同封装和尺寸的电容

4.3.4 多层电路板

多层电路板中的层（Layer）是指电路板中导电的铜层。以图4.8为例，常见的电路板上、下层（Top Layer, Bottom Layer）各有一层铜，叫作双层电路板。更高级的电路在电路板内层中有另外两层铜，即4层电路板。一般来说，电路板层数越多，零件密度就可以越高，整体尺寸就越小，同时信号质量也更好，但付出的时间和金钱成本也越高。如果没有特殊需求，大部分电路设计用双层电路板就足够了。

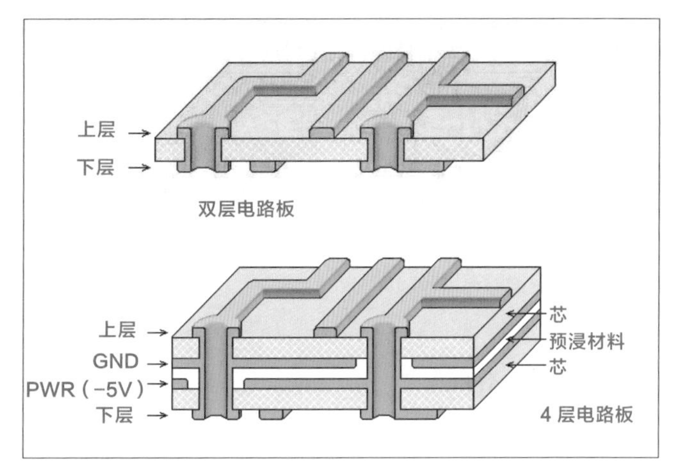

图 4.8 双层电路板和 4 层电路板

4.3.5 网络

电路板中用“网络”（Network）来描述电气连接这一概念。需要直接用导线连接在一起的元器件（对象），就说它们同属于一个网络。在图4.9所示原理图中，同属于一个网络的对象可以直接用线连接，或者为它们打上相同的网络标签。对应地，在电路图中，同属于一个网络的对象必须用线连接在一起（见图4.10）。

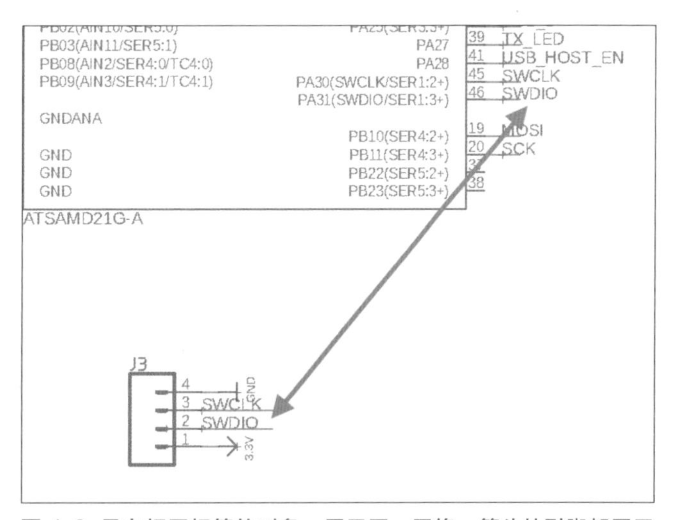

图 4.9 具有相同标签的对象，属于同一网络。箭头处引脚都属于“SWDIO”网络

4.3.6 焊盘

焊盘（Pad）是指电路板上元器件焊接处裸露的小块铜皮（见图4.11）。一般电路板上的焊盘覆盖有焊锡，呈银色。另一些电路板的焊盘呈金色，是因为它表面进行了沉金处理。这些焊盘可以和零件的引脚焊接在一起，同时形成机械连接来固定元器件，形成电气连接来传导电流。对于贴片元器件，对应的焊盘是平整的铜皮；而对于直插元器件，对应的焊盘是一个可以让引脚从中穿过的孔。

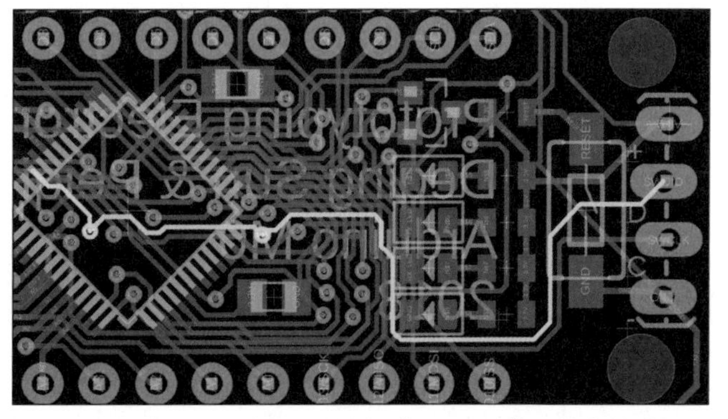

图 4.10 高亮的白色走线，连接起“SWDIO”网络中的对象

图 4.11 元器件处的焊盘为贴片焊盘，两侧的有圆洞的焊盘为直插焊盘

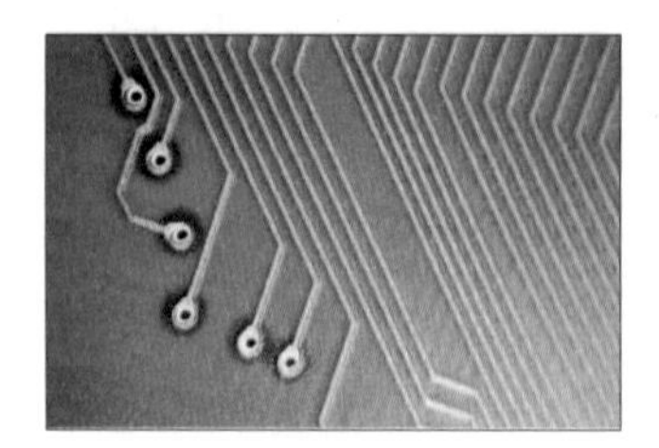

图 4.12 电路板走线

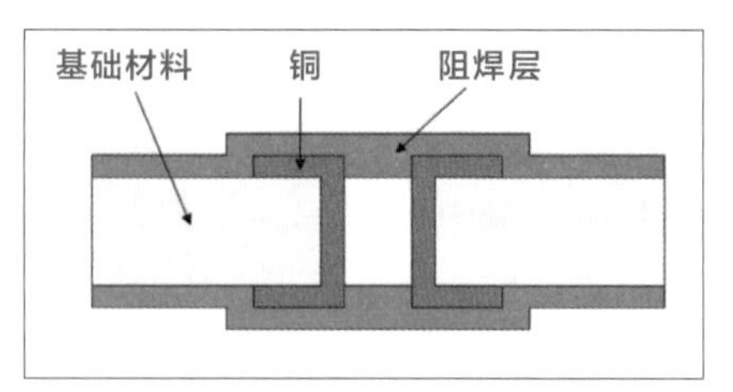

图 4.13 过孔结构

4.3.7 走线

走线（Trace）是电路板上用来导电的铜线。它的作用和我们在面包板上的飞线功能相同，是为了建立电气连接，把焊盘和过孔等连接在一起（见图4.12）。

4.3.8 过孔

过孔（Via）是电路板上的一些小孔（图4.12中的孔），结构如图4.13所示，孔中有铜层覆盖，可以把电路板两侧的走线连接在一起，这样电信号就可以通过孔从电路的一层前往另外一层。一般来说过孔不需要焊接，因此上面覆盖有阻焊层（Solder Mask），不会暴露出来。

4.3.9 阻焊层与丝印（见图4.14）

阻焊层（Solder Mask）可以理解为阻止焊接的一层物质，是覆盖在电路板表面的一层保护材料，一般为绿色的，也可以调成其他颜色。阻焊层可以隔绝空气，防止铜氧化，保护电路板。另外，由于阻焊材料不能被焊接，它可以防止焊锡焊到我们不需要的地方。

丝印（Silkscreen）是阻焊层上印制的字符和图案，绿色的阻焊层通常搭配白色丝印可以看得更清楚。一般来说，丝印的作用是标注零件的型号和位置，方便人工组装和检查。当然大家也可以发挥创造性，用丝印作图案来装饰电路板。

图 4.14 阻焊层与丝印

4.3.10 设计规则检查（DRC）

设计规则检查（Design Rule Check，DRC）是电路板设计过程中非常重要的一步，一般起到两个作用：一是检查电路板的布线是否和原理图匹配；二是检查电路板是否符合生产的工艺要求。在生产电路板时，由于曝光和腐蚀的精度有限，因此走线的最小线径（Width）和走线间最小距离（Spacing）都有限制。如果线径太细，有断开的风险；如果走线距离太近，有相邻走线粘连的风险。

另一个常见的限制是走线到板外边缘的距离（Enclosure）。由于PCB生产过程中不同的工艺使用了不同的机器，所以在生产走线和切割电路板外形的工序中，电路板并不可能完全对齐，会形成一定的误差。如果设计的距离太近，就有切掉走线的风险。除此之外，还有最小孔径、单边焊环等概念，感兴趣的朋友可以参考电路板工厂的技术文档。图4.15示意最基本的3种DRC项目。

这些生产的限制需要依据工厂的技术水平和工艺而定。同一工厂，越接近极限工艺，生产故障率就可能越高，为了避免故障，我们设计时需要留有余量。以OSH Park（美国俄勒冈州的一家拼板电路板服务商）为例，OSH Park的最小线径和线距是6mil（0.1524mm，国内的电路板生产商大多也能达到这一精度），如果我们设计一些余量，按照10mil线径和线距设计电路板，生产中基本可以确保不会出现问题。

4.4 PCB设计软件

PCB的设计软件有很多，可以根据需求选择。在这一系列教程里，我们选用Autodesk Eagle来讲解基本原则和通用的设计方法，原因有以下3点。

（1）Eagle对于Windows、mac OS、Linux3种主流操作系统均有发行包，都可以正常工作。

（2）Eagle的教育许可证是免费的。即使是非教育用途，80cm2以下的双层电路板设计也是免费的，能满足大部分原型设计的需求。Eagle的商业许可证也比其他行业软件便宜。

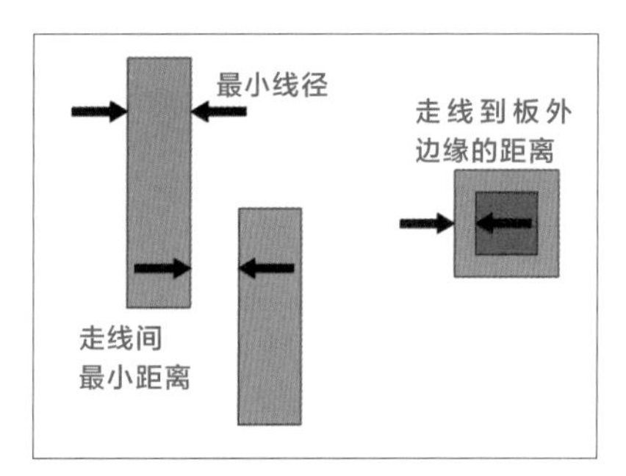

图4.15 3种基本DRC项目

（3）由于Eagle的免费版本适合广大电子爱好者和初学者，美国主要的开源硬件零售商，包括Sparkfun、Adafruit、Seeed Studio等都免费提供了Eagle的零件库和封装库。因此绝大多数情况下，我们使用的元器件，可以直接在Eagle的零件库和封装库中找到设计图，非常方便，极大简化了设计电路板的流程，缩短了设计时间。

简单介绍一下Eagle，它是德国软件公司CadSoft在1988年发行的，2009年被英国派睿电子收购，2016年被Autodesk收购。我曾在Autodesk位于旧金山的总部任驻留艺术家，与Eagle的用户体验团队相识，也感受到Eagle在最近一两年中使用体验的大幅提升，并且它与Fusion 360协作进行机械设计也很方便（Fusion 360的教育许可证也是免费的）。

4.5 原理图的内容和结构

现在我们可以开始打开软件画图了吗？不！软件只是将我们的想法从大脑转移到计算机中的工具，在使用软件之前，我们首先要明确原理图上需要绘制什么。对初学者朋友，我们推荐以下3步。

（1）观察你的面包板原型，统计有哪些直插元器件，确认元器件之间如何连接。

（2）查找每种直插元器件对应的贴片元器件，选择封装方式，并确定你都有能力焊接它们。

（3）如果有相似的设计，不妨先参考一下。

完成了以上步骤，你就完成了电路板设计的大部分工作！接下来打开软件，开始在原理图编辑器中绘制原理图。建议你遵守结构原则，即将元器件划分为功能模块，不同的功能模块分开绘制，这样一来原理图将会更加清楚有序，容易理解，容易排查错误，也便于日后复用某个功能模块。以Arduino Zero为例（见图4.16），我们将模块分为：排针模块（Pin Header Block）、LED模块（LED Block）、电源与USB模块（Power & USB Block）、微控制器模块（Microcontroller Block）和调试模块（SWD Block）。

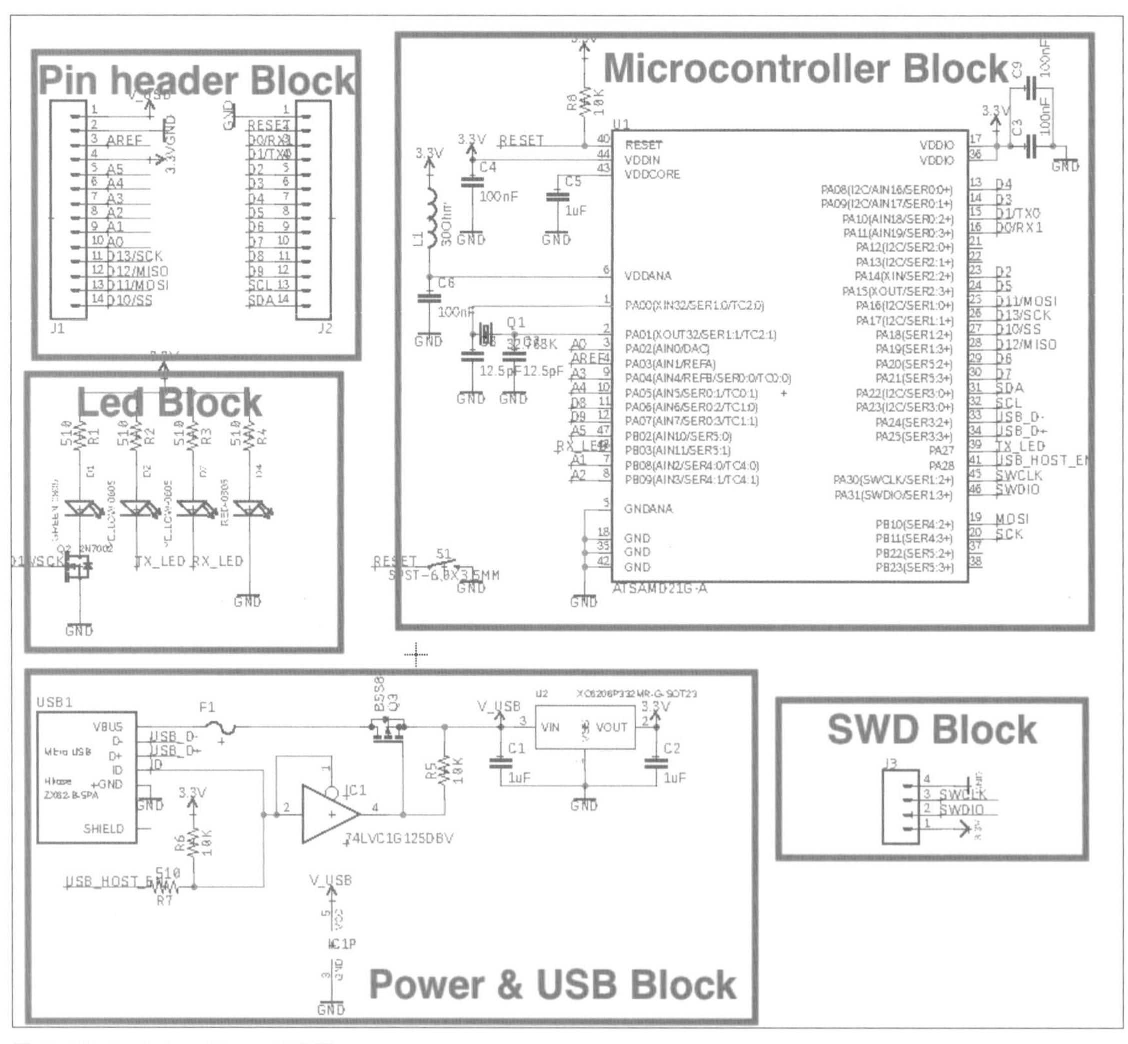

图 4.16 Arduino Zero 原理图

4.6 动手做！PCB设计软件设计练习

使用PCB设计软件很简单，通用的设计流程主要有3步。

（1）分模块绘制原理图。

（2）绘制对应的电路图（用于生产的电路板文件），软件会根据原理图自动添加元器件和连接，我们负责摆放元器件位置和描绘走线。

（3）设计规则检查（DRC）。

如果你是初次接触电路设计，不用担心，我们准备了半成品设计文件（见图4.17），并将详细讲解如何补全，供你快速上手，从而快速体验整个设计过程，减少出错的可能和沮丧。对于有

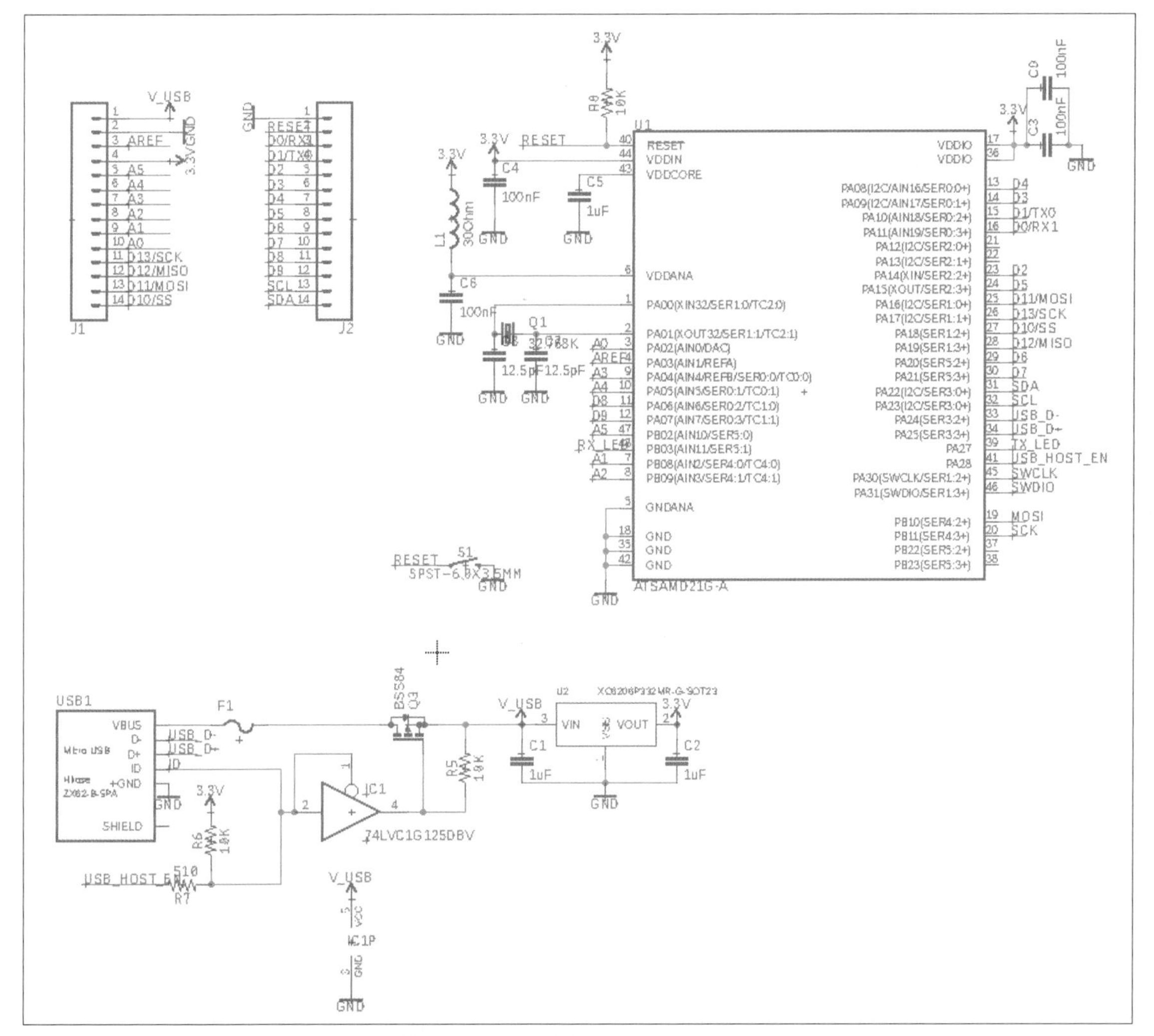

图 4.17 半成品原理图，不包括 LED 模块和 SWD 模块

一定基础或是想挑战一下的读者，我们鼓励大家自己新建文件，从零开始。

首先，我们从本书下载平台下载arduinoM0Mini_start.sch与arduinoM0Mini_start.brd。.sch文件是原理图文件，.brd文件是电路板文件。如果你使用Eagle软件，双击.sch文件，Eagle会将.sch和.brd文件同时打开，并保持二者同步更新，即修改.sch文件时，.brd文件也会同步更新。特别要注意的是，如果看到Eagle窗口中出现黄黑相间的警告条（见图4.18），要立即停止修改！警告条表示Eagle无法同步更新文件，这时一旦继续修改文件，之后想要再恢复同步就会极其困难。一旦看到这种警告，应立即单击“Switch to board”按钮（图标为SCH/BRD），观察打开.brd文件后警告是否会消失。如果警告仍然存在，建议找到自动备份的文件，以此开始修改，放弃那些未备份的修改。如果你不使用Eagle，请阅读软件说明，一些软件可以在关闭文件的情况下依然保持同步更新。

Eagle的原理图编辑器界面，主要分为以下几部分（见图4.19）。

- 工具栏：这一栏是常用文件操作，即打开与保存文件、切换原理图与电路图、控制工作区域的缩放。

- 参数工具栏：调节工作区域网格的精度、切换电路板层（一般我们在原理图中不切换层）。

- 命令行：供输入指令和脚本，功能非常强大，既能快速调出某工具和选项，又能执行较复杂的脚本操作。

- 命令工具栏：绘制原理图的工具都在这里，常用的有增加/删除元器件、连线等。

- 原理图页面：如果原理图有多页，可以在此切换。我们的原理图只有一页，可以关闭这个面板以增大工作区域面积。

- 工作区域：原理图绘图编辑区。

- 状态栏：显示提示与状态信息。

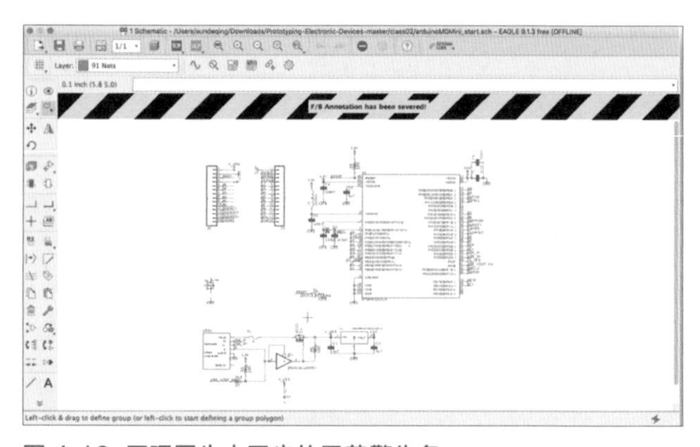

图 4.18 原理图失去同步的黑黄警告条

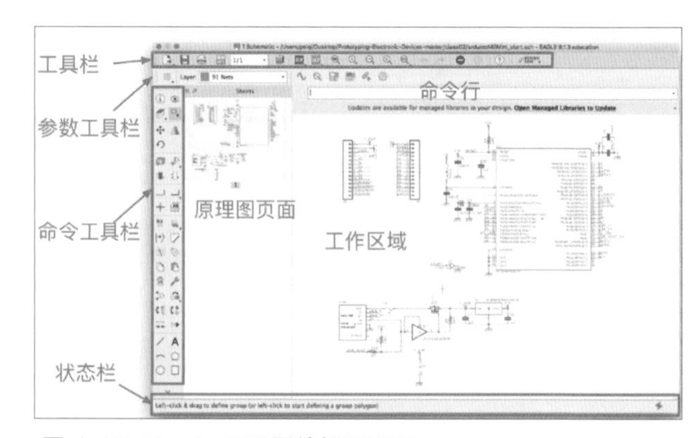

图 4.19 Eagle 原理图编辑器界面

我们首先添加元器件。单击命令工具栏里的“Add Part”按钮（见图4.20），弹出“ADD”窗口。

第一次使用Eagle时，系统只载

入默认的元器件库。我们需要添加元器件库，单击“Open Library Manager”来打开库管理器（见图4.21）。

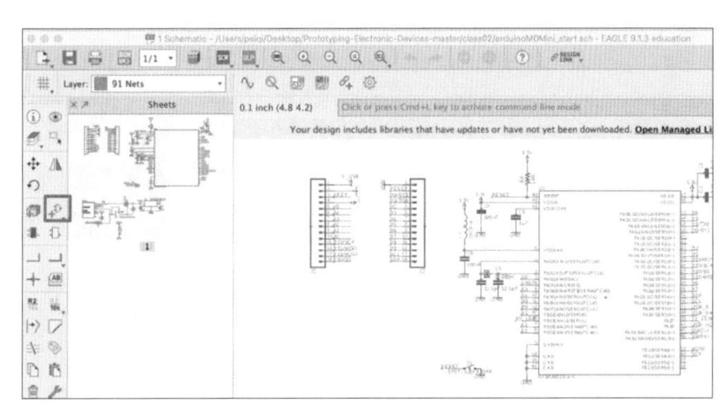

图 4.20 单击添加元器件“Add Part”按钮

单击“Available”标签，下面会列出所有Eagle尚未安装的元器件库。我们选中所有的库，然后单击“Use”（见图4.22）。之后Eagle将会开始下载，等待所有的库都下载安装好后，关闭这个窗口。

现在我们可以开始添加零件了！首先添加一个三极管2N7002，我们找到Seeed-Transistor库，展开它，找到并选中SMD-MOSFET-N-CH-60V-300MA-LOGIC-LEVEL-FET-2N7002(SOT-23)，单击“OK”将它加到原理图中（见图4.23）。

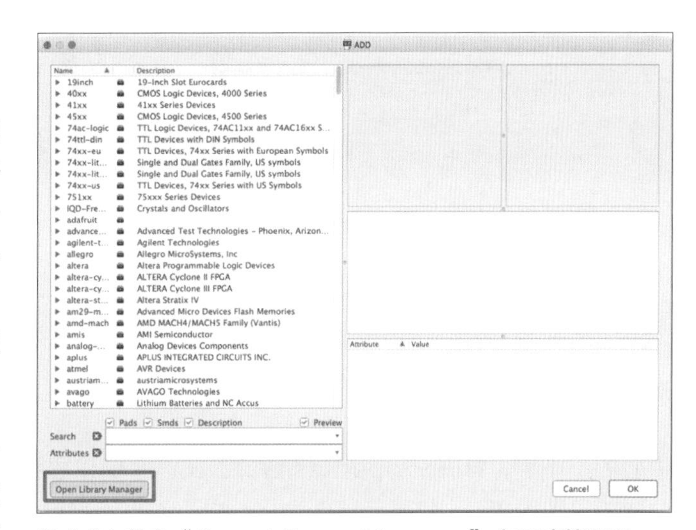

图 4.21 单击“Open Library Manager” 打开库管理器

如果不知道需要的元器件在哪个库里，可以使用搜索功能。同样通过“Add Part”按钮打开Add窗口，在“Search”文本框中输入关键字，搜索元器件。需要注意，Eagle的搜索与一般搜索引擎不同，不是模糊匹配，而是精确匹配。需要注意的是，如果只输入部分元器件名，并不能返回正确的结果，我们需要在关键词中加入*（通配符）来帮助匹配。例如输入*2n7002* 来匹配所有含有2n7002关键字的元器件。这里我们选择seeed-Transistor中的那个（见图4.24）。

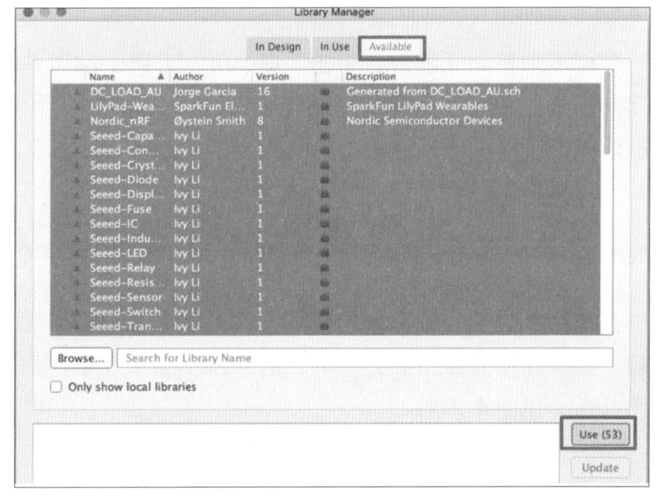

图 4.22 添加所有尚未安装的库

插入元器件后，使用Info工具修改元器件的名称和值。并单击元器件

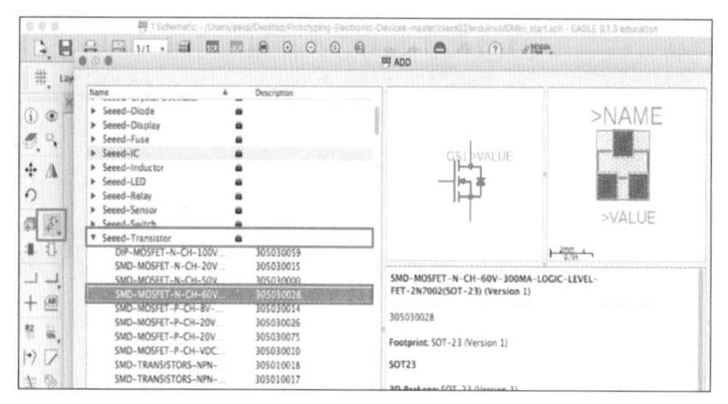

图 4.23 添加三极管 2N7002

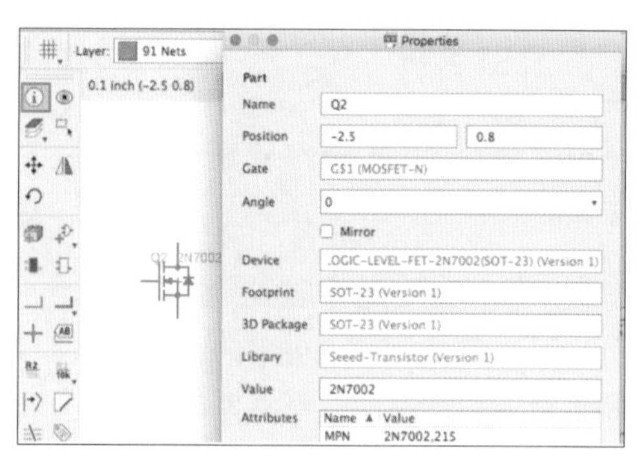

图 4.25 编辑元器件属性

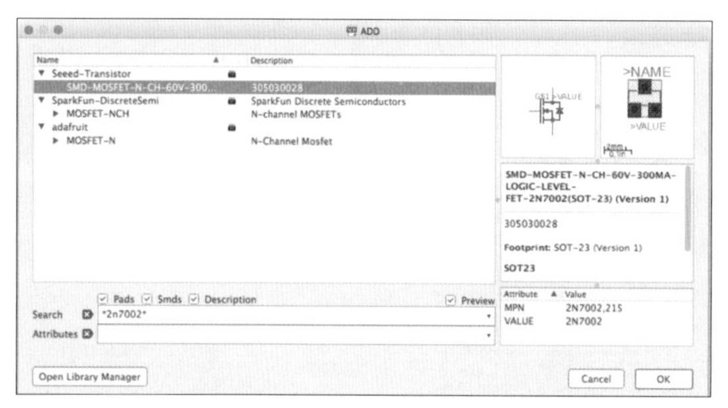

图 4.24 搜索元器件

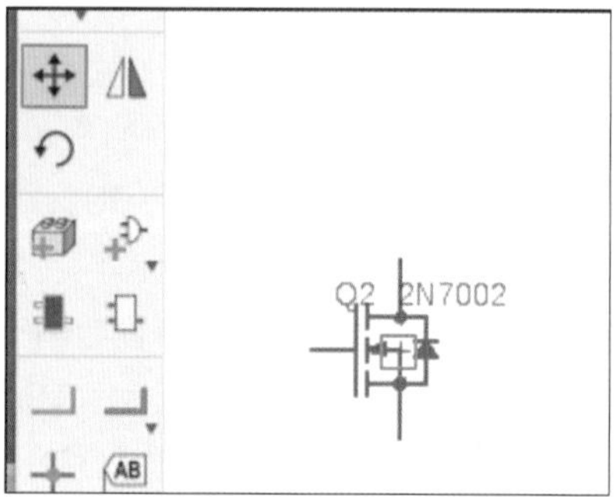

图 4. 26 移动元器件

中心的小十字，打开Properties窗口。在这个窗口里我们可以修改元器件的名称、位置、值等参数（见图4.25）。如果元器件太小，中心的小十字难以单击，可以使用顶部工具栏的放大镜图标缩放视图，或者滚动鼠标中键滚轮。如果你的触控板支持触控手势，也可以用两根手指缩放。如果要平移视图，可以按下鼠标滚轮同时拖曳鼠标，也可以用两根手指在触控板上平移。

接下来移动元器件，单击“Move”工具，然后单击元器件中心的小十字，拖动元器件。在拖动的过程中，右键单击可以旋转元器件。如果使用新版Eagle，无须单击“Move”工具，在默认模式下可以直接拖动（见图4.26）。

接下来我们添加GND地符号（见图4.27），地符号在Eagle中也属于一个元器件。我们在“SparkFun_PowerSymbols”库中选择GND，并把它放到我们刚才放置的三极管下方。

然后我们就可以把地符号和三极管连接起来了。我们选择“net”工具，单击需要连接的一端，再单击需要连接的另一端，这样两个引脚就被绿色的线连接在一起，表明它们已经形成了电气连接（见图4.28）。

接下来我们在三极管上方添加一个电阻，在“SparkFun_Resistors”库中选择RESISTOR0805。我们发现，电阻默认符号R1上是没有阻值的（见图4.29）。为了区分不

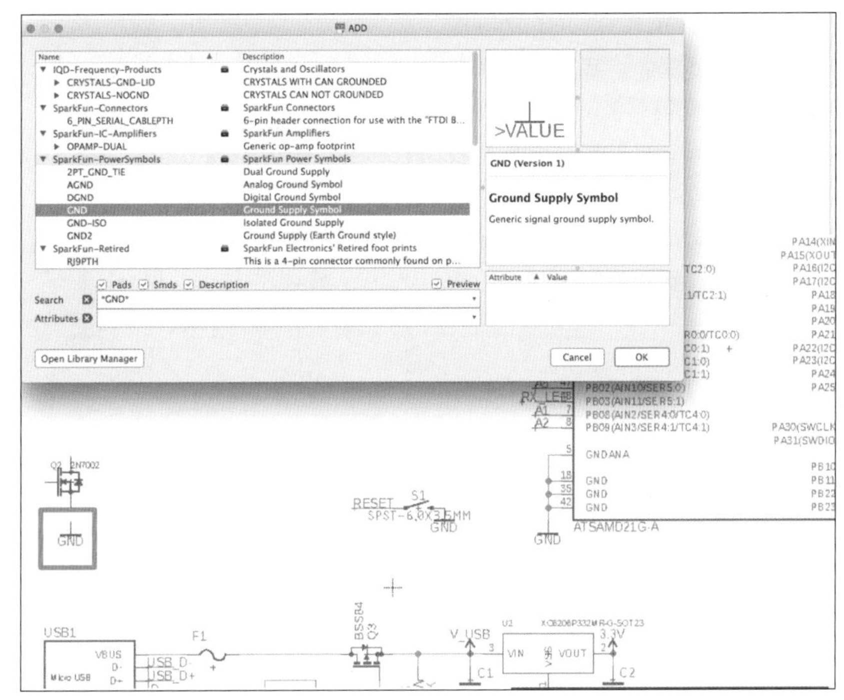

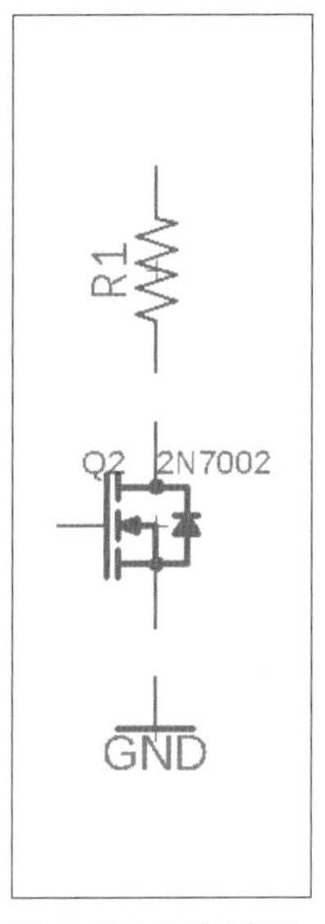

图 4.27 添加地符号

图 4.29 添加电阻

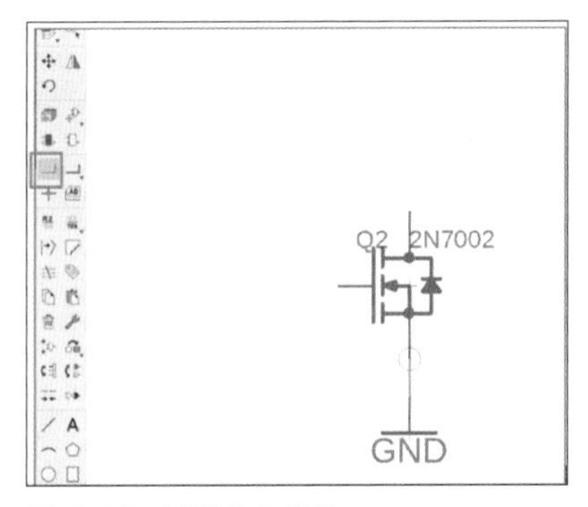

图 4.28 创建电气连接

同的电阻，需要添加阻值。单击“Info”工具，再单击电阻中心的小十字，在弹出的属性框里，在“Value”中输入“510”（见图 4.30）。

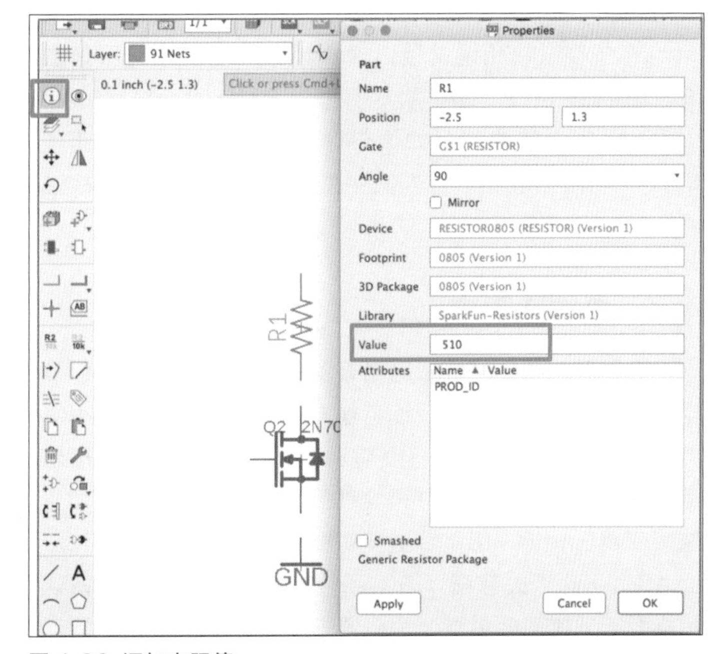

图 4.30 添加电阻值

下面请你参考图4.31所示的LED模块原理图，完成剩余的部分。图片上D13/SCK、TX_LED、RX_LED这3个是网络标号，是电气连接除了直接连线的另一种方式。具体用法将在下面介绍。

接下来我们一起添加CONN_ 04LOCK_LONGPADS连接器，它用来焊接调试接口。在此过程中，我们一起来练习如何添加网络标签。参考前面添加元器件和连线的步骤，请你试试在“SparkFun_PowerSymbols”元器件库中找到3.3V和GND，加到正确的位置并连线（见图4.32）。接下来我们将2和3号引脚延长，方便查看。延长的方式是先单击需要延长的引脚，然后在需要延长到的位置上双击，再按键盘上的ESC退出工具即可。

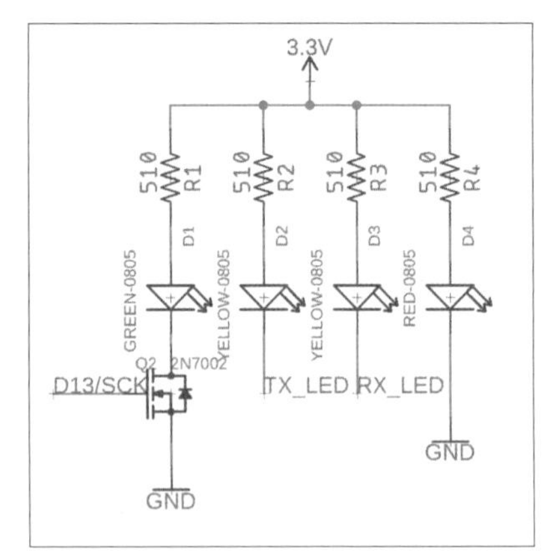

图 4.31 参考 LED

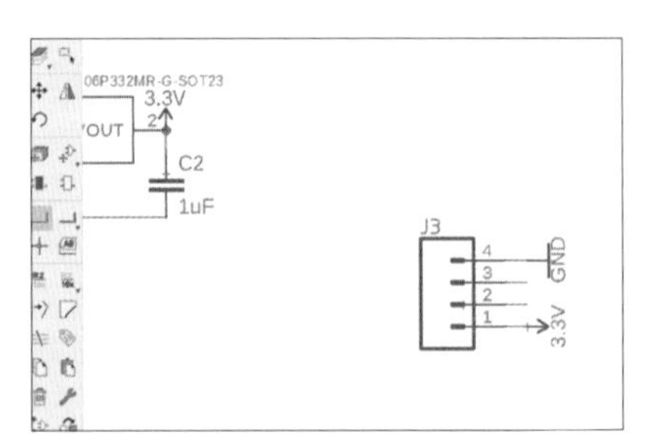

图 4.32 添加连接器

接下来使用“Label”工具添加网络标签（见图4.33）。选中该工具，再单击连接器的3号引脚，就会出现一个标签。当然，默认的标签名字不是我们希望的，我们需要修改标签名。使用“Name”工具，然后单击标签，在弹出的对话框中将它改名为“SWCLK”。由于原理图上已经存在这个网络名称，Eagle会询问我们是否接入该网络。这正是我们需要的，选择“Yes”。

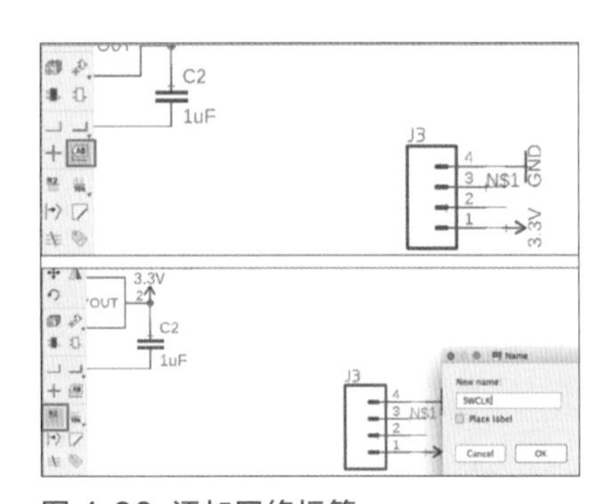

图 4.33 添加网络标签

同样地，我们给引脚2加上“SWDIO”标签，调试接口就算完成了。完成的调试接口应该像图4.34所示这样。

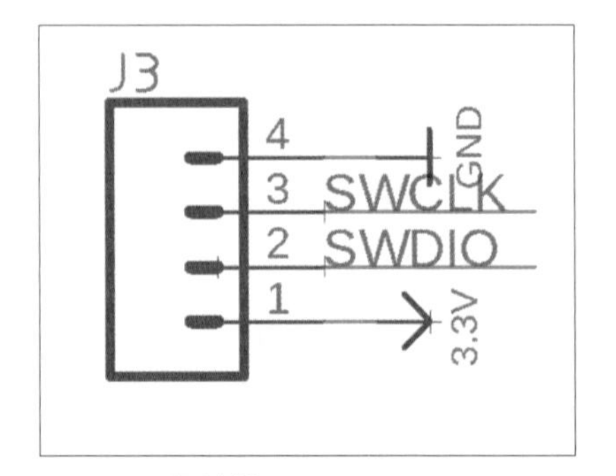

图 4.34 调试接口

当LED模块和调试接口模块都完成后，你的原理图应该与图4.35类似。读者朋友们可以下载arduinoM0Mini_finished.sch来参考。如果你遗漏了某个元器件，请参考如图4.36所示表格，对照其中的元器件名和库名，检查并添加。

4.7 总结及引申

这一章，我们了解了电路板的基本概念和术语，以及用软件绘制原理图的流程。读者朋友们可以回想前几章思考的电子原型制作的点子，有没有哪个适合制作PCB，不妨动手先用面包板验证电路，再尝试用软件画出原理图。如果你选择使用Eagle，想了解更多功能和技巧，推荐参考learn.sparkfun的相关教程。该系列教程被Eagle官方团队认可和推荐，非常简明易懂、思路清晰，只是由于Eagle近期更新频繁，教程中的软件界面和操作方法与新版本会有少许出入，但并不影响大家学习参考。

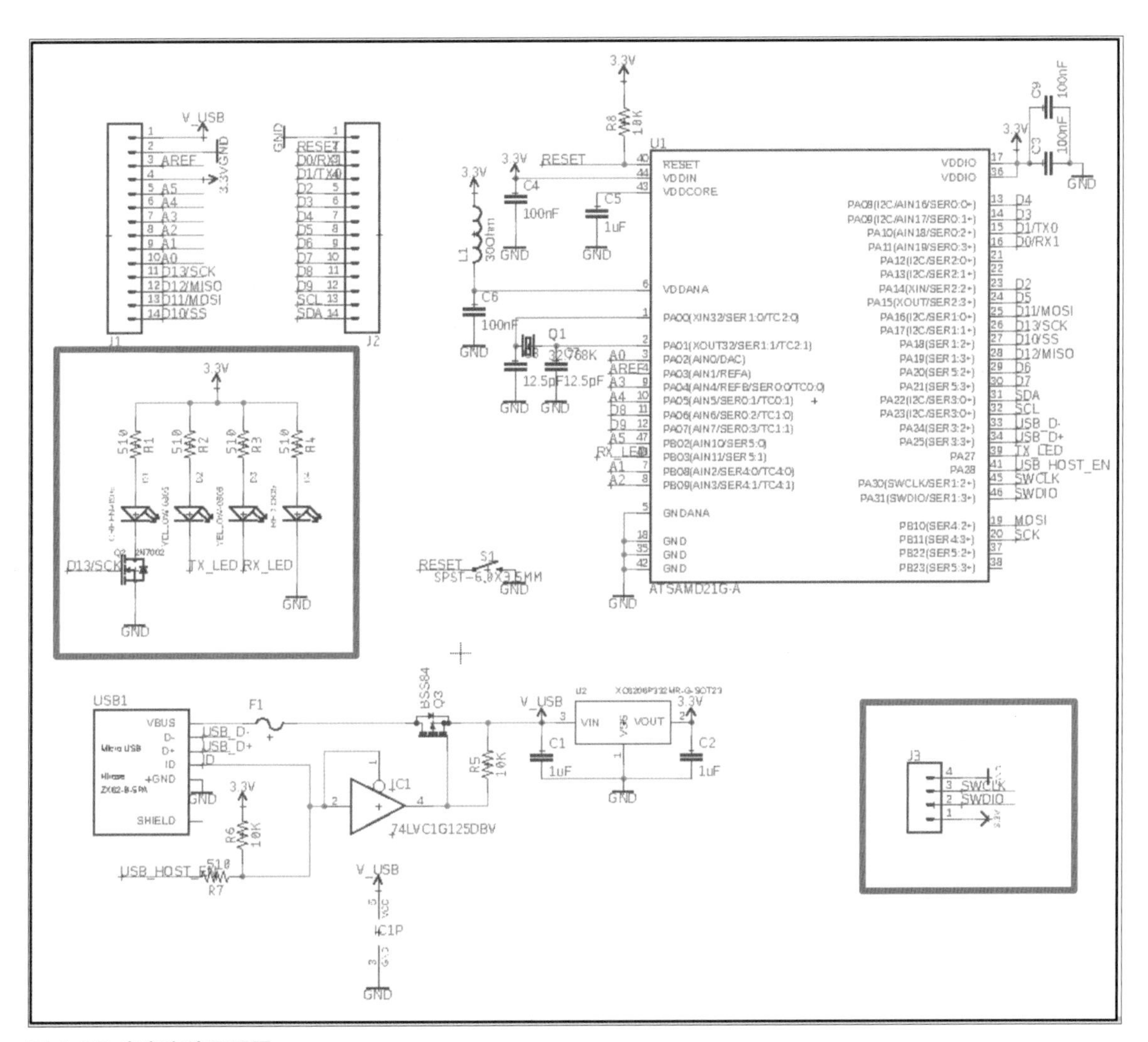

图 4.35 参考电路原理图

数量	元器件	所在库名	库中元器件	封装	元器件名
1		SparkFun-Connectors	CONN_04LOCK_LONGPADS	1X04_LOCK_LONGPADS	J3
4	510	SparkFun-Resistors	RESISTOR0805	805	R1, R2, R3, R4
1	2N7002	Seeed-Transistor	SMD-MOSFET-N-CH-60V-300MA-LOGIC-LEVEL-FET-2N7002(SOT-23)	SOT-23	Q2
1	GREEN-0805	Seeed-LED	SMD-LED-CLEAR-GREEN(0805)	LED-0805	D1
1	RED-0805	Seeed-LED	SMD-LED-CLEAR-RED(0805)	LED-0805	D4
2	YELLOW-0805	Seeed-LED	SMD-LED-CLEAR-YELLOW(0805)	LED-0805	D2, D3
		SparkFun-PowerSymbols	3.3V		
		SparkFun-PowerSymbols	GND		

图 4.36 需要添加的元器件表格

5 PCB设计

上一章我们了解了如何使用Eagle绘制原理图，这一章，我们将依照原理图，进行电路板（PCB）的绘制，绘制好电路板，便可以交给工厂生产。除此之外，你还将了解如何阅读数据手册，以及导出物料清单。

5.1 PCB设计的流程

我们用一张图来描述整个PCB设计的流程（见图5.1）。在确定要制作PCB后（确定依据参见上章内容），我们首先按照功能需求选择元器件，要注意确认元器件的货期和价格都应符合我们的要求。确定元器件后，我们就可以绘制原理图和电路图了。检查电路设计之后，就可以采购元器件与电路板了。当订单到齐后，我们进行最终的组装和测试。如果电路不能正常工作，我们就需要进行维修，或者重新设计电路，再次下单生产。

你会注意到，在选择元器件、选择供应商、绘制原理图和电路图的过程中，我们都需要参考数据手册来确定元器件的功能以及封装。而数据手册的页数从几页到几百页，如何高效定位我们需要的信息？后文将简要介绍数据手册的阅读方式。此外，物料清单也会对我们采购元器件起到巨大的帮助，后文也会简要介绍。

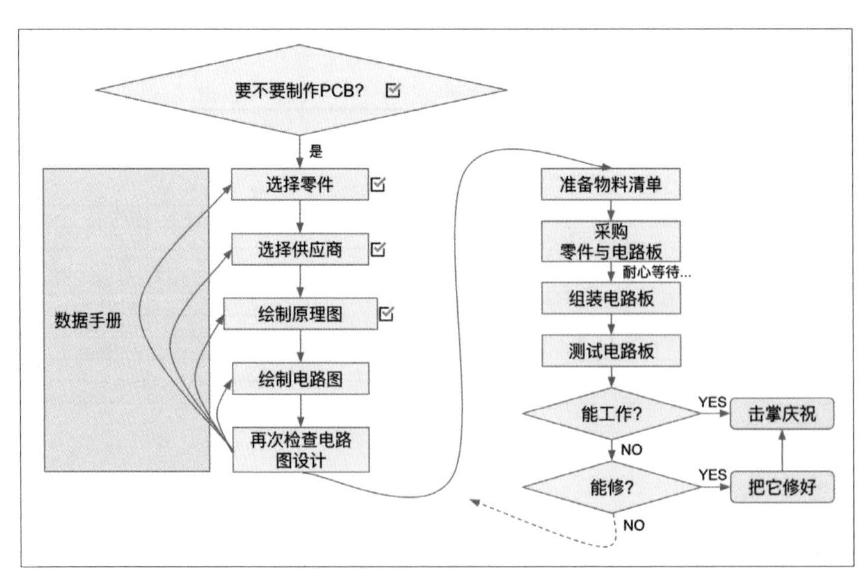

图5.1 PCB设计流程

5.2 如何阅读数据手册?

数据手册（Datasheet）是一份介绍元器件技术参数的文档。通常数据手册是由元器件生产商准备的。一份典型的数据手册第一页通常是元器件的概要信息，概括该元器件的功能，并在后面用更多篇幅分不同角度来介绍这个元器件。

一般情况下我们不需要像学习教科书那样一页一页阅读数据手册。数据手册主要的功能是为我们提供信息的检索，你可以把它看作一本索引字典，正如我们不会一页一页地阅读字典，我们只需要从数据手册中查找和抽取我们需要的信息即可。

一份典型的数据手册一般包含以下几个部分，如果数据手册是PDF格式的，往往其中已经做好了目录和内容标签，可以很方便地跳转到章节内容。

- 概要（Overview）
- 引脚配置（Pin configuration）
- 元件如何工作
- 订购信息（Ordering info）
- 封装信息（Package info）
- 勘误信息（Error revision）
- 免责条款（Disclaimer)
- 联系信息（Contact info）

目录中标红的章节含有用户最有可能要查找的内容。我们以制作小型Arduino常用的ATtiny85芯片为例来介绍数据手册的阅读方法。

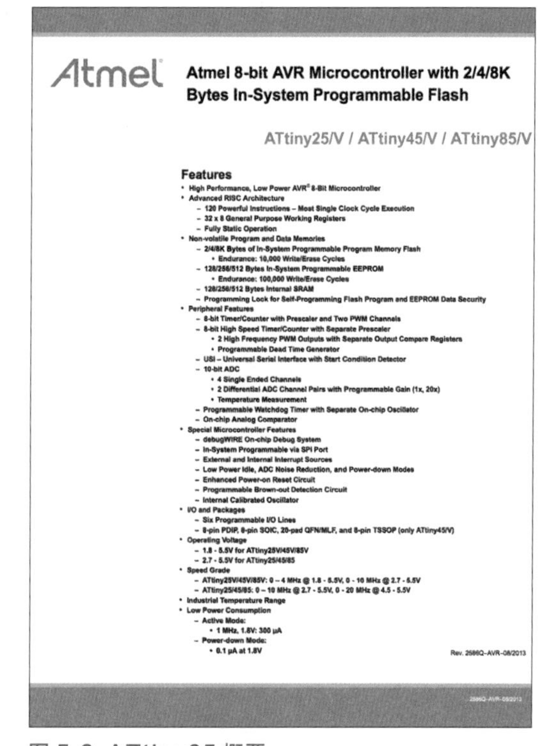

Atmel

Atmel 8-bit AVR Microcontroller with 2/4/8K Bytes In-System Programmable Flash

ATtiny25/V / ATtiny45/V / ATtiny85/V

Features

- High Performance, Low Power AVR® 8-Bit Microcontroller
- Advanced RISC Architecture
  - 120 Powerful Instructions – Most Single Clock Cycle Execution
  - 32 x 8 General Purpose Working Registers
  - Fully Static Operation
- Non-volatile Program and Data Memories
  - 2/4/8K Bytes of In-System Programmable Program Memory Flash
    - Endurance: 10,000 Write/Erase Cycles
  - 128/256/512 Bytes In-System Programmable EEPROM
    - Endurance: 100,000 Write/Erase Cycles
  - 128/256/512 Bytes Internal SRAM
  - Programming Lock for Self-Programming Flash Program and EEPROM Data Security
- Peripheral Features
  - 8-bit Timer/Counter with Prescaler and Two PWM Channels
  - 8-bit High Speed Timer/Counter with Separate Prescaler
    - 2 High Frequency PWM Outputs with Separate Output Compare Registers
    - Programmable Dead Time Generator
  - USI – Universal Serial Interface with Start Condition Detector
  - 10-bit ADC
    - 4 Single Ended Channels
    - 2 Differential ADC Channel Pairs with Programmable Gain (1x, 20x)
    - Temperature Measurement
  - Programmable Watchdog Timer with Separate On-chip Oscillator
  - On-chip Analog Comparator
- Special Microcontroller Features
  - debugWIRE On-chip Debug System
  - In-System Programmable via SPI Port
  - External and Internal Interrupt Sources
  - Low Power Idle, ADC Noise Reduction, and Power-down Modes
  - Enhanced Power-on Reset Circuit
  - Programmable Brown-out Detection Circuit
  - Internal Calibrated Oscillator
- I/O and Packages
  - Six Programmable I/O Lines
  - 8-pin PDIP, 8-pin SOIC, 20-pad QFN/MLF, and 8-pin TSSOP (only ATtiny45/V)
- Operating Voltage
  - 1.8 - 5.5V for ATtiny25V/45V/85V
  - 2.7 - 5.5V for ATtiny25/45/85
- Speed Grade
  - ATtiny25V/45V/85V: 0 – 4 MHz @ 1.8 - 5.5V, 0 - 10 MHz @ 2.7 - 5.5V
  - ATtiny25/45/85: 0 – 10 MHz @ 2.7 - 5.5V, 0 - 20 MHz @ 4.5 - 5.5V
- Industrial Temperature Range
- Low Power Consumption
  - Active Mode:
    - 1 MHz, 1.8V: 300 µA
  - Power-down Mode:
    - 0.1 µA at 1.8V

Rev. 2586Q–AVR–08/2013

2586Q–AVR–08/2013

图 5.2 ATtiny85 概要

首先是概要章节。它通常是数据手册的第一页，快速浏览一下概要，可以帮助我们确定现在正在阅读的数据手册是不是该元器件对应的那一份，也可以让我们快速了解元器件的功能。以ATtiny85为例，我们先看标题，上面有很显眼的蓝色 ATtiny25/V / ATtiny45/V / ATtiny85/V 字样（见图5.2）。因此我们可以确定这本手册是正确的手册，其他小字部分介绍了该芯片的特性，如速度、电压、I/O口数、存储器空间等。我们可以通过这些文字快速了解这款芯片，大致判断它是否符合我们的需求。

画原理图和电路图都离不开引脚接线，这部分信息需要查看引脚配置章节，它可以帮助我们了解芯片不同引脚的功能。如果自己在PCB设计软件中添加元器件，必须要仔细阅读引脚配置，确认二者引脚配置相同。即使从PCB软件中的元器件库来添加元器件，也建议你自行检查一遍引脚配置是否和PCB软件中的模型相匹配。以ATtiny85为例，我们可以从数据手册上观察到（见图5.3），PDIP和SOIC封装的ATtiny85引脚在两侧，共有8个，以及每个引脚的功能。

订购一款芯片时，你会注意到芯片名称中含有一些难以理解的代码，如搜索ATtiny85，返回ATtiny85-10SU、ATtiny85-20SUR、ATtiny85-20MU等。这时我们需要查阅订购信息章节（见图5.4），这里列举出了该款元器件不同封装或工艺的版本各自的订购代码。我们可以使用该代码精确地查找订购我们所需的元器件。以ATtiny85为例，首先，大部分Arduino应用有可能用到USB功能，而该功能需要16.5MHz的时钟频率，所以我们只能选择Speed 20MHz那一级的芯片，即表格下半部分。在这一等级下，它的封装（Package）有3种：8P3、8S2以及20M1。这些封装代号并不是业界标准，而是芯片厂商自己定义的。我们可以从之后的封装信息章节进行判断。

假设我们需要的贴片芯片是8S2封装的，它的订购代码（Ordering Code）仍然有4种。我们仔细看一下这些种类，可以发现它们只是后缀有很小的不同。根据表格下面注释第3条，我们可以得知H、U、R对应不同的引脚镀层材料以及芯片包装方式。在快速原型制作过程中，这些微小的差异并不重要，任选一种即可，不妨选择最便宜或者最容易买到的款式。

绘制电路图时，需要精确地指定每个焊盘的位置，这时我们就要查看封装信息章节中该元器件精确的尺寸图，它可以帮助我们辨别封装（Package）、绘制PCB封装（Footprint），或者制作三维模型。以ATtiny85为例，我们可以从这一页看到8S2封装的具体信息（见图5.5）。从尺寸上我们可

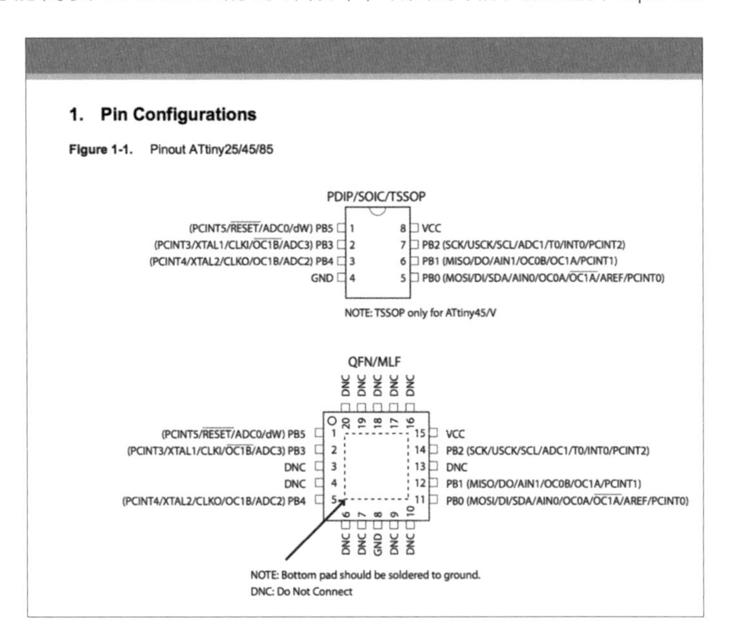

图 5.3 ATtiny85 引脚配置

25.3 ATtiny85

Speed (MHz) (1)	Supply Voltage (V)	Temperature Range	Package (2)	Ordering Code (3)
10	1.8 – 5.5	Industrial (-40°C to +85°C) (4)	8P3	ATtiny85V-10PU
			8S2	ATtiny85V-10SU ATtiny85V-10SUR ATtiny85V-10SH ATtiny85V-10SHR
			20M1	ATtiny85V-10MU ATtiny85V-10MUR
20	2.7 – 5.5	Industrial (-40°C to +85°C) (4)	8P3	ATtiny85-20PU
			8S2	ATtiny85-20SU ATtiny85-20SUR ATtiny85-20SH ATtiny85-20SHR
			20M1	ATtiny85-20MU ATtiny85-20MUR

Notes: 1. For speed vs. supply voltage, see section 21.3 "Speed" on page 163.
2. All packages are Pb-free, halide-free and fully green and they comply with the European directive for Restriction of Hazardous Substances (RoHS).
3. Code indicators:
– H: NiPdAu lead finish
– U: matte tin
– R: tape & reel
4. These devices can also be supplied in wafer form. Please contact your local Atmel sales office for detailed ordering information and minimum quantities.

图 5.4 ATtiny85 订购信息

以判定，Atmel（ATtiny85的生产厂家）的8S2封装，和我们常见的宽体SOIC-8封装是一致的。如果PCB库内有宽体SOIC-8封装，也可以直接使用。

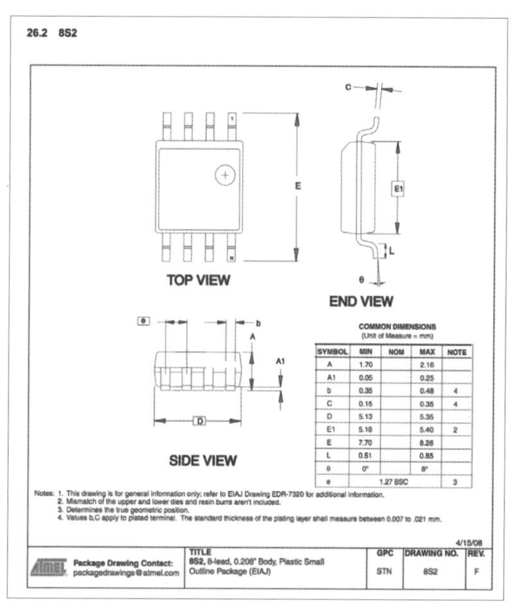

COMMON DIMENSIONS
(Unit of Measure = mm)

SYMBOL	MIN	NOM	MAX	NOTE
A	1.70		2.16	
A1	0.05		0.25	
b	0.35		0.48	4
C	0.15		0.35	4
D	5.13		5.35	
E1	5.18		5.40	2
E	7.70		8.26	
L	0.51		0.85	
θ	0°		8°	
e	1.27 BSC			3

Notes: 1. This drawing is for general information only; refer to EIAJ Drawing EDR-7320 for additional information.
2. Mismatch of the upper and lower dies and resin burrs aren't included.
3. Determines the true geometric position.
4. Values b,C apply to plated terminal. The standard thickness of the plating layer shall measure between 0.007 to .021 mm.

4/15/08

Package Drawing Contact: packagedrawings@atmel.com	TITLE 8S2, 8-lead, 0.208" Body, Plastic Small Outline Package (EIAJ)	GPC	DRAWING NO.	REV.
		STN	8S2	F

图 5.5 ATtiny85 封装信息

5.3 人工检查PCB设计的问题

PCB设计软件可以帮助我们检查一些基本问题，比如原理图与电路图不匹配，或者是超出加工能力限制等问题。但是如果电路原理图设计本身就有问题，设计软件是没有能力检查出来的。为了避免这些问题出现，人工检查十分必要，请按一定顺序，如从左上到右下逐个模块，仔细观察PCB原理图，避免一些常见问题，比如元器件未添加、元器件未连接等。图5.6所示是一个LED忘记连线接地的例子。

绘制线路图时务必保持同步！你是否还记得在绘制原理图时需要保持两个文件同步？再强调一次：使用Eagle时，原理图文件和线路图文件必须同时打开，保持同步（见图5.7）。如果你在关闭其中一个的情况下修改了另外一个，它们会失去同步，极难修复。因此，你一旦看到黄颜色的警告条（见图5.8），请立刻停止编辑，把另一个文件打开！

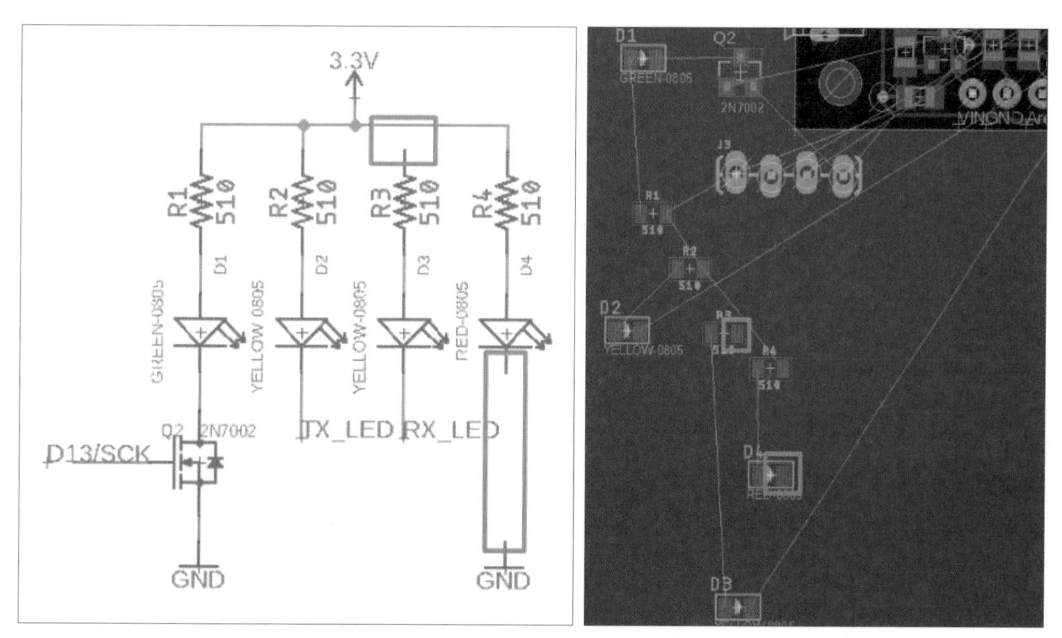

图 5.6 左图：原理图引脚未连接；右图：线路图引脚未连接，其中两个焊盘上没有飞线

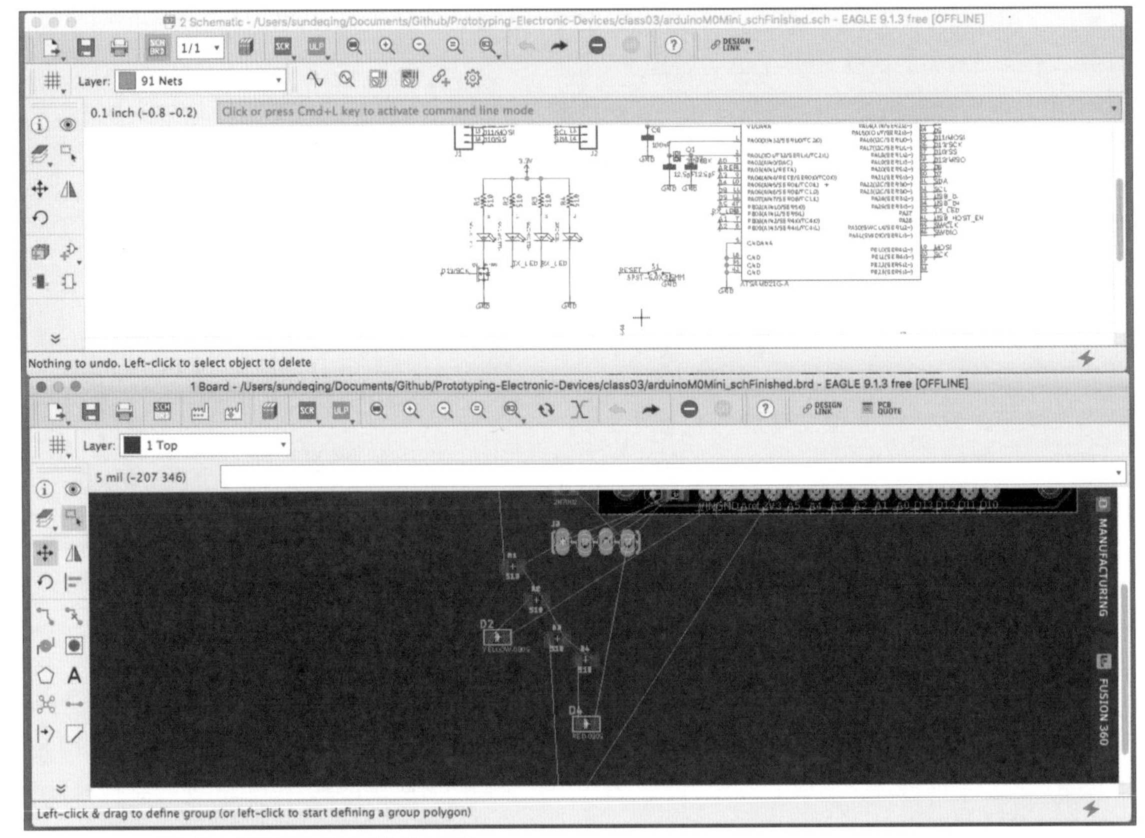

图 5.7 原理图文件和线路图文件必须同时打开

图 5.8 失去同步警告标志。这时应立即停止编辑，把另一个文件打开

5.4 设置线路图规则

Eagle默认的线路图规则（Design Rules）非常激进。默认的线宽（Width）、线距（Clearance）均为6mil（约0.15mm），同时也没有设置过孔盖油（Tenting）。如果要改变设置，单击“Tools”→“DRC”，打开DRC（Design Rule Check，设计规则检查）设置窗口。这里我们可以直接单击“Load”，载入本书随附的eagleRules.dru来直接设好所有规则（见图5.9）。你也可以手动更改设置：首先在Clearance（线距）选项卡里把所有的线距全部修改为8mil（约0.2mm），在Size（尺寸）选项卡内将Minimum Width（最小线宽）修改为8mil（约0.2mm）。默认的最小钻孔（Minimum Drill）是0.35mm，焊环（Annular ring）是10mil（约0.25mm），这种过孔尺寸对于大多数PCB工厂生产都没有问题，我们不做修改。最后在Masks（掩膜）选项卡中，将Limit（限制）从默认的0mil调整为14mil（约0.36mm），这样Eagle将对所有大于这个大小的孔进行阻焊开窗外扩（SolderMask Expansion）的操作，来

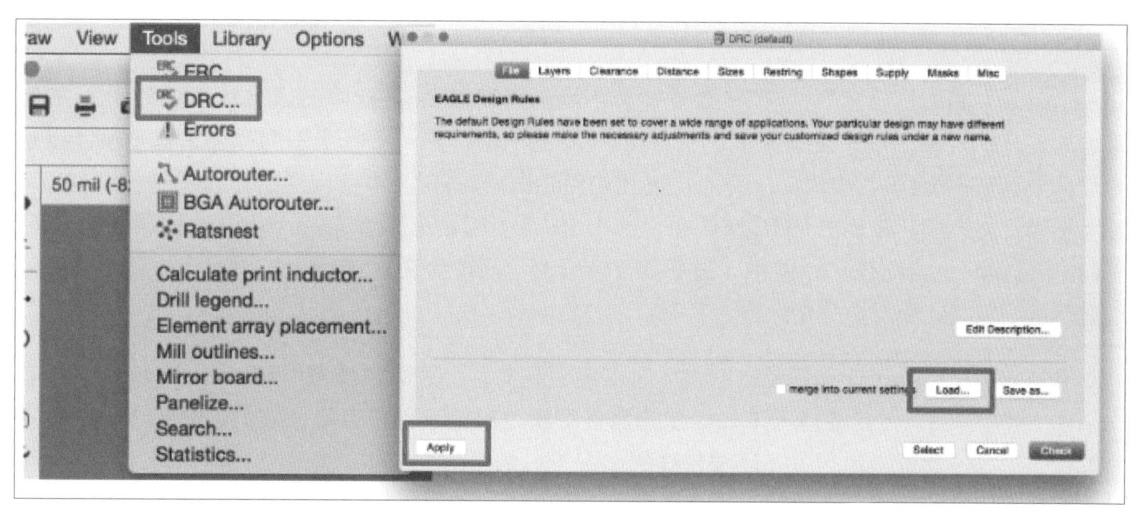

图 5.9 设置线路图规则（Design Rules）

保证孔上的铜可以完全露出。由于我们默认的最小孔是0.35mm，即13.78mil,默认的过孔小于我们所设置的14mil（约0.36mm），因此，这些过孔将不会进行阻焊开窗外扩的操作，也就是说它们将完全被阻焊层覆盖，不会露出来。

5.5 更改网格大小

为了能让电路图更加整齐，Eagle默认将元器件对齐到网格（Grid）。它的效果是当你拖动元器件或者布线时，你的元器件或走线并不会完全随着鼠标指针移动，而是会吸附到最近的网格上。在操作时，我们会发现元器件是在一格一格地跳动。Eagle默认的网格大小是50mil（约1.27mm），对PCB设计来说，这是一个相当大的距离，在这么大的网格下，我们很难把元器件或走线排得较密。因此，我们将网格大小改成5mil（约0.13mm）。单击“View”→”Grid”，然后将Size修改为5mil（见图5.10）。

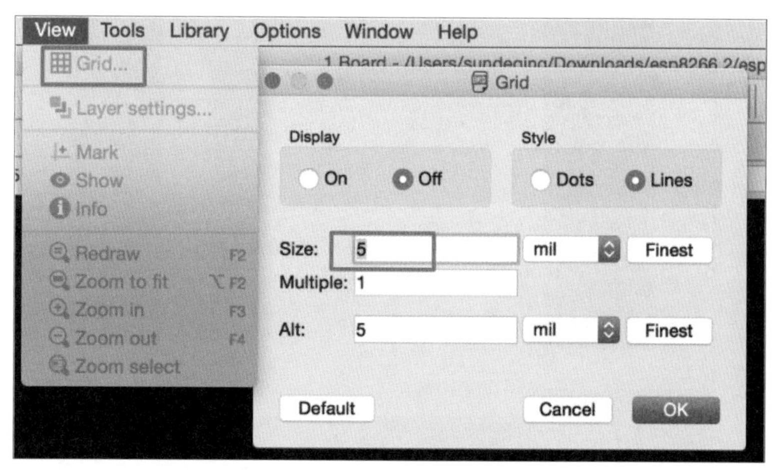

图 5.10 修改网格大小

5.6 显示和隐藏不同的层

Eagle中的层概念与其他PCB软件略有不同。大多数PCB软件的层是基于真实PCB的物理结构设计的，每个设计层就直接对应真实PCB的一层。Eagle有所不同，它是基于设计概念的层，与真实PCB不直接对应。例如，过孔和通孔焊盘在PCB中使用的工艺几乎是一样的，只是大小和功能不同。在别的PCB软件中，过孔（Via）和通孔焊盘（Throughhole Pad）都是在MultiLayer上，而在Eagle中，过孔在Via层上，而焊盘在Pad层上。因此，根据需要隐藏和显示层，可以让我们更方便地检查PCB。

另外，Eagle为了让我们在选取物体时不发生歧义，必须选定或者拖动物体的参考点（中心一个小十字标志）。大多数情况下，即使元器件很密，甚至是部分重叠，它们的参考点也会在不同位置，这样不易混淆。但是在比较特殊的情况下，如果两个物体的参考点完全重合，我们就难以选取位于下方的元器件。这时可以将不想选定的物体所在的层隐藏，这样就不会发生参考点混淆的问题。下文将做演示。

首先点选左边工具栏的“Layer Settings”（层设置），然后会出现层设置窗口。在这里你可以单击任意一层来切换显示与隐藏模式。与此同时，Eagle还提供了Layer Set（层组）的功能，你可以快速显示一组层。如图5.11所示，Eagle默认有4个组，顾名思义：Present_Bottom只显示PCB背面相关的层；Present_Top只显示PCB正面相关的层；Present_Standard显示默认的常用层；boardOutline只显示板子的外形。如果你有固定的几层需要经常显示，也可以建立自己的层组。

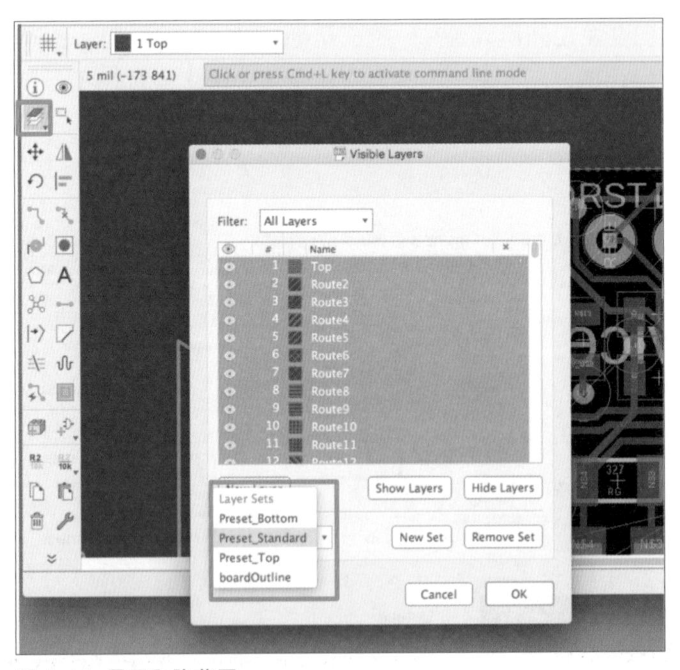

图 5.11 显示和隐藏层

5.7 改变PCB的大小

Eagle中被棕色线所包围的黑色区域是电路板空间（Board Area），也就是电路板的形状和大小。电路板空间是由dimension layer（尺寸层）上的物体所确定的。Eagle默认新建的电路板会直接由4条线围成一个矩形，形成一个长方形的电路板。如果我们想要修改电路板的尺寸和形状，可以修改dimension layer上的物体。

以我们前面练习的arduinoM0Mini_start.brd为例，我们可以拖动dimension layer中矩形的四边来修改板子尺寸，你也可以选中一条边，使用info工具来精调尺寸。

在这个板子中，你会发现当试图拖动dimension layer上的边时，你并没有成功拖动那条边，而是在拖动bottom layer（底层）上的物体。这是因为这个文件敷铜的边界和电路板边界重合了，Eagle没有办法知道你想要拖动的是哪一层的物体。为了解决这个问题，你可以隐藏bottom layer后再试。

当尝试完成后，先撤销你刚才的操作，再进行下一步（见图5.12）。

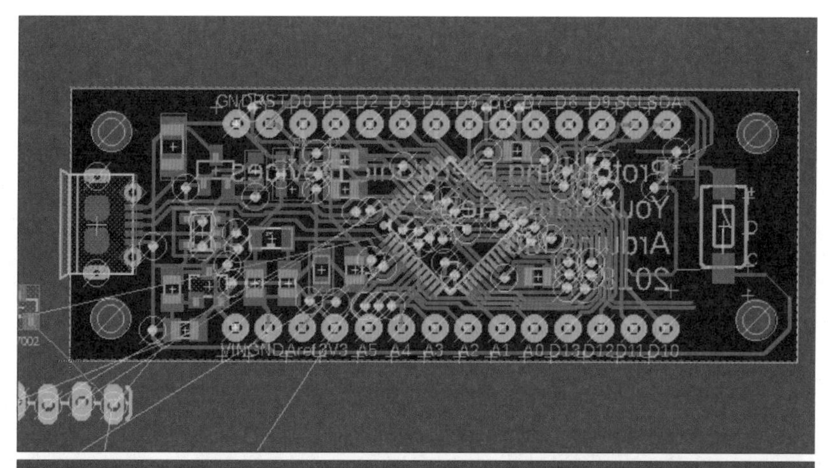

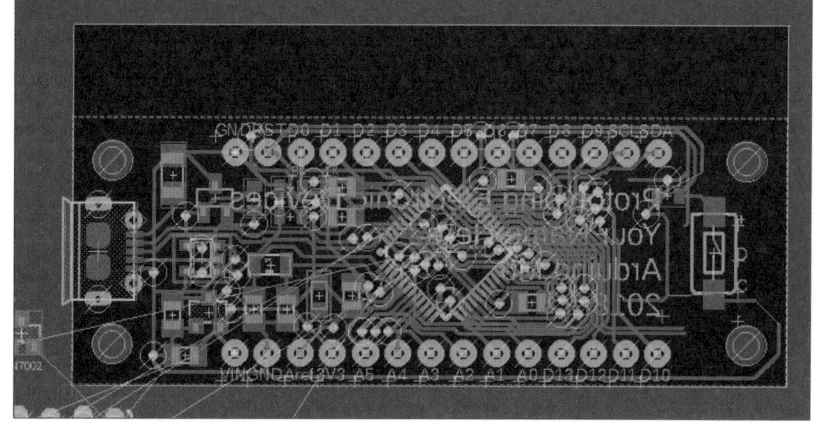

图5.12 电路板尺寸修改前（上）与电路板尺寸修改后（下）

5.8 拖动元器件

在线路图编辑器中，拖动元器件的方式和在原理图编辑器中一样。首先我们找到元器件的参考点，即元器件中心的小十字，然后我们就可以在参考点处拖动元器件了（见图5.13）。在拖动的过程中，我们可以右键单击来旋转元器件。需要注意的是，如果你使用的是Eagle的免费版，由于可布板空间的限制，你可以把元器件放置在板子外右边和上边的空间，但不能把元器件放置在板子外左边和下边的空间。

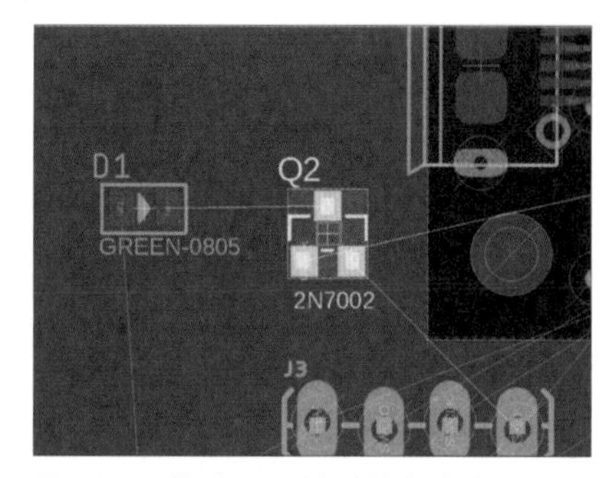

图 5.13 拖动元器件时单击它中心的十字参考点

如果你跟着上一章的内容一步一步操作，完成了原理图的部分，那么现在你应该可以在线路图编辑器中看到许多新添加的元器件（见图5.14）。我们可以将它们从起始位置，一个一个拖至电路板中合适的位置。

图5.15中高亮的元器件就是我们建议放置新元器件的位置。在图上难以看出4个电阻（R1 ~ R4）的方向，我们可以将LED（D1 ~ D4）先布置好，然后再布置电阻。你会注意到画面中有很多很细的黄色飞线（Airwire），这些飞线就是我们需要进行布线的连接。我们可以旋转电阻，让飞线尽可能短地连接到LED上，避免在之后的布线中绕远路。

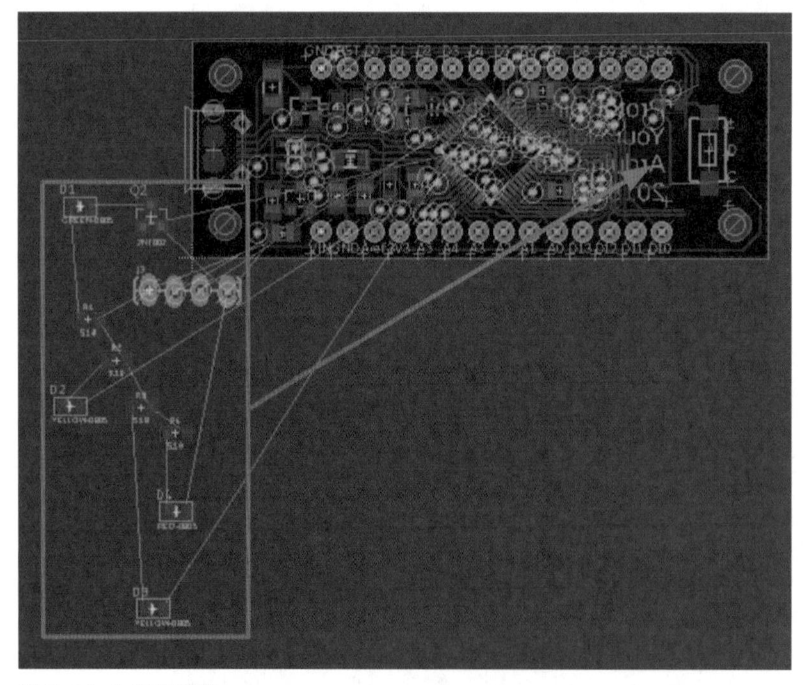

图 5.14 布置元器件

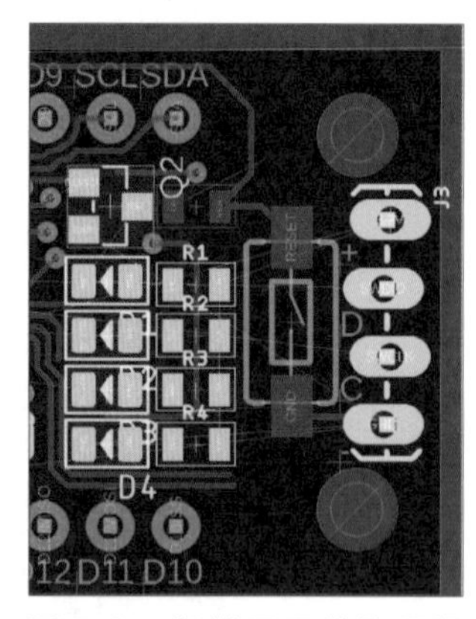

图 5.15 新增元器件的理想布置位置

5.9 去除多余的丝印

在这块线路板上，由于元器件比较密集，我们可以去掉不必要的丝印来使电路板看起来更加整洁。在Eagle中，每个元器件默认自带两处丝印，分别是元器件的名称和值。以放置在电路板顶层的元器件为例，元器件的名称出现在tNames层上，而值出现在tValues层上。我们想要把它们都去除。

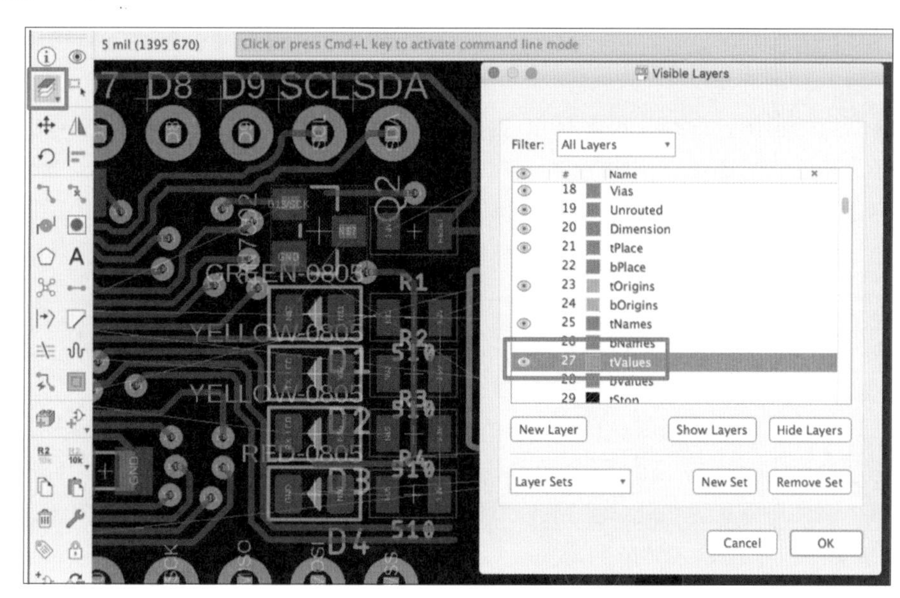

图 5.16 显示 tValues

首先我们单击“Layer Settings”，找到tValues层，并显示它，单击“OK”（见图5.16）。

下面我们要去除元器件的名称和值，首先从Q2开始。默认情况下，元器件的名称和值与元器件本身是锁定的，我们不能选中名称和值，也不能修改它们与元器件的相对位置。我们可以右键单击Q2的中心十字参考点，然后选择“Reposition Attributes”，即“重定位属性”（见图5.17）。

这时你会发现，Q2的名称和值上出现了参考点，这时，我们再右键单击文字的参考点，这样“Delete”将其删除（见图5.18）。之后我们重复这一步骤，将新添加元器件的丝印全部删除，电路板将看起来如图5.19所示。

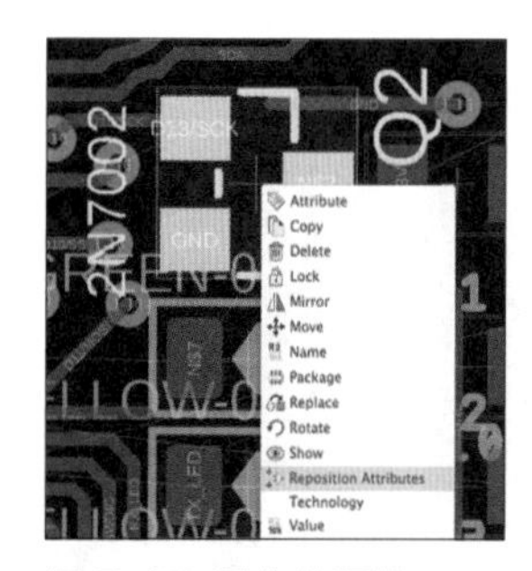

图 5.17 重定位属性

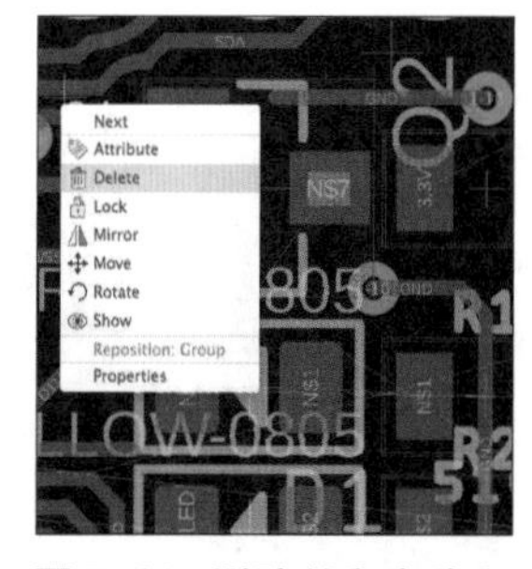

图 5.18 删除丝印名称和值

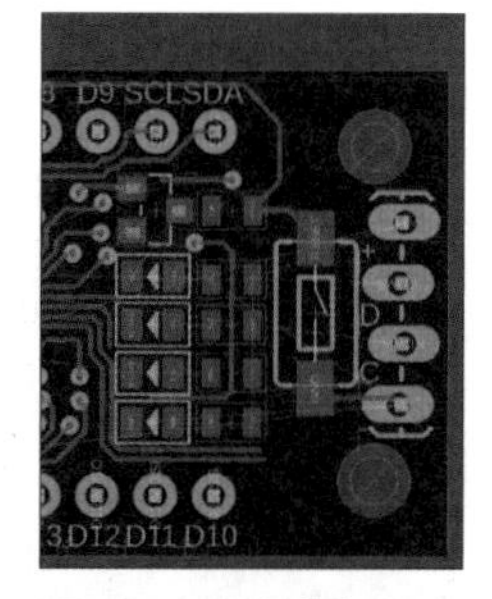
图 5.19 删除完丝印文字的电路板

5.10 开始布线

当元器件都就位以后，我们就可以开始布线了。首先单击左侧工具栏里的“Route”（布线）工具。将画面上方的线宽调整为8mil（0.2mm），然后单击一个焊盘，移动鼠标，我们会看到从焊盘处拉出一条线（见图5.20）。这时，所有与开始焊盘同属于一个网络的物体都会被高亮显示，方便我们梳理布线的走向。布线过程中在中途单击可以添加折角，在目的地再单击一次，就完成布线了。我们先从LED和电阻的连接开始，它们是最简单的直线（见图5.21）。

之后对于稍复杂一些的线路，我们可以根据现有的飞线来确定比较优化的布线路径。默认情况下，飞线的连接不一定是最优的，如图5.22所示，提示线比较乱。这时我们可以让Eagle重新计算飞线，来帮助我们布线。

单击“Ratsnest”（Rat's nest，鼠窝）工具，Eagle会重新计算飞线和敷铜（敷铜会在稍后讲解）。这时，Eagle会把飞线整理好，帮我们标记出最短的飞线连接方式。重新计算飞线后，我们可以看到，飞线变整齐了很多，更容易看出元器件的连接方式（见图5.23）。你可能对“鼠窝”这个工具名字感到奇怪，其实它借用了这样一个现象：老鼠用纤维筑窝的时候会把纤维杂乱无章地交缠在一起。英文中，Rat's nest用来形容线缆交缠的状态，就如同还没布好线时板上的飞线一般。

你一定注意到了，当一条布线完成后，对应的黄色飞线就会消失。但有时，明明看起来线都连好了，可还是有飞线。这是因为Eagle判定电气连接的方式比较严格，并不是两条线触碰就被判定为有电气连接，而是参考点必须重合才可以，下面我们举两个例子。

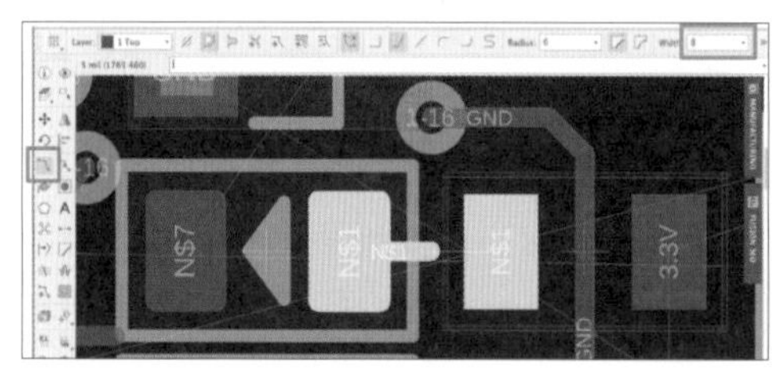

图5.20 使用布线工具布线

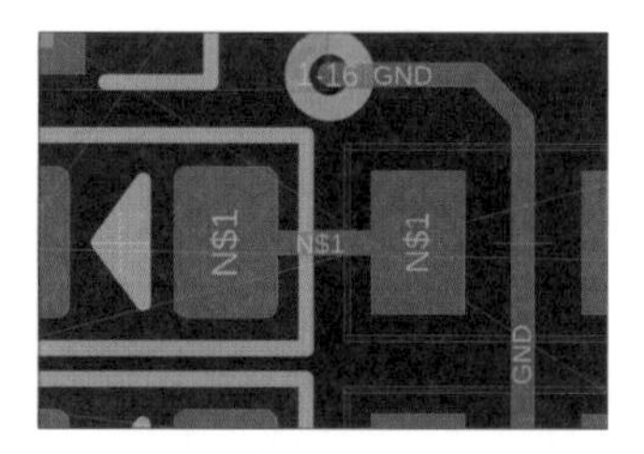

图5.21 使用直线连接好LED和电阻的焊盘

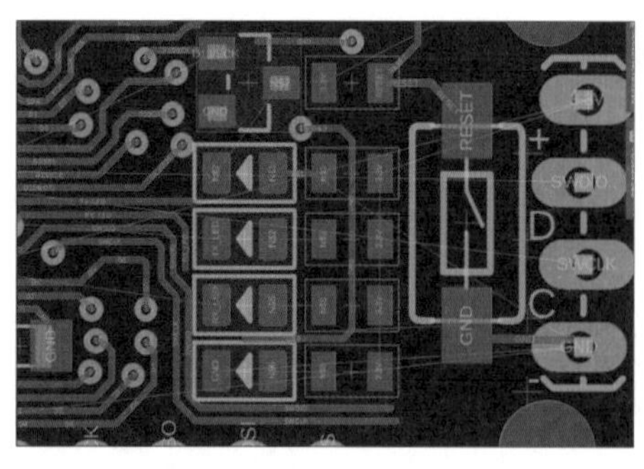

图5.22 重新计算布线前

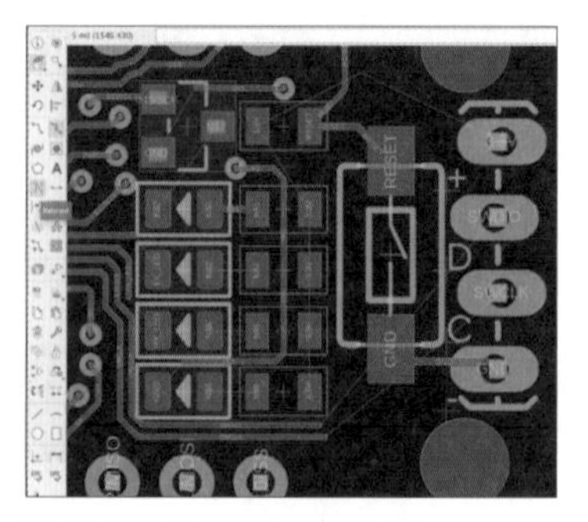

图5.23 重新计算布线后

在第一个例子中，我们的走线（红色）已经碰到焊盘（绿色）上了。很明显铜皮已经接触，物理上是导通的。可是Eagle仍然认为走线和焊盘没有相连，图5.24中的白框标出了Eagle认为断路的位置，这是因为走线的端点和焊盘的参考点没有重合。为解决这一问题，我们需要移动走线，或者再添加一小段导线接到焊盘中心。

第二个例子，我们需要把4个电阻的右侧连接在一起。一般我们认为直接画一条线（见图5.25中左图高亮的竖线），从第1个电阻连到第4个电阻就可以。但是由于这条线的两个端点并没有落在中间的两个电阻的参考点上，Eagle认为第2和第3个电阻并没有被连接。要解决这个问题，我们不能只使用一条线，而是要用3条线依次将电阻相连（见图5.25中右图）。

当顶层的布线完成后，走线应该如图5.26所示。我们发现有一条线还没有连接，需要把它连到板子的底层去。

在之前的操作中，我们为了布线方便，把底层隐藏了，现在需要把底层显示出来。把可见的层直接调整为Present_Standard层组，来显示所有的层，这时便可以看到我们需要连接的线（见图5.27）。但是问题来了，现在并没有空间在底层布任何线了。我们需要先去除敷铜再走线。

去除敷铜的一个比较简单粗暴的办法是关掉这个文件再打开，这样所有的敷铜都会消失。我们也可以选择Ripup（撕除）工具，然后单击敷铜的边缘来去除敷铜。在这个文件中，敷铜的边缘就在板子的边缘处（见图5.28）。

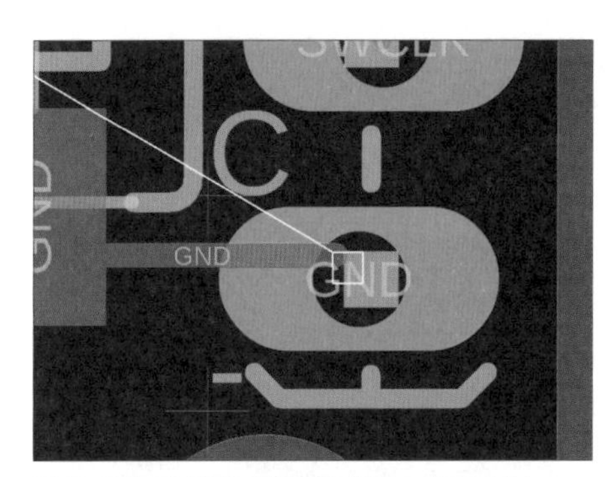

图5.24 走线必须连接到物体参考点处

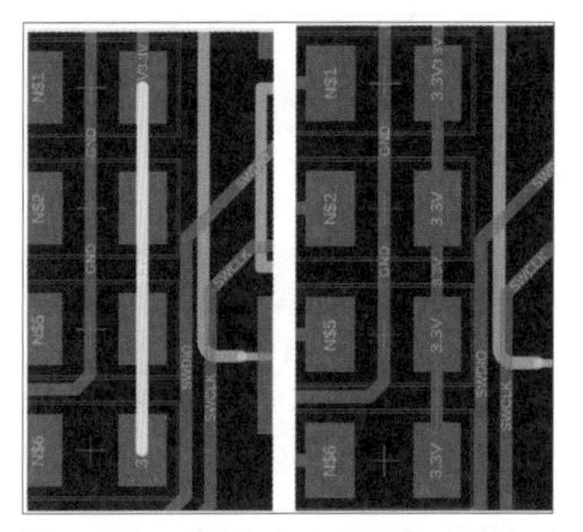

图5.25 走线必须用端点经过参考点

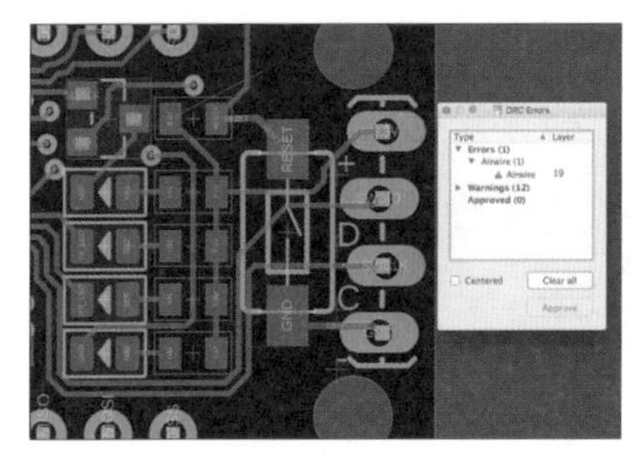

图5.26 顶层布线完成

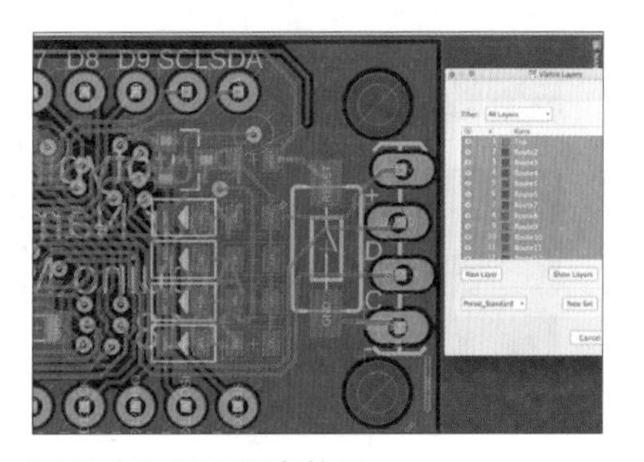

图5.27 显示所有的层

当把底层的敷铜去除后，就可以在底层布线了。想要跨越层布线，可以在布线的过程中按空格键。图5.29所示是一个从顶层向底层拉线的例子。首先我们单击顶层的焊盘，在想要穿越板子的位置上按一下空格键。这时，Eagle会把当前激活的层变为底层，并在光标处生成一个过孔。这时单击一下鼠标左键，将过孔固定，之后就可以继续在底层布线了，将线与目的地相连即可。

如果想要删除布线，新版本的Eagle允许用户直接选中线删除。或者也可以使用Ripup工具来删除布线（见图5.30）。

布线结束后，再次单击Ratsnest工具，就可以恢复敷铜（见图5.31）。图5.32所示是布线完成的PCB，仅供参考。

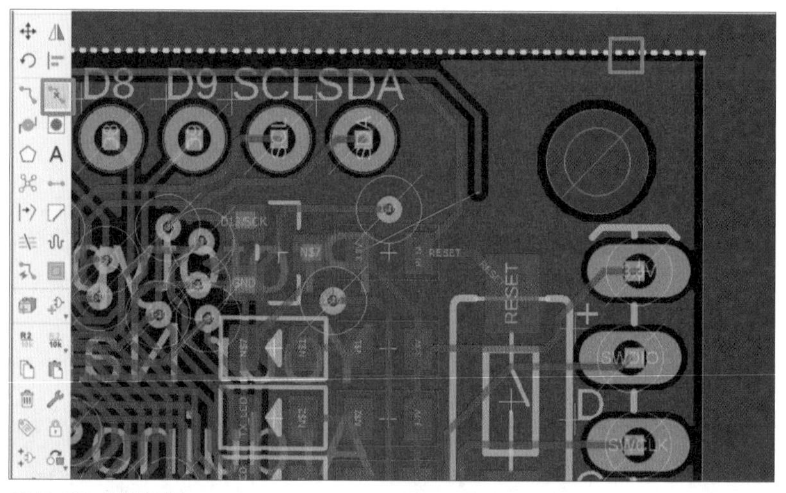

图 5.28 去除敷铜

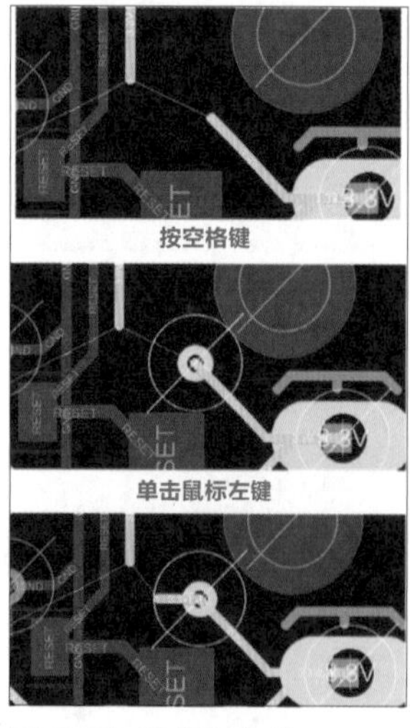

图 5.29 在层间布线

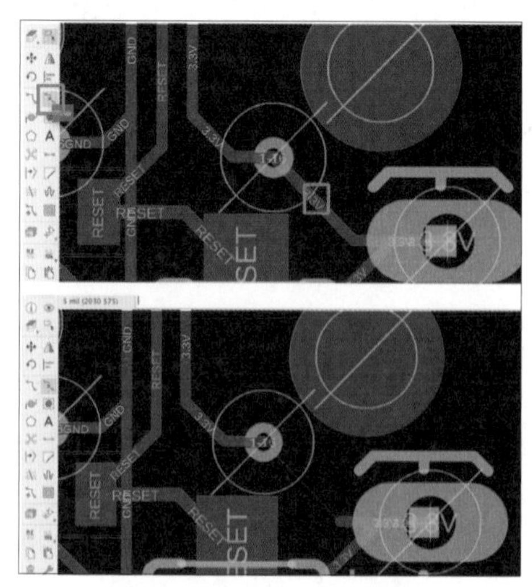

图 5.30 删除走线

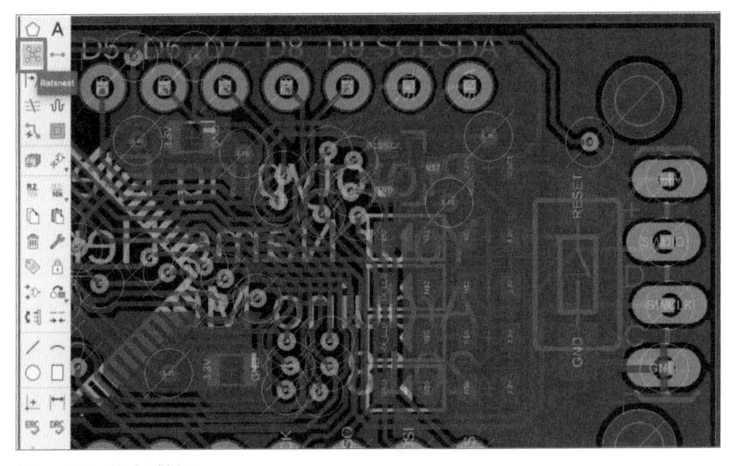

图 5.31 恢复敷铜

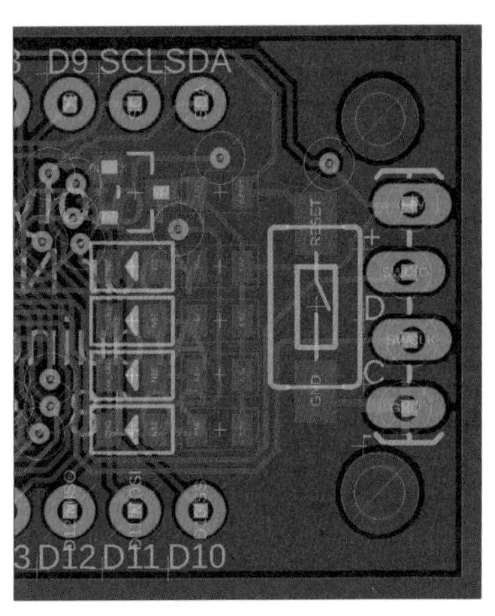

图 5.32 参考布线

想在电路板上添加你的名字？不难，电路板背面就预留有添加名字的位置。我们可以找到背面的文字，使用Info工具单击它的参考点，然后输入你的名字（见图5.33）。

这还没有结束！最后一件事是进行设计规则检查。Eagle会检查电路板是否违反了设定的规则，以及两个文件的连线是否对应。单击“Tools”→“DRC”，再单击右下角的“Check”执行它（见图5.34）。如果你的布线太细、太近，或者有短路和断路，DRC都可以给出警告。

5.11 导出Gerber

设计完PCB后，我们需要将电路板导出为Gerber文件，以供电路板工厂生产。单击“File”→“CAM Processor”，打开CAM处理器。由于我们用的是双层板，选择template_2_layer.cam，再选中“Export as ZIP”打包输出，就完成设置了。需要注意的是，Eagle对于槽孔并不直接支持，如果你的电路板需要槽孔，如例子中左边的USB连接器，我们一般是在Mill层上画一个槽孔，单独导出这层Gerber，然后给电路板厂备注一下。如果需要单独导出这一层，可以单击“Output Files”列表下面的加

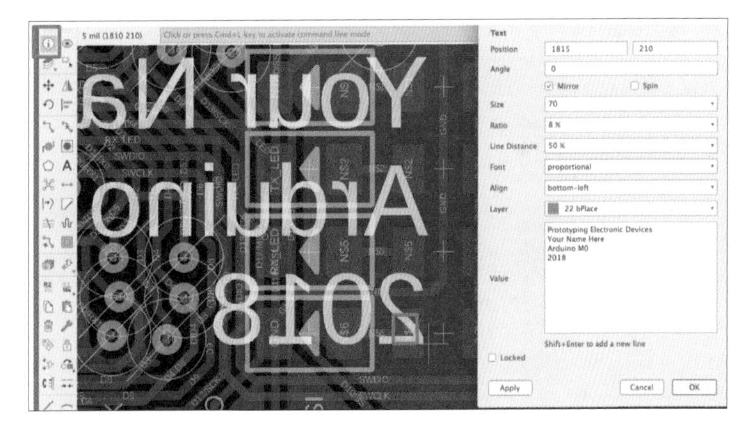

图 5.33 添加名字

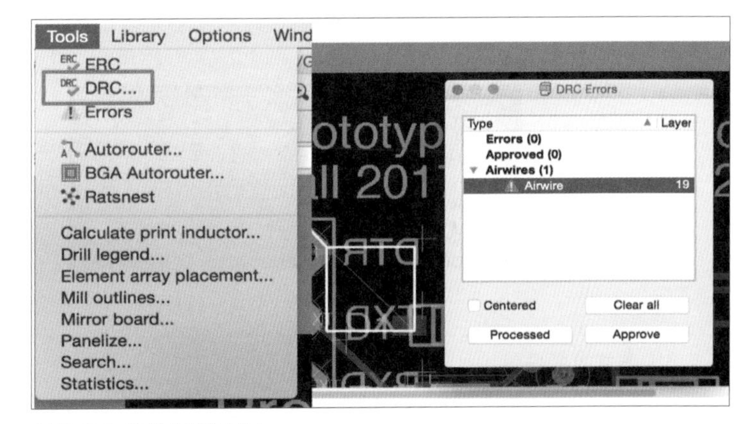

图 5.34 设计规则检查

号，选择“New Gerber Output”，然后在新产生的文件里加入Mill层，并为这个新文件设置为一个有意义的名字。

一切设置就绪后，单击右下角“Process Job”导出Gerber文件，如图5.35所示。

Gerber文件导出后，建议先检查一下再发给工厂。分享一个易用的查看器：EasyEDA Online Gerber Viewer。上传Gerber文件后，在线工具会渲染Gerber文件，我们可以根据渲染图来再次检查导出的Gerber文件是否正确（见图5.36）。

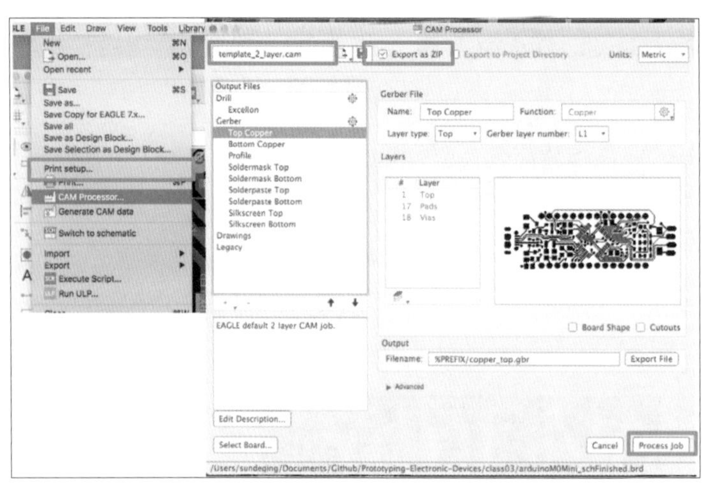

图 5.35 导出 Gerber 文件

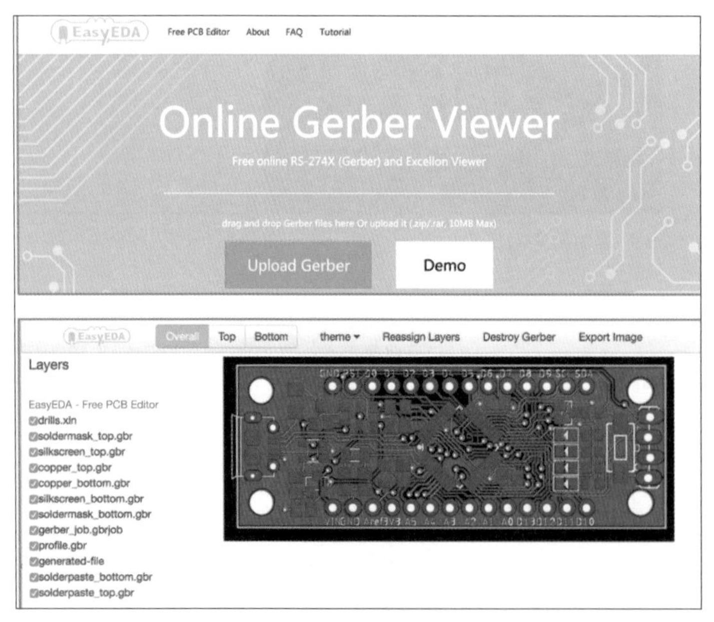

图 5.36 在线检查 Gerber

5.12 导出BOM

导出Gerber文件并检查后，就可以下单订购电路板了。此外，我们还需要订购元器件。Eagle可以导出一份物料清单，帮助我们清点需要买哪些元器件，及每种元器件的数量。Eagle是通过ULP（User Language Program，用户语言程序）以插件的方式来导出BOM（Bill of Material，物料清单）的，我们单击画面上方的“ULP”按钮，选择“bom”功能，并执行它（见图5.37）。

在新打开的窗口中，出现了我们需要的BOM，你可以调整它的设置，导出为CSV或者HTML格式（见图5.38）。

5.13 总结及引申

本章我们了解了数据手册的基本阅读方法，以及如何用Eagle绘制电路图的完整流程。你可以在了解PCB完整设计的流程后，思考一下自己的电路怎样设计PCB更加符合原型需求，需要做多大、什么形状，怎样跟板外的传感器或设备连接。建议你亲自设计一块电路板，或在我们提供的文件中做一些改动，在工厂下单打样，并订购元器件，尝试练习整个过程。

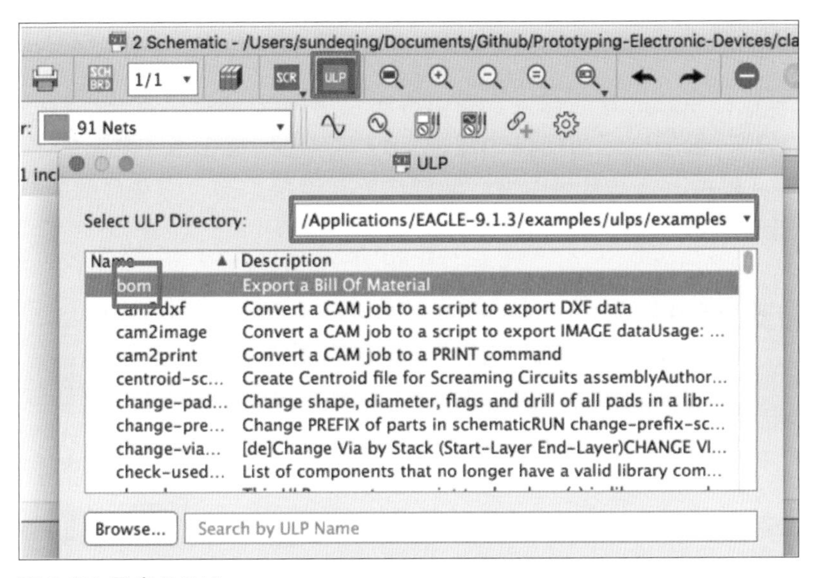

图 5.37 导出 BOM

Eagle: Bill Of Material

Current variant ''

Part	Value	Device	Package	Description
C1	1uF	C-EUC0805K	C0805K	CAPACITOR, European symbol
C2	1uF	C-EUC0805K	C0805K	CAPACITOR, European symbol
C3	100nF	C-EUC0805K	C0805K	CAPACITOR, European symbol
C4	100nF	C-EUC0805K	C0805K	CAPACITOR, European symbol
C5	1uF	C-EUC0805K	C0805K	CAPACITOR, European symbol
C6	100nF	C-EUC0805K	C0805K	CAPACITOR, European symbol
C7	12.5pF	C-EUC0805K	C0805K	CAPACITOR, European symbol
C8	12.5pF	C-EUC0805K	C0805K	CAPACITOR, European symbol
C9	100nF	C-EUC0805K	C0805K	CAPACITOR, European symbol

List type: Parts / Values / List attributes

Output format: Text / CSV / HTML

View Save... Help Close

Version 1.11

图 5.38 导出的 BOM

6 PCB焊接组装

本章是PCB设计专题的最后内容。我们将先介绍PCB的维修方法，然后介绍如何焊接和组装贴片元器件，最后介绍如何烧录程序。如果你已经在Eagle中画好了PCB，订购了电路板，采购了元器件，请准备好这些，我们将一起焊接组装，并在自制的Arduino中烧入Bootloader，让你的PCB真正工作起来！

6.1 焊接的安全问题

进行焊接之前，我们再强调一次安全问题：焊接时，请戴上护目镜！因为焊接时的高温会使得松香或助焊剂沸腾，而沸腾状态下的助焊剂和焊锡可能朝任何方向喷溅。我们当然不希望让任何焊接材料飞到眼睛里，护目镜可以有效保护眼睛，防止溅入杂物。

除了保护眼睛，我们也需要保护手指。在焊接时，切记不要触摸电烙铁的金属部分，同样不要触摸刚焊好的元器件。它们的温度非常高，这时触摸可能导致皮肤被烫伤。如果不慎被轻微烫伤，请立刻将烫伤区域在冷水中浸几分钟，一定不要把烫伤的手指放到嘴里降温。

此外还需要避免摄入焊锡中的铅等重金属。焊锡与皮肤接触没有什么危害，但是抓取焊锡可能会在手上残留焊锡粉末。建议不要在焊接台附近吃东西，并在焊接后及时洗手，以避免手上残留的焊锡以吃东西、咬指甲、抽烟等方式被人体摄入。怀孕的朋友不建议进行焊接操作。

此外还有一些焊接细节我们需要注意

（前面几章内容有所涉及的，这里不再赘述）：

- 清洁电烙铁时，海绵需要浸湿；
- 在平整、坚硬的平面上进行焊接；
- 在通风良好的地方进行焊接；
- 当暂时不使用电烙铁时，将电烙铁关闭，以保护烙铁头；
- 将电子产品放置在较远的地方，避免焊锡飞溅入电子产品造成损坏。

6.2 修复电路板

在原型设计中，初学者出现设计错误是非常常见的。如果你发现自己的PCB布线错误，请不要沮丧，大多数错误能够被修复。也请不要灰心，原型PCB设计的目的就是验证设计，即使是商业产品中，首批电路板也偶尔会出现需要飞线（Jumper Wire）维修的情况（见图6.1）。与面包板相比，PCB修复布线会麻烦很多，接下来我们讲解PCB维修的几种技巧。

6.2.1 切断走线

如果我们发现某条走线连接了两个本不应该相连的元器件，我们需要切断这条线使其断路。首先找到一处易于切割的位置，然后在相隔1 ~ 2mm处切割2刀，要用力将铜箔切断。然后我们将两处刀口之间的铜箔刮掉（见图6.2）。这样一来。这条走线就不再导通了。如果我们只切割一处，不刮掉铜箔，在某些情况下很可能刀口两侧的铜箔仍会接触，使这条走线导通。

图 6.1 商业电子产品中的飞线。图为某知名笔记本电脑的主板

6.2.2 连接导线

如果我们发现本应导通的走线没有被连接，这时我们需要把两条走线连接在一起。首先我们在两条走线需要连接的地方刮掉一点阻焊层（通常是那层覆盖在走线上的绿油），方便下一步焊接。之后，我们使用一条细导线，将导线的一端焊接到PCB刚刮掉阻焊层的位置（见图6.3）。然后我们将导线沿着我们需要的走向弯折，并将另一端焊接到目的位置。由于焊接导线的位置比较脆弱，导线被反复晃动时可能拉扯焊点，导致其脱落。我们应当用胶带或胶水将导线固定在PCB上（见图6.4）。

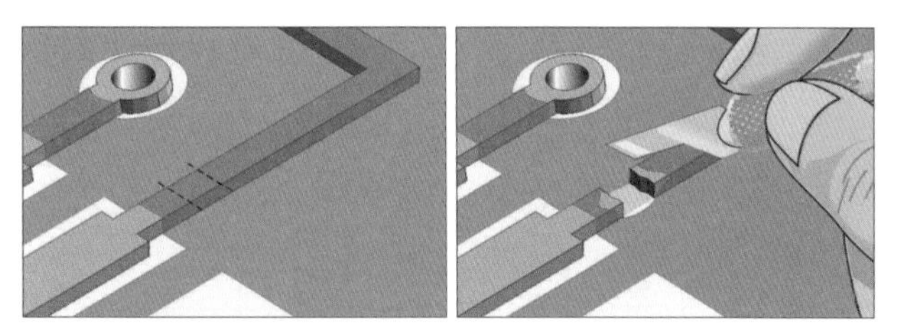

图 6.2 在电路板上做两处切割，移除切割处中间的铜箔，这条走线将不会再导电（图片来自 circuitrework）

6.2.3 将导线连接到元器件引脚上

有时我们需要把导线连接到引脚的同时保留引脚和原来焊盘的连接，我们可以把导线直接焊接到引脚上。但是如果想要先将引脚与原来的焊盘断开再连

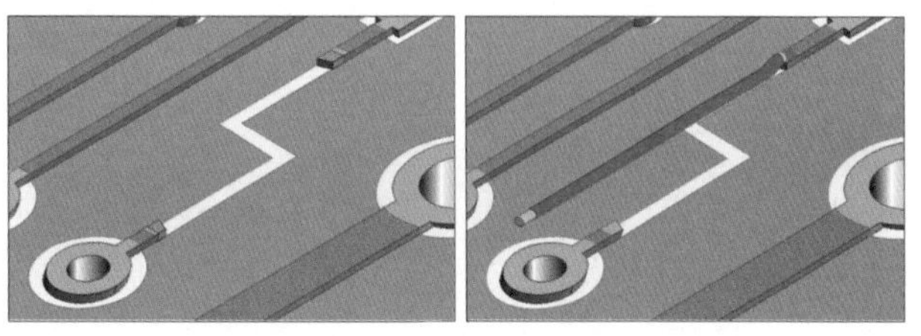

图 6.3 刮除走线末端的阻焊层，把导线焊到走线的一端（图片来自 circuitrework）

接新的导线，我们可以将引脚加热，用镊子小心地将引脚挑起来，以断开引脚和焊盘的连接。为保证可靠，推荐在焊盘上贴一小块耐高温的聚酰亚胺（Kapton）胶带，来隔离引脚与焊盘。之后，我们就可以将导线直接焊接到引脚上了（见图6.5）。

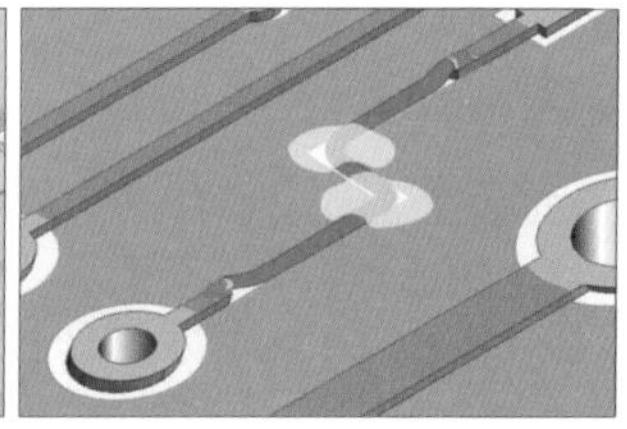

图 6.4 弯折导线并焊好另一端。如有需要，用胶带或胶水固定导线（图片来自 circuitrework）

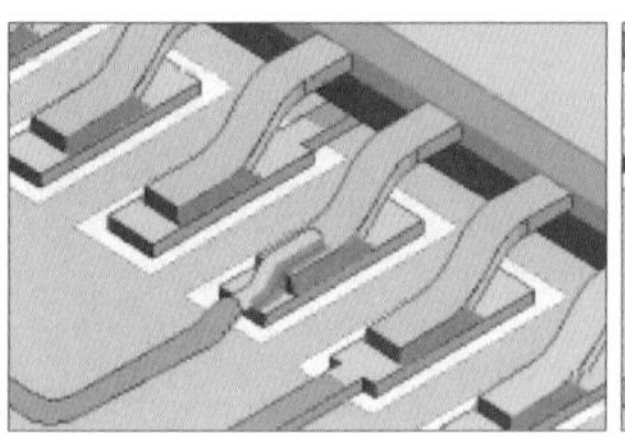

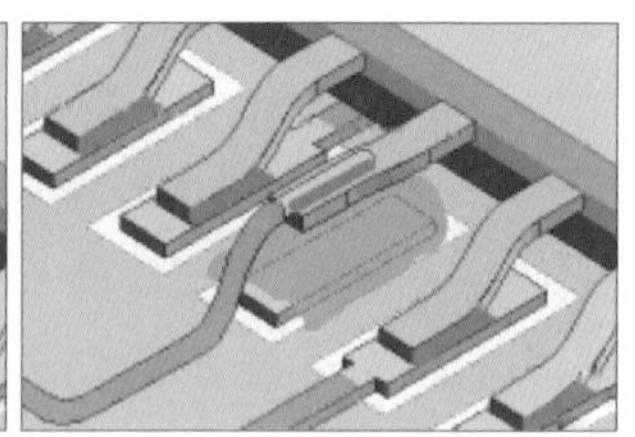

图 6.5 将导线平行焊到引脚上，使引脚、焊盘、导线同时接通。将导线焊到翘起的引脚上，仅接通引脚和导线（图片来自 circuitrework）

6.2.4 去除多余的焊锡

如果修复过程中不慎在焊盘处留下了焊锡，需要去除焊锡以便平整焊盘，可以使用吸锡带（见图6.6）。吸锡带（Desoldering Wick）是一种用细铜线编织的铜带，它的表面积很大，能够有效吸附熔化的焊锡。操作时我们在吸锡带上先涂上助焊剂，用电烙铁加热它，它便可以将接触到的熔融焊锡吸入自己的编织结构中。要注意的是，PCB上铜箔与基材的附着力在高温下会下降，所以我们尽量不要用吸锡带使劲刮擦焊盘，以免造成焊盘脱落。

6.3 焊接贴片元器件

焊接贴片元器件有许多方式，在原型制作中，我们最常用的是手工焊接。手工焊接对器材的要求比较低，一个调温焊台即可。手工焊接的另一个好处是焊接的顺序随意而且可以随时终止。这样一来，我们可以分模块焊接电路板，这样我们排查电路板的故障会比较方便。

我们复习一下。焊接建议使用调温焊台。调温焊台可以较精确地控制温度，我们推荐使用300 ~ 400℃进行大多数焊接操作。如果温度过低，焊锡熔化的时间会比较长甚至难以熔化。温度过高，则可能会损伤电路板、元器件或者电线外皮。同时助焊剂挥发过快，可能导致焊接点氧化。再者，在高温下，烙铁头的寿命也会缩短。

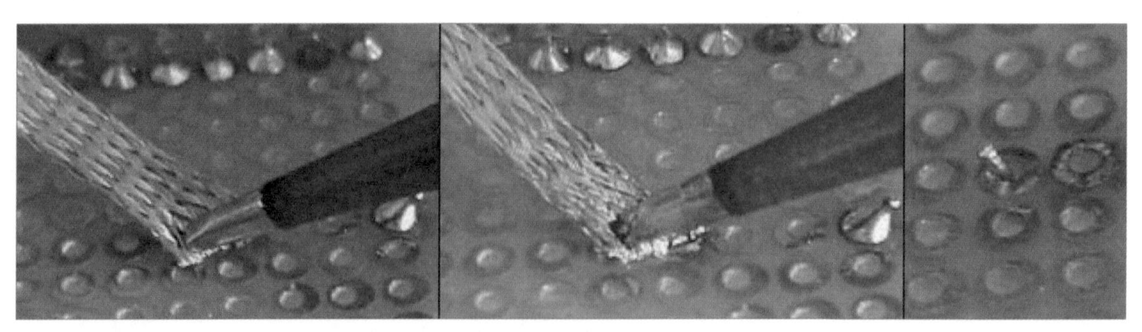

图 6.6 使用吸锡带的步骤（图片来自 curiousinventor）

6.3.1 焊接两脚贴片元器件

我们首先介绍最基本的两脚贴片元器件焊接。最常见的电容、电阻、二极管等，都是两脚的，焊接方式也类似。首先，我们先在焊盘上涂助焊剂，然后用焊锡丝在一个焊盘上预先加上一点焊锡。之后我们将焊锡放下，用镊子将元件摆到位，用烙铁熔化刚才点在焊盘上的焊锡。焊锡融化的同时，我们用镊子将元器件推到位。当元器件就位后，将电烙铁移走，当焊锡固化后，元器件就被固定在正确的位置上了。之后我们用焊锡丝将另一侧焊盘与元器件焊接在一起即可（见图6.7）。

6.3.2 焊接芯片元器件

了解了两脚元器件后，我们来挑战多脚元器件焊接。这里以焊接芯片为例介绍。首先在所有焊盘上涂一些助焊剂，然后将芯片的每个引脚对齐焊盘，摆正位置。初学者如果对齐摆放芯片不熟练，可以准备一截胶带，将芯片用镊子推到合适的位置，用胶带将芯片贴住，再用放大镜或显微镜观察芯片的每个引脚是否与焊盘重合。如果发现没有重合，撕下胶带再重复以上步骤试几次。当芯片位置摆放正确后，我们先将一个角上的一个引脚与PCB焊盘焊在一起。然后我们再把芯片焊好引脚的对角处的引脚焊好（见图6.8）。有了这两个焊点，芯片的位置就被固定下来了。然后我们依次将所有引脚焊好。初学者难以把握焊锡的用量，很容易把多个引脚焊到一起，没有关系，我们可以用刚才讲过的吸锡带清理。首先在被粘连焊接的多个引脚上加些助焊剂，再加热吸锡带移除多余的焊锡，引脚间粘连的焊锡就会自然分开。

图 6.7 焊接贴片电阻的步骤（图片来自 curiousinventor）

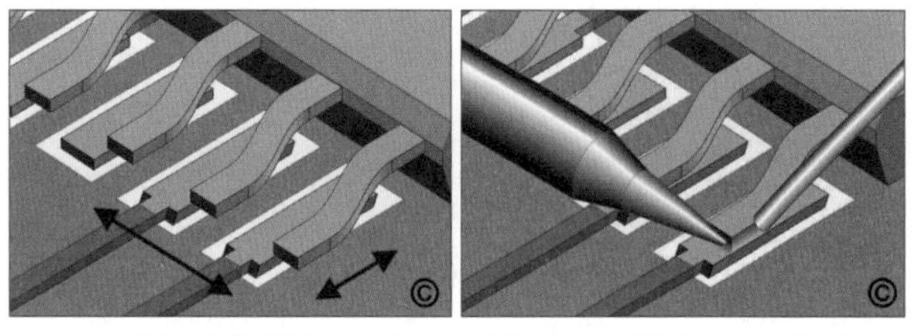
图 6.8 摆正元器件，依次焊好每个引脚（图片来自 circuitrework）

6.3.3 回流焊接

回流焊接（Reflow Soldering）是指利用锡浆和大面积加温融化锡浆来焊接元器件的焊接方式。锡浆（Solder Paste）是由焊锡粉末和助焊剂混合而成的膏状物。当温度升高到一定程度，焊锡粉末会熔化，并在助焊剂的帮助下将焊盘和元器件焊在一起。由于回流焊接时所有元器件焊锡一同熔化，焊锡的表面张力可以将元器件拉正，因此，回流焊接可以帮助我们修复部分元器件位置摆放不正的问题。

你可能好奇回流（Reflow）这个词。它是指焊锡在温度足够高的情况下彻底变为熔化流动液体的过程。焊锡的特性是温度高时成为液体；而温度低时成为固体。在焊接的过程中，我们需要把固体的焊锡粉末转换为液态焊锡，才能将元器件焊好。这一次熔化焊锡的过程，称为回流，即再次流动。

6.4 焊接Arduino M0

介绍完焊接方式，接下来我们准备好PCB和订购的元器件，一起动手一步一步焊接我们之前设计的Arduino M0！我们将练习使用两种方式来焊接这块电路板（见图6.9），电路板的左半边，我们练习回流焊接（红框）；而电路板的右边（黄框），我们练习手工焊接。

6.4.1 集齐元器件

图6.10所示的是我们示例的元器件。上面标出了所有需要的元器件以及对应电路图中的标号。你自行采购元器件时，也可以以此图为参考，了解元器件的大致尺寸和封装。

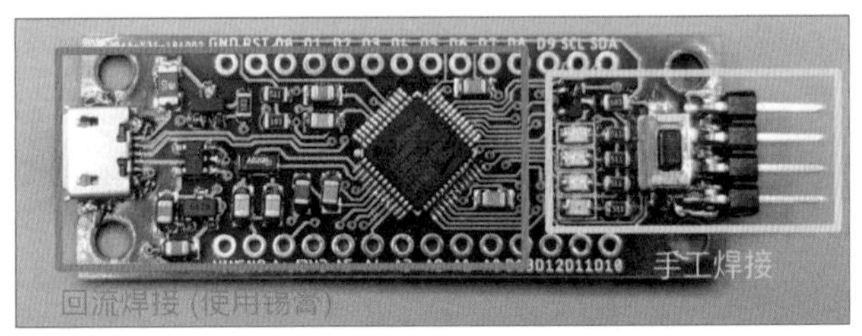

图6.9 PCB左边的元器件是回流焊接的，右边的元器件是手工焊接的

6.4.2 自制塑料网

我们使用自制的塑料网来将锡浆涂布到正确的位置。图6.11所示带孔洞的透明塑料片是我们使用激光切割机制作的塑料网。在工厂批量生产中，会使用钢网（Stencil）来涂布锡浆。当把钢网上的洞和PCB上的焊盘对齐，然后用刮刀将锡浆从钢网上刮过，钢网开洞处对应的PCB

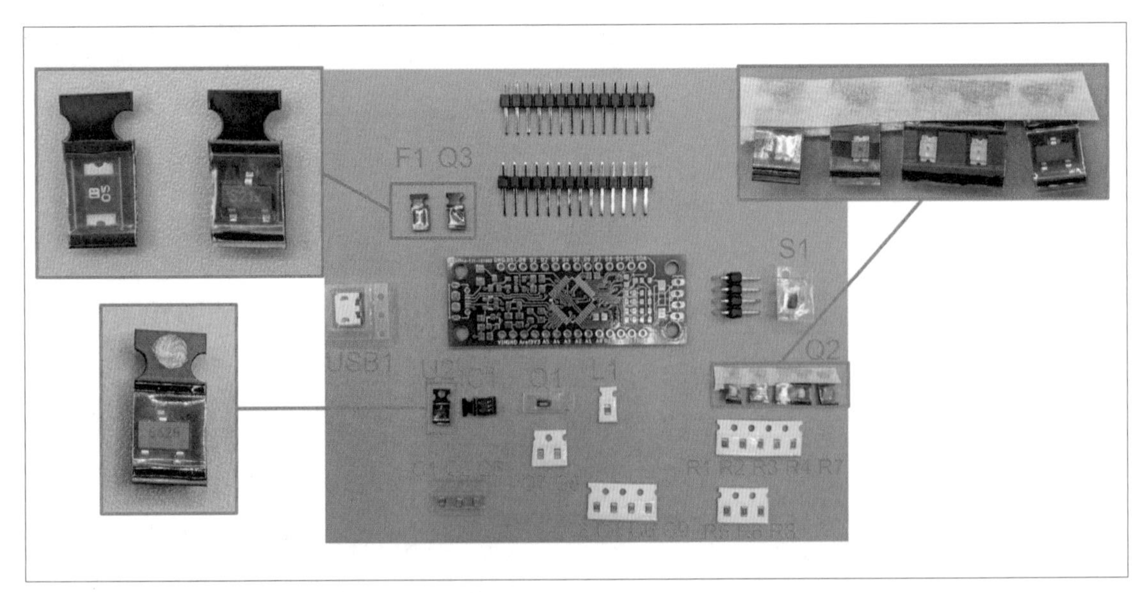

图6.10 焊接Arduino M0电路板所需元器件

焊盘上就会留下锡浆，而其他地方则不会。如果你在工厂下单生产PCB，可以选择由工厂制作并寄送钢网。这里我们选用塑料网有两个好处，一是方便裁剪，二是透明。这两点好处可以很方便地让我们把塑料网和PCB对齐。如果你有激光切割机，可以自行切割塑料网，并清理熔化的开孔。如果没有条件制作塑料网，可以用针筒在每个焊盘上点锡浆或者用牙签在每个焊盘上涂锡浆。

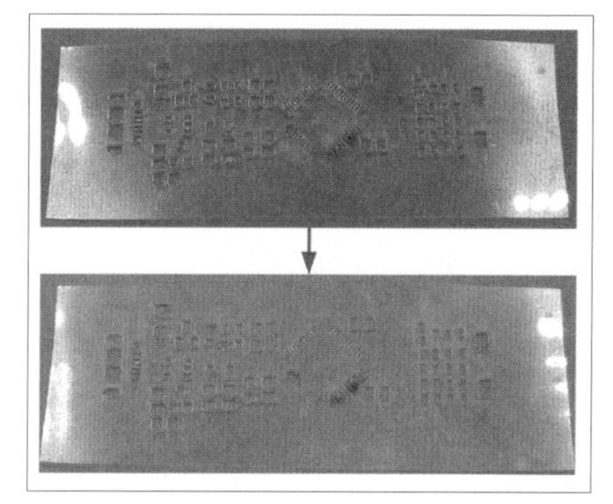

图 6.11 清理塑料网

6.4.3 固定塑料网

塑料网加工好后，我们把塑料网上的洞和PCB焊盘对齐，并用胶带固定二者（见图6.12）。这一步很重要，如果没有对齐，焊接时元器件可能会偏移到错误的位置。

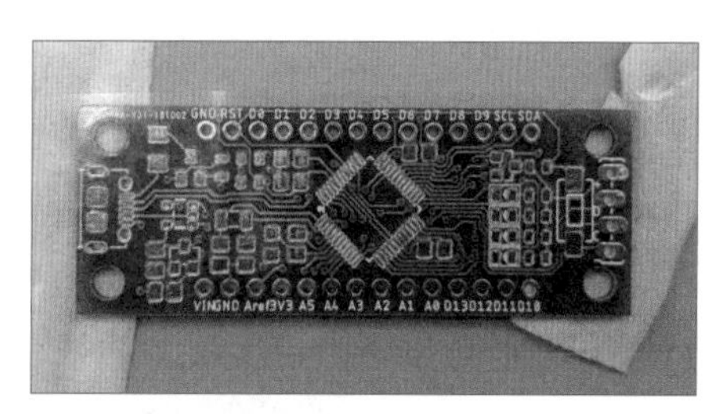

图 6.12 固定塑料网

6.4.4 涂布锡浆

接下来我们在塑料网上加一小滴锡浆（Solder Paste）。锡浆的用量参考图6.13，一颗绿豆大小即可。然后我们一手压住塑料网，防止它平移或翘起。另一手拿刮刀，或者薄塑料片，将锡浆刮到所有的开孔内部（见图6.14）。在刮锡浆的过程中，尽量往一个方向刮，防止抹糊锡浆。这个练习中，我们不需要把板子右边刮上锡浆，我们将手工焊接右边的元器件（见图6.15）。

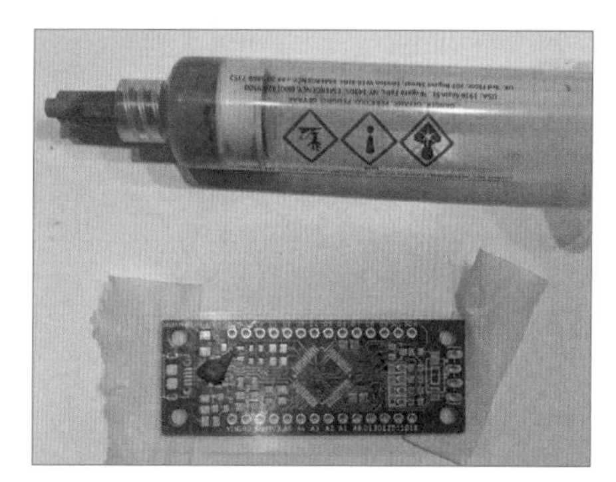

图 6.13 滴上锡浆

6.4.5 移除塑料网

锡浆刮好后，我们把塑料网向上抬起，不要平移，避免抹糊锡浆。我们可能会观察到某些焊盘锡浆过多，某些焊盘锡浆不足。不要担心，我们之后会修理。当塑料网取下后，我们把右面手工焊接元器件的焊盘擦干净（见图6.16）。

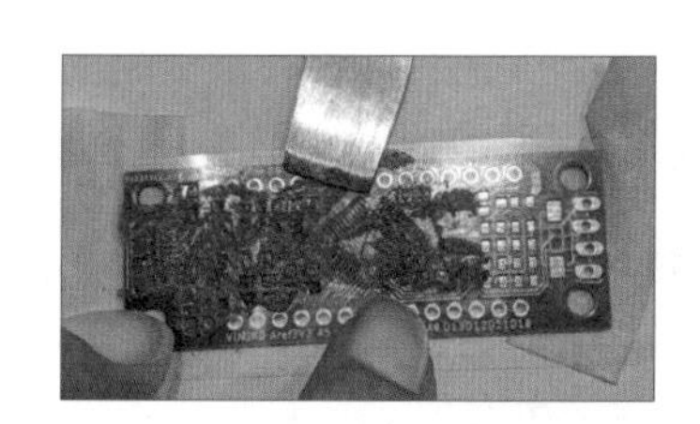

图 6.14 按住塑料网，刮平锡浆

图 6.15 刮完锡浆的电路板

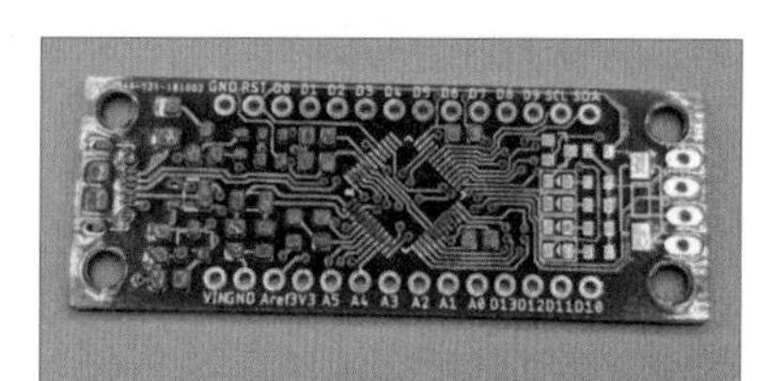

图 6.16 去掉塑料网的电路板

6.4.6 摆放元器件

由于元器件很小，我们用镊子夹取进行摆件。元器件摆放位置参见图6.17~图6.21。

布好基础元器件后，PCB应该看起来类似图6.22所示。我们最后摆单片机，注意芯片上的凹坑在左侧（见图6.23）。

6.4.7 检查元器件

这时PCB上左侧的元器件应该都布好了，我们检查一下元器件正不正（见图6.24）。少量的错位（通常1mm以下）没有关系，因为当焊锡熔化后，它的表面张力会将元器件拉正到焊盘

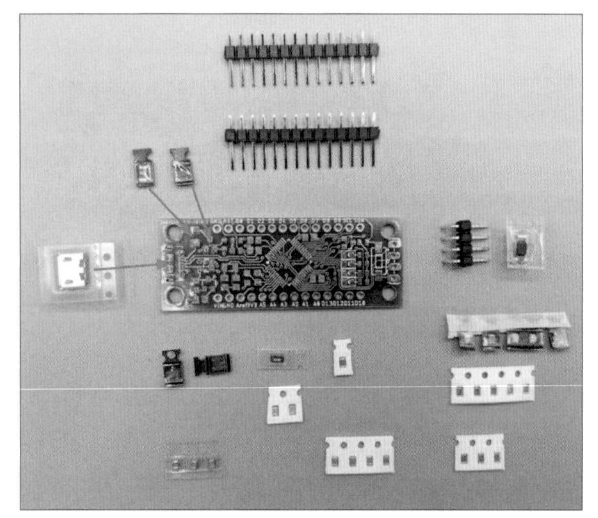

图6.17 由左到右：USB连接器、保险丝管、晶体管

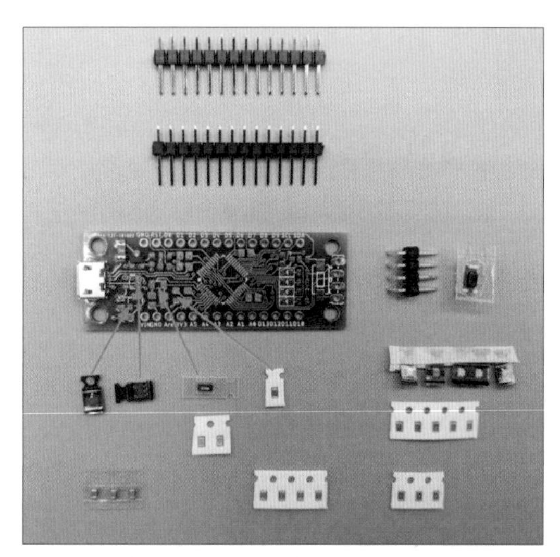

图6.18 由左到右：稳压电源、逻辑芯片、晶体振荡器、 磁珠

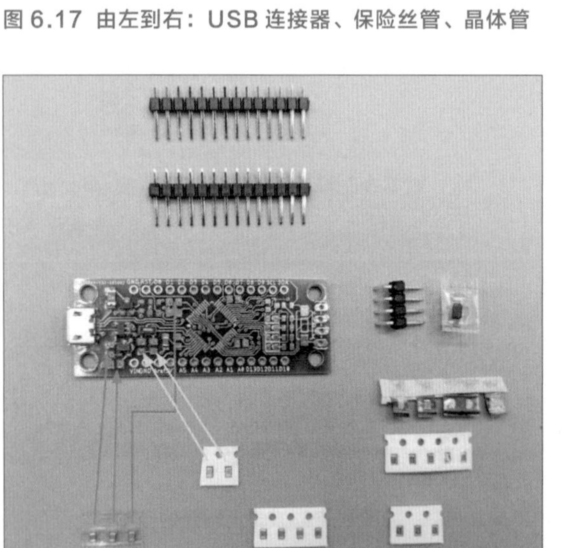

图6.19 3个1μF电容（红色箭头）与2个12nF（黄色箭头）电容的位置

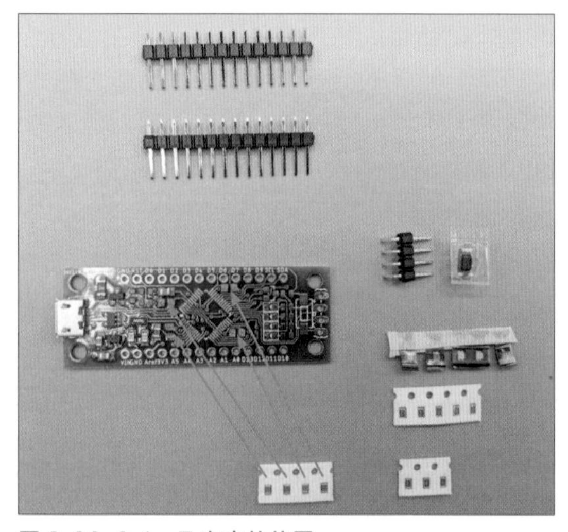

图6.20 0.1μF电容的位置

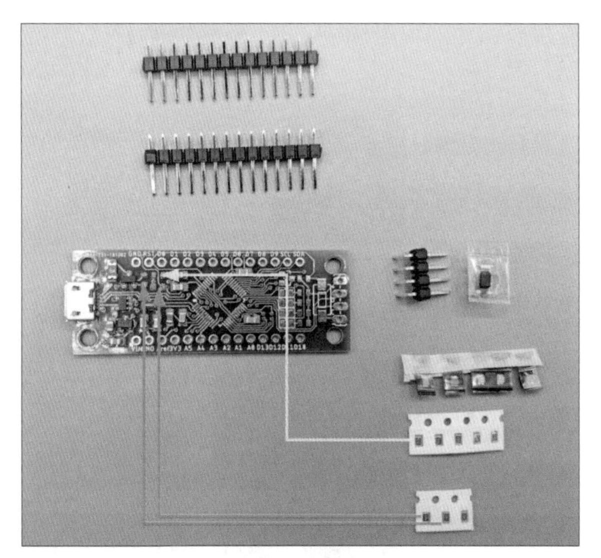

图 6.21 2 个 10kΩ 电阻（103，红色箭头）与 1 个 510Ω 电阻（511，黄色箭头）电阻的位置

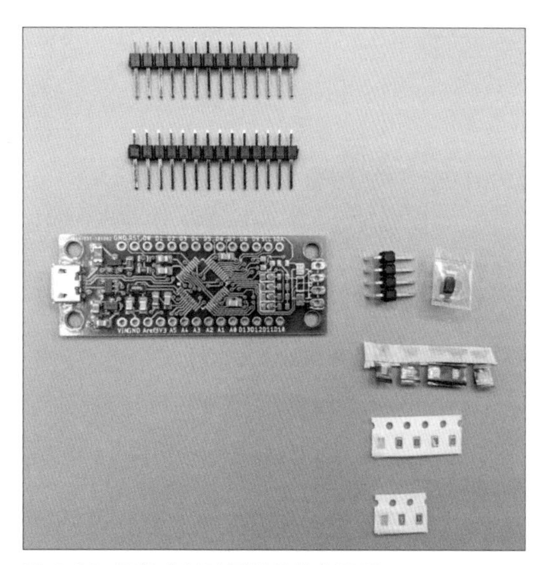

图 6.22 摆放完基础元器件的电路板

图 6.23 注意主芯片的摆放方向

图 6.24 回流焊接前，左侧元器件摆放完毕

上。但是如果偏差过大，表面张力反而可能将元器件拉往错误的方向。尤其是引脚密集的单片机芯片，请注意让引脚和焊盘的错位尽量小。如果元器件不正，可以用镊子尖轻推一下，然后用放大镜观察。

6.4.8 回流焊接

元器件就绪后，我们可以进行回流焊接。可以使用回流焊炉，没有焊炉使用热风枪也可以，将热风枪调至300℃左右并用热风来回吹电路，尽量使加热均匀。当你看到灰色的锡浆一瞬间变成银色，就表示锡浆已经熔化，可以停止继续加温那个焊盘。当电路板上所有锡浆均变成银色后，我们可以将热风枪温度调低，慢慢拉远，逐渐冷却电路板（见图6.25）。

图 6.25 左侧元器件回流焊接后

6.4.9 后期维修

当回流焊接完成后，大多数元器件应该完好地焊接了。但由于我们是用非专业等级的技术焊接电路板，有必要进行一些后期检查和维修，主要的问题大致有以下3种。

1. 锡桥（Solder Bridge）

锡桥一般是锡浆使用过多导致的，使得本不应该连接在一起的引脚粘连在了一起。如图6.26所示，左边为锡浆过多的焊盘，右边为回流焊之后产生的锡桥。

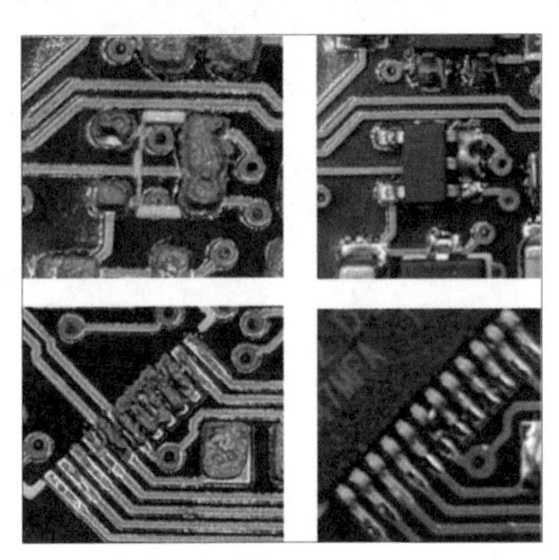

图 6.26 锡桥焊接前后的对比图

那么如何修复锡桥呢？首先我们在锡桥上加上助焊剂，然后把烙铁头擦干净，并保证烙铁头是光亮的，然后用烙铁头去熔化锡桥。如果烙铁是光亮且干净的，那么有一部分焊剂将会附着到烙铁头上。我们把烙铁头上的焊锡擦掉，然后再次去熔化锡桥，反复进行这一步骤，锡桥上的焊锡就会减少（见图6.27、图6.28）。

图 6.27 使用助焊剂清理锡桥前

2. 空焊(Solder Skip)

空焊一般是焊锡不足导致的，使得应该焊接在一起的引脚没能成功焊接。如图6.29所示，中部引脚焊盘由于焊锡量不足，形成空焊。解决方法很简单，一般手工补焊一下即可。

3. 不浸润（Non-wetting）

这种问题一般是温度不足导致，尤其在大块金属元器件上比较明显。虽然锡浆熔化了，但是对应的元器件不够热，导致熔化的焊锡不能很好地附着在上面。如图6.30所示，由于USB连接器的金属壳表面积大，散热快，使得焊锡没能成功附着在引脚上。

图 6.28 使用助焊剂清理锡桥后

那么如何让修复不浸润问题呢？我们使用烙铁头直接加热焊点，以使元器件温度达到焊接温度。在这一过程中，我们可能需要将电烙铁的温度设高一些，也可以用焊锡丝来给焊点加一些锡，让焊接更牢固（见图6.31）。

初学者经常遇到的情况是，高密度引脚的芯片上发生锡桥和空焊问题。不要沮丧，修复的方法很简单，我们使

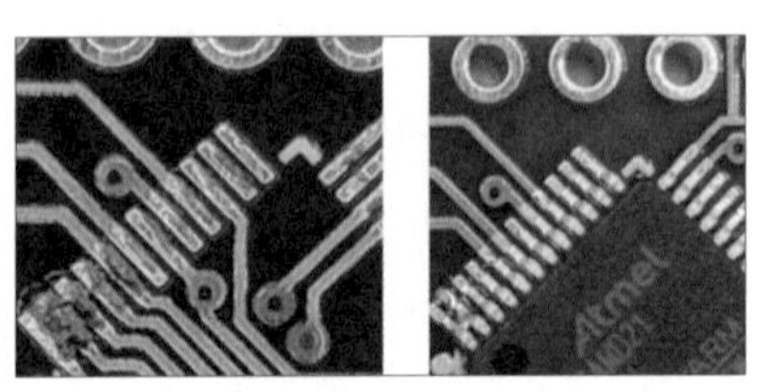

图 6.29 空焊回流焊接前后对比图

图 6.30 不浸润焊接修复前后对比图

图 6.31 重新焊接以修复不浸润

用拖焊的方式进行修复。首先我们在引脚上加上助焊剂，把烙铁头清理干净。然后我们用烙铁头融化引脚上的焊锡并慢慢横向拖动烙铁。当拖动烙铁时，烙铁头接触的引脚上的焊锡都会被熔化，并会被烙铁头吸附。过多的焊锡一般会聚集起来留在最后一个引脚上。我们可以把烙铁头清干净来移除多余的焊锡。如果发现焊锡流动性不足，我们加一些助焊剂来改善即可。

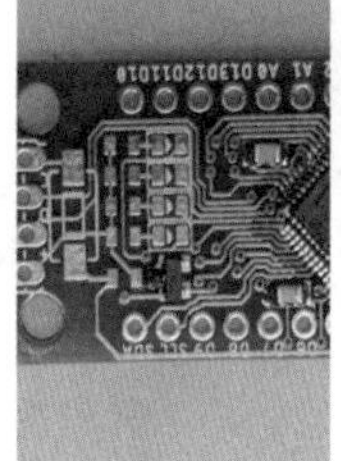

图 6.32 焊接晶体管的具体步骤

6.4.10 手工焊接

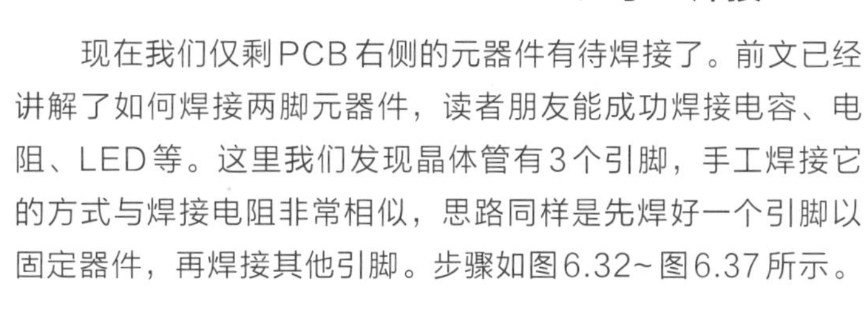

现在我们仅剩PCB右侧的元器件有待焊接了。前文已经讲解了如何焊接两脚元器件，读者朋友能成功焊接电容、电阻、LED等。这里我们发现晶体管有3个引脚，手工焊接它的方式与焊接电阻非常相似，思路同样是先焊好一个引脚以固定器件，再焊接其他引脚。步骤如图6.32~图6.37所示。

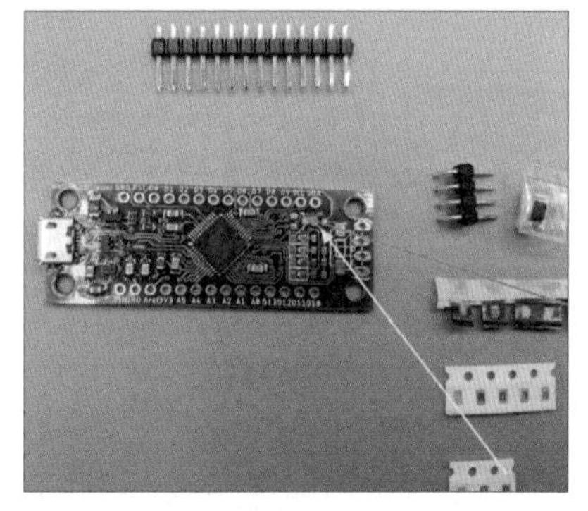

图 6.33 焊接晶体管和 10kΩ 电阻

6.5 烧写Bootloader

Arduino很方便的一个设计是只需要一根USB线就能上传程序。这个功能并不是芯片本来所拥有的，而是用一段代码来实现的。这种代码被称为Bootloader，它可以使USB能够和计算机通信，并把接收到的代码写入

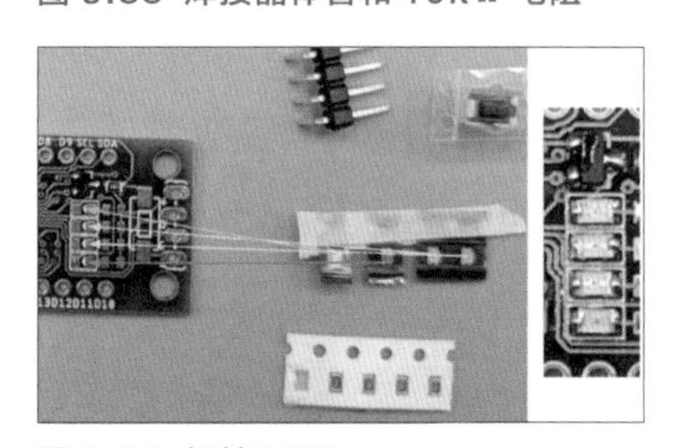

图 6.34 焊接 LED

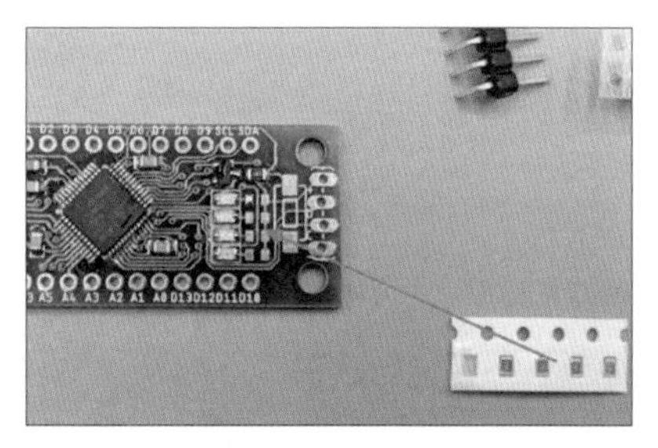

图 6.35 焊接 4 个 510Ω 电阻

图 6.36 焊接按钮和排针

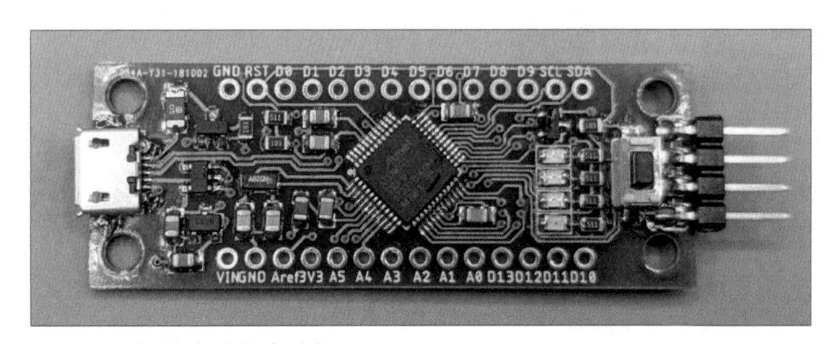

图 6.37 焊接完成的电路板

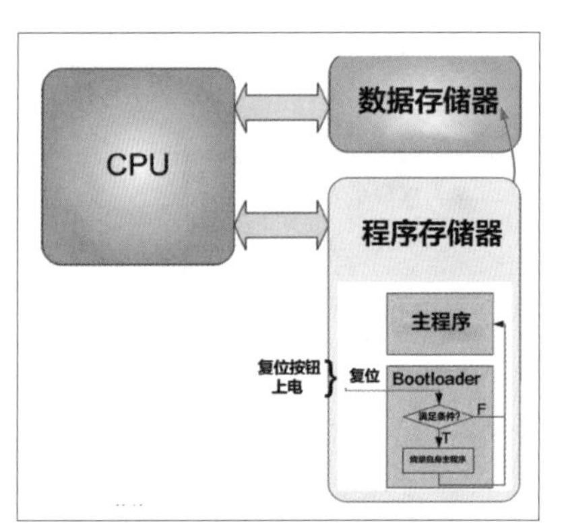

图 6.38 Arduino Bootloader

Arduino的存储器空间（见图6.38）。这样我们不需要专用编程器也能为Arduino更新程序。但是如果芯片是新的，或者是Bootloader损坏了，我们就必须使用专用编程器来重新为芯片烧写Bootloader。

我们使用的Arduino M0主芯片是使用SWD接口烧写程序和调试的。我们可以用Arduino IDE中兼容的Arduino Zero来烧写Bootloader（见图6.38）。官方的Arduino Zero搭载有一块Atmel Edge调试器，而Atmel Edge又是基于开源的CMSIS-DAP修改而来的。因此，我们可以任意购买一款兼容CMSIS-DAP调试器，一般20元以内就能买到。

我们把调试器的VCC、GND、SWD、SWC和我们电路板上对应的排针连接好，然后打开Arduino，在“Tools→Board”菜单中选择“Arduino Zero (programming port) ”。并在“Tools→Programmer”菜单中选择“ Atmel EDBG”。一切就绪后，我们单击“Burn Bootloader”（见图6.39）。

当Bootloader烧写好后，我们把CMSIS-DAP调试器拔掉，并把我们电路板上的

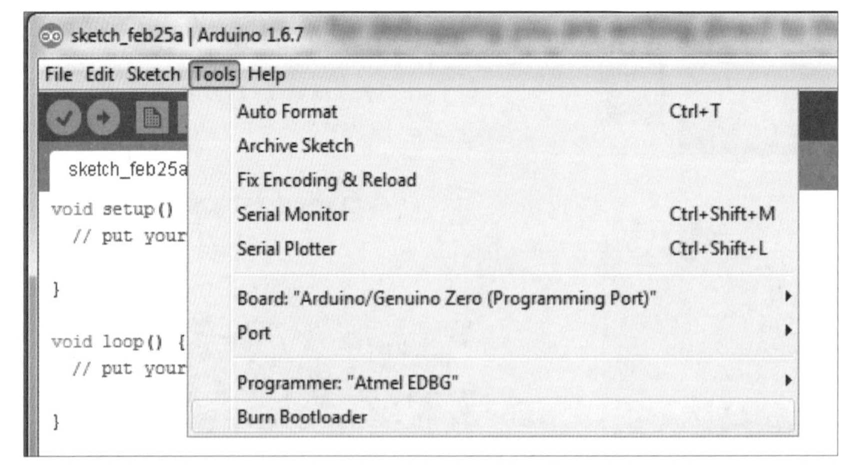

图 6.39 烧录 Bootloader

MicroUSB接口用USB线连到计算机上，这时我们会发现“Tools→ Board” 菜单中出现了“Arduino Zero (Native USB port)”选项。选择好正确的串口，我们便可以上传程序了。试着上传Blink示例代码，如果LED开始闪动，恭喜，你的自制Arduino能够正常工作了！

图 6.40 用面包板固定排针

6.6 焊接排针

很高兴我们自制的Arduino已经可以正常工作了。最后讲解给它焊上排针的小技巧。在焊排针的过程中，我们使用一块面包板来帮助我们对齐排针。因为如果两排排针焊得不直，插入面包板可能会有困难。

首先我们把排针插到面包板里（见图6.40），确认排针对齐，并且相隔0.6英寸（面包板一格是0.1英寸）。

图 6.41 在面包板上焊好排针

然后我们把电路板插到排针上，并把板子压到底，这时，你的排针应该就在一个很完美的位置上了（见图6.41）。我们把板子压住，防止板子活动，然后把排针焊在板子上。需要注意的是，焊接排针越快越好，因为加热时间太长的话，排针的塑料可能会熔化。焊接好排针后，我们可以拔下电路板。我们的Arduino就完成了！

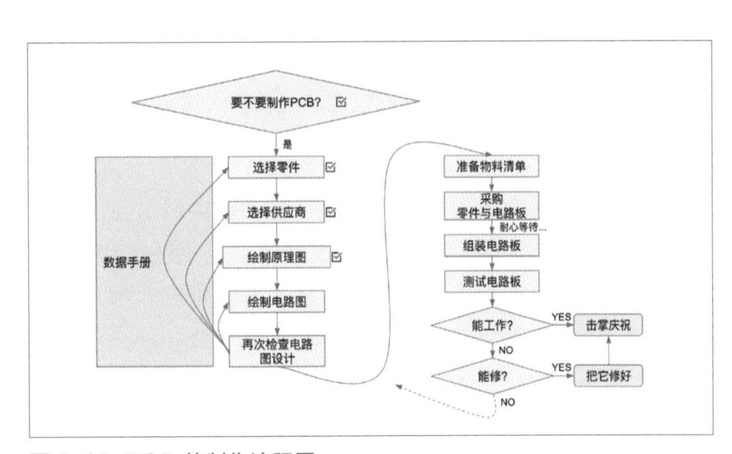

图 6.42 PCB 的制作流程图

6.7 总结及引申

本章我们练习了电路板常用的焊接和维修的方式，并一步一步组装了自己的Arduino Zero。回忆PCB整个制作过程，从设计PCB原理图、绘制电路图、选购元器件，到焊接、测试维修、烧写程序，环环相扣，比较烦琐，相信当PCB最终工作的那一刻，你会由衷地欣喜。正如学习其他技能一样，PCB制作也是熟能生巧。感兴趣的朋友多加练习，会发现设计速度越来越快，设计错误越来越少，焊接需要修复的问题也会越来越少。这里再次拿出PCB的制作流程图（见图6.42），供读者参考。

7 调试 Arduino

在尝试过制作Arduino硬件后，本章将介绍Arduino的软件调试功能。你可能熟悉Arduino IDE，通过它我们只能编写和修改程序，利用串口打印一些调试信息，或者让I/O口输出一些调试信息。这一章，我们将介绍如何使用Visual Studio Code来深度调试Arduino，如何使用断点功能将Arduino程序暂停，观察其中的变量，深入理解Arduino的机器代码。

7.1 调试思维模式（The Debugging Mind-Set）

在真正开始上手调试之前，我想和大家分享一篇有趣的文章，该文刊登于2017年6月的《ACM通信》（*Communications of the ACM*），名为《调试思维模式》（*The Debugging Mind-Set*），作者是Devon H. O'Dell（见图7.1）。

文章开篇介绍：软件开发人员要花35%~50%的时间去验证和调试软件。调试、测试和验证的成本要占到项目总预算的50%~75%。近年来虽然更新、更高级的语言和工具缩短了每项调试工作的时间和降低了成本，但是总项目的调试成本并没有显著下降。与其在开发过程中努力避免软件故障（Bug），不如坦然接受让调试（Debug）成为开发流程和解决问题过程的一部分。

图 7.1 “调试为什么那么难？” Devon H. O'Dell 的灵魂手绘，来自他 2016 的演讲

然后这篇文章引出了心智模型（Mental Model）这个概念。从根本上来说，所有的软件，都是描述一个系统随着时间变换状态（State）的过程。但是这个状态和状态间的转化可能是非常复杂的，程序员在开发的过程中只能依赖程序行为的近似模型，即心智模型。心智模型的意义就是让程序员能够以足够的精确度理解系统的行为，既不会过于笼统而失去对细节的掌控，又不会过于细碎而难以把控整体。

由于心智模型是对于程序功能的模拟，当心智模型做出的假设与事实不符时，程序就出现了故障。值得注意的是，这种问题不是新手才有的，举个例子：C11标准就超过了700页，有多少程序员能通读和完全理解呢?

对于Debug过程，Devon提议使用5个步骤来解决问题。

（1）对于难题提出一个通用理论。

（2）提出一些问题来形成假设。

（3）形成假设。

（4）根据假设来收集测试数据。

（5）重复。

上述理论有些枯燥，难以理解，我们先来看一个例子分析吧。对于LED闪灯程序你应该不会陌生，它的状态逻辑非常简单，点亮LED，等待0.5s，熄灭LED，等待0.5s；不停重复以上过程（见图7.2）。

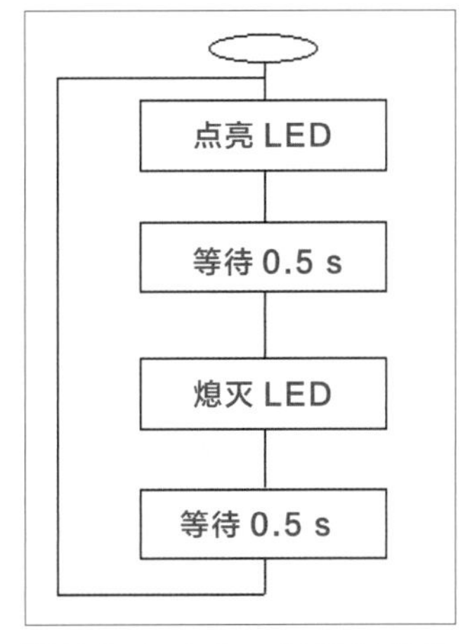

图 7.2 Arduino 闪灯程序流程图

这个程序的心智模型非常简单。当专注于写程序时，为了集中精力，我们会把与代码不直接相关的部分简化，例如我们只需考虑哪条语句控制点亮LED、怎样构造时间循环的逻辑等，而忽略掉所用语句调用的库如何工作、芯片如何执行指令、供电是否稳定等方面。通过忽略这些方面，我们创造出一个合适精度的心智模型，它是对实际行为的简化模型，其中我们做出了很多如下正常工作的假设：

（1）写的代码正常工作；

（2）调用的库正常工作；

（3）芯片正常工作；

（4）外围电路正常工作；

（5）……

当实践中遇到Bug，再返回我们的心智模型，不难想到由于它是一个简化模型，有可能我们做的某个（些）假设是不对的。我们写的代码、调用的库、硬件等，都可能无法正常工作。于是由于我们的假设不对，整个系统的行为就和我们的预期不符。这种情况下，我们就需要去检查我们的心智模型，看哪里的假设不对。继续以闪灯程序为例，如果LED不闪烁或者闪烁方式不对，我们就需要依次检查并证明我们的假设，直到我们发现错误的假设，并予以修复。

（1）程序的语法对不对?

（2）我们调用的库是不是正常工作了?

（3）我们硬件的连线是不是正确且稳定?

（4）……

7.2 调试Arduino代码的4种方式

了解了心智模型，我们将以Arduino为例，由浅入深地具体介绍4种调试方法，这些方法同样适用于其他硬件开发实践。

7.2.1 橡皮鸭子调试法

“橡皮鸭子调试法”并非一个玩笑，它最早出现于《程序员修炼之道》(The Pragmatic Programmer)一书。方法很简单，找一只橡皮鸭子，然后仔细地一行一行将代码解释给橡皮鸭子听。在解释的过程中，你就很有可能自己意识到问题所在。

这种方式初听起来有些匪夷所思，但学界和业界对其背后原理有着深入研究，David B.Hayes是这样通俗解释橡皮鸭子的工作原理的。举个例子，“今天外面冷不冷？”对人类而言，是一个非常普通的问题，但对机器而言，这个问题太过模糊了！“冷”是一个主观的概念，并不是一个精确的定义。对人类而言，人类的逻辑往往比较模糊，但是机器执行所需要的逻辑必须精确定义。解释给橡皮鸭子听这一过程，就可以让我们精确定义和审视我们的逻辑，从而发现问题，尤其是当你向鸭子细致地解释每一个细节时，发现问题就更容易。

至于为什么不向活物，尤其是同事来解释，主要原因是他们非常容易插嘴，打断你的描述和思维，比较讨厌。我们可以用一句“名鸭名言”来总结这种办法：

> **“只要大声描述问题，往往就能领悟。”**
>
> **—— 鸭子，嘎栈溢出网**

7.2.2 使用打印功能输出调试信息

使用程序打印信息进行调试，是Arduino开发中非常常见的调试方法。它不需要任何额外硬件，对于比较简单的调试，这种方法非常方便。Arduino一般有计算机上可以访问的串口，我们可以打印几个变量的值，来观察变量的变化是不是符合我们的预期。也可以在程序的某些分支上打印一些文字信息，让我们知道程序是不是正确地进入了这些分支。Arduino初学者对于这种方法应该都不陌生，大家也可以参阅Arduino网站“Communication→Serial”页面了解打印语句的具体使用方法，IDE自带的示例代码“Communication”章节也有示例作为参考。

当然这种方式也有一些限制，比如有另外的功能占用了串口，这种方法就不适用。另外，Print相关语句是需要消耗程序时间的，大量打印输出可能会略微拖慢程序速度。此外，由于串口信息需要人工分析阅读，调试信息不应该打印得太多或者太快，否则人眼难以实时监测程序状态。

7.2.3 使用硬件调试器

硬件调试器可以让我们把代码停下来，仔细观察程序里面的变量，深入理解程序的执行方式。我们接下来会着重介绍这种方法。它的限制主要是需要暂停程序。如果我们的应用不允许程序暂停，这种方法就不可能适用。

7.2.4 使用逻辑分析仪

逻辑分析仪(Logic Analyzer)是一种可以捕捉并显示信号的仪器。如果我们需要分析信号的时间，使用逻辑分析仪会非常方便。在代码里面，我们可以在特定位置修改I/O的输出，并

```
void loop() {
  digitalWrite(11, HIGH); //loop started

  int inputArray[3] = {1, 2, 3};
  int sum = 0;
  int i;
  for (i = 0; i <= 3; i++) {
    volatile int inputNumber = inputArray[i];
    sum = sum + inputNumber;

    pin12State = !pin12State;
    digitalWrite(12, pin12State);
  }
  if (sum == 6) {
    digitalWrite(LED_BUILTIN, HIGH);
  }

  digitalWrite(11, LOW); //loop ended
}
```

图 7.3 逻辑分析仪调试代码的原理

用逻辑分析仪捕捉输出信号，我们就可以精确地追踪到这些特定事件发生的时间和次数。

举个简单的例子来讲解逻辑分析仪调试代码的原理。图7.3所示的程序是一个有错误的程序，我们想要把数组中的3个数字加起来，检查数字的和是否为6。如果是6，就把Arduino板上的LED点亮。可是执行程序时发现LED并没有被点亮，检查代码时，我们意识到自己拿不准for循环怎样使用。

如果我们怀疑函数中for循环的执行次数不对，可以在loop函数的开始处将11脚置高（digitalWrite(11, HIGH);），loop函数结束处将11脚置低（digitalWrite(11, LOW);）。这样，在逻辑分析仪第一行中，我们观察折线拉高的区间，即为11脚电平为高的时间，就是loop函数执行的时间。

接下来，在每次for循环的调用中，我们都将12脚取反（pin12State = !pin12State;）。在逻辑分析仪第二行中，我们通过数信号拉高、降低的变化次数，就可以知道for循环的调用次数。图7.3黄框中，我们很容易看出，折线拉高、降低变化了4次，即for循环被调用了4次。于是发现，for循环执行的次数，并不是我们设想的3次，Bug找到了。

7.3 用逻辑分析仪调试代码

有这样一句话形容硬件调试器（Debugger）：“调试器并不能修复Bug，调试器只能慢速播放Bug。”以我们的Arduino M0为例（见图7.4），它的主频是48MHz，也就是说它1s可以执行

Arduino Microcontroller	
Microcontroller	ATSAMD21G18, 48pins LQFP
Architecture	ARM Cortex-M0+
Operating Voltage	3.3V
Flash memory	256 KB
SRAM	32Kb
Clock Speed	48 MHz
Analog I/O Pins	6 + 1 DAC
DC Current per I/O Pins	7 mA (I/O Pins)

图 7.4 Arduino M0 的运行速度

4800万条硬件指令。这个速度相当快，远超过我们眼睛的追踪速度和大脑的理解速度。

程序执行得快，Bug执行得也快。在全速运行下，我们没有办法实时跟踪我们的程序到底在做什么。但是在有调试器的情况下，我们可以“时光暂停”，即让程序在需要的地方暂停（见图7.5），从而仔细检查当前时刻变量的值和程序的执行方式。下面我们一起动手，从搭建工具链开始，一步步尝试硬件调试的美妙过程吧。

7.3.1 第一步：调试Arduino M0的工具链

在前面的PCB专题中，我们一起制作了自己的Arduino M0电路，它将继续出场作为我们调试的硬件平台。此外我们还需要一块CMSIS-DAP调试器。两块板子间分别连接对应的3.3V、GND、SWD与SWC（见图7.6）

对于调试的工具链（Toolchain），其中一共有5个部分（见图7.7），我们来依次介绍这5个部分。

（1）集成开发环境（IDE）：VS code。

（2）调试器（Debugger）：GDB。

（3）调试服务器（Debugger Server）：OpenOCD。

（4）调试器探针（Debug Probe）：CMSIS-DAP。

（5）调试目标（Debug Target）：（Arduino M0）。

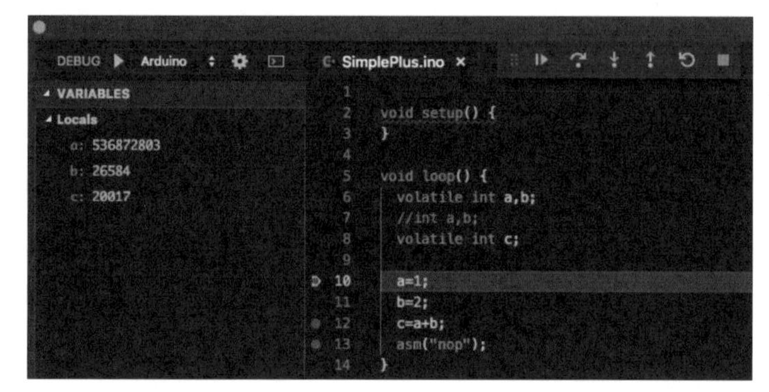

图7.5 暂停程序执行

图7.6 调试所需的硬件，Arduino和CMSIS-DAP

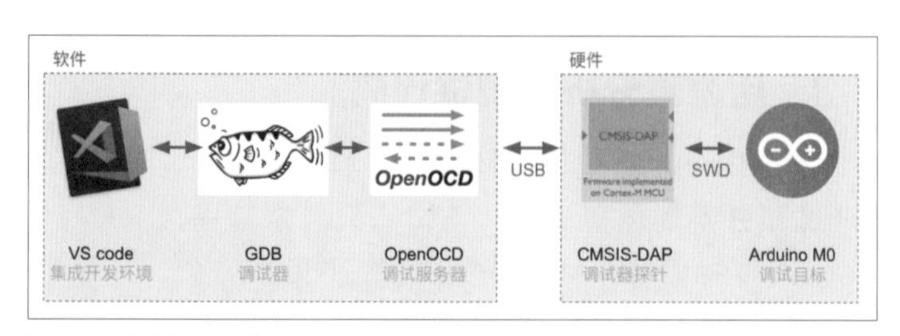

图7.7 调试工具链

1. 集成开发环境（IDE）：VS Code

VS Code（Visual Studio Code）是微软出品的一款跨平台集成开发环境。集成开发环境可以帮助我们管理很多工具链上的工具，这样我们就不用自己在终端里敲一大堆命令。VS Code官方提供Arduino插件，因此对Arduino的支持也很好。与

Arduino官方的IDE工具相比，VS Code的代码辅助功能更加强大，而且支持代码调试。

2. 调试器（Debugger）：GDB

GDB的意思的“GNU Debugger”（GNU调试器）。调试器可以执行Arduino代码，帮助我们控制Arduino代码的执行，比如程序的执行和暂停，也可以帮助我们检查变量的值，等等。简单来说，调试器帮助我们架起了一座C代码和机器码的桥梁，简化了我们的操作。

3. 调试服务器（Debugger Server）：OpenOCD

OpenOCD用来连接硬件与调试器（在此我们使用GDB）。OpenOCD通过USB连接CMSIS-DAP，同时创建了一个服务器，用来连接GDB。OpenOCD是一个开源工具，支持多种处理器和调试探针。如果你有兴趣，也可以尝试用树莓派来运行OpenOCD，不仅可以远程调试，甚至可以用树莓派的I/O口直接连接目标芯片的调试口来调试。

4. 调试器探针（Debug Probe）：CMSIS-DAP

CMSIS-DAP是一种开源的调试器探针，比较容易买到或自制。调试器探针可以把USB上的信号转换成Arduino所需的调试信号。有时调试器探针也被称为调试器，为了和软件上的调试器相区分，本文中我们统一使用调试器探针一词。

5. 调试目标（Debug Target）：Arduino M0

Arduino的代码是执行在我们的调试目标（Arduino M0）上的。如果我们没有一整套工具链，只能让代码全速运行，无法控制。当我们使用调试工具链来控制调试目标时，我们可以让代码暂停，并观察其中的变量。

7.3.2 第二步：配置VS Code，了解开发环境

接下来我们开始正式调试Arduino。首先从Arduino官网下载一份最新的Arduino IDE。虽然我们并不直接使用Arduino官方IDE，但我们也要将其配置好，这样VS Code才能够正常调用其中的工具。默认情况下，Arduino IDE没有安装Arduino M0的支持，我们需要单击菜单栏“Tools”→“Board”→“Boards Manager”，然后在Boards Manager中找到“Arduino SAMD Boards (32-bit ARM Cortex-M0+)”，最后单击“Install”安装（见图7.8）。

接下来通过菜单栏Tools”→“Board”，我们就可以选择Arduino M0 Pro板了。首先烧录Bootloader来测试连接是否正常。我们在Board选项中选择“Arduino M0 Pro (Programming Port) ”，并且在“Programmer”选项中选择“Atmel EDBG”，之后单击“Burn Bootloader”（见图7.9）。如果输出栏提示一切正常，Bootloader就正常烧录好了。如果它不工作，重新插拔一下USB口，并且检查连接和焊接是否正常，再重复以上操作。

之后我们打开“File”→“Examples”→“01.Basics”→“Blink”，这个最基本的闪灯程序（见图7.10），并把它上传到Arduino中，观察LED是否开始闪动。如果你看到LED每秒

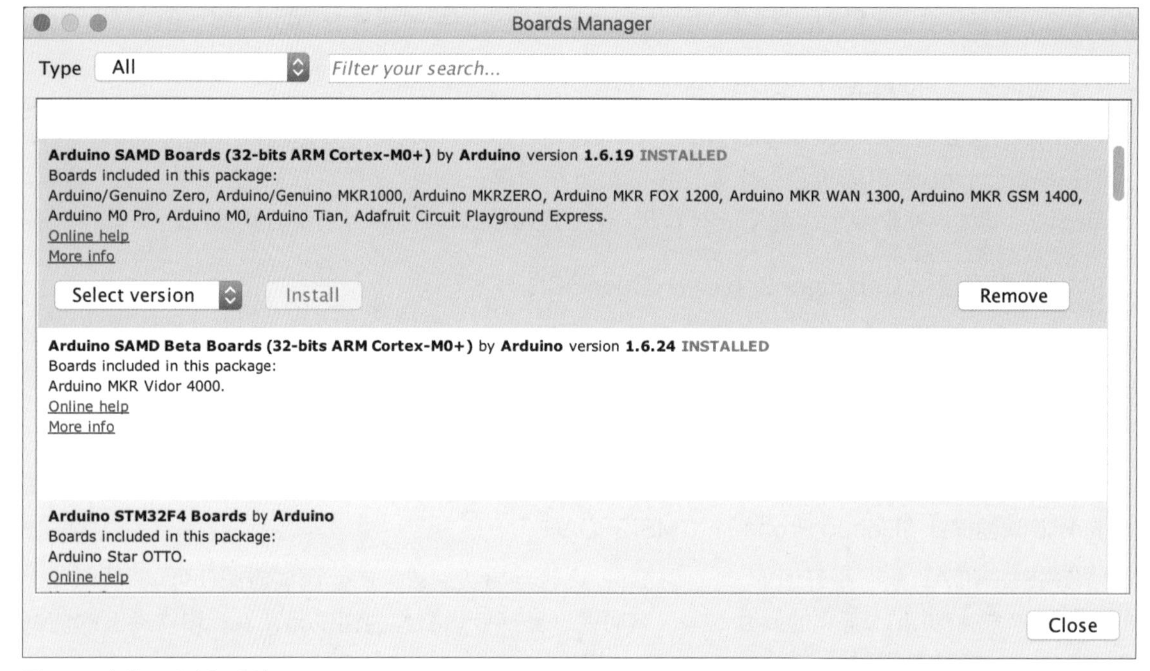

图 7.8 安装 M0 板工具包

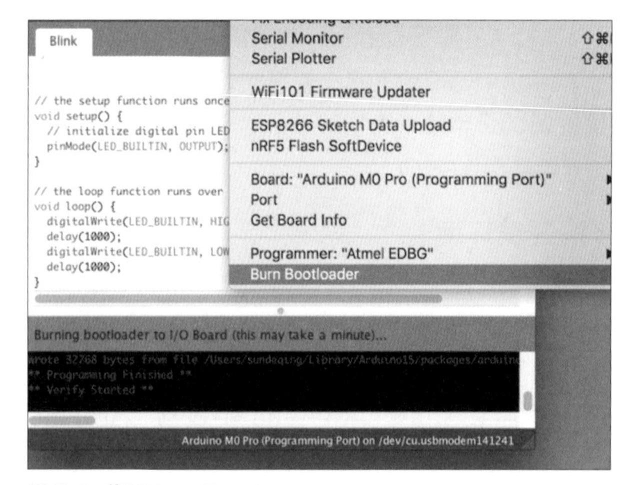

图 7.9 烧写 bootloader

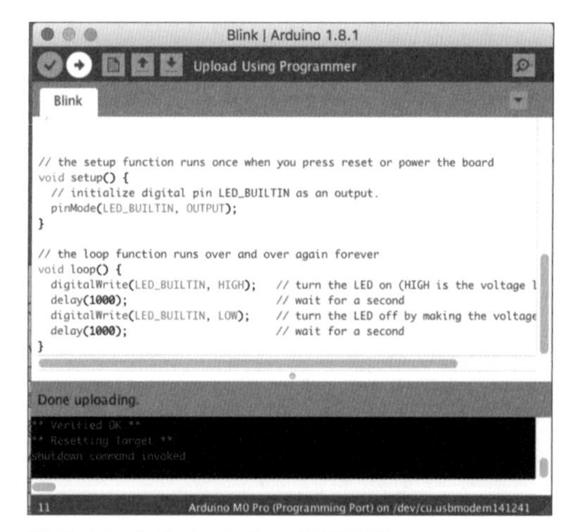

图 7.10 上传 Arduino 闪灯程序

正常闪动，恭喜，这表示你的Arduino、调试器探针及所有硬件的连接都是正常的。下面我们用"Save as"把闪灯程序另存到一个文件夹内，接下来将用它作为调试的例子。

下面我们切换到VS Code。首先到VS Code官网下载符合你的操作系统的VS Code（见图7.11）。然后我们从菜单栏"View"→"Extensions"打开插件侧边栏（见图7.12）。

我们在插件列表中寻找Arduino，单击绿色"Install"安装按钮。需要注意我们要寻找Microsoft官方的Arduino插件，而不是其他人的插件（见图7.13）。安装完插件以后，单击

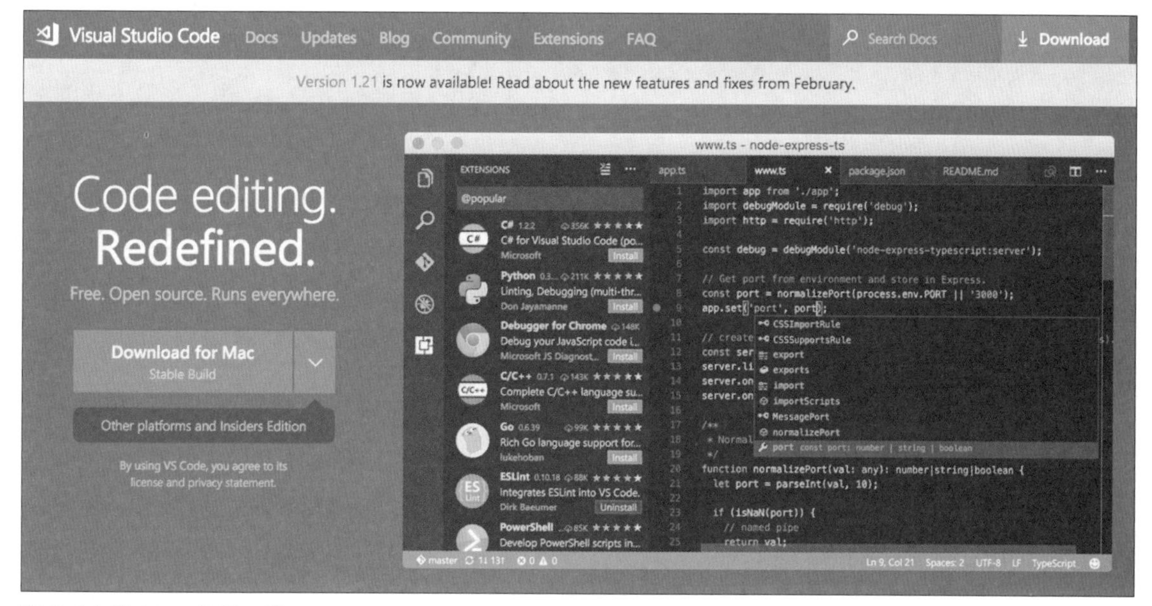

图 7.11 以 Mac 为例下载 VS Code

"Reload to Activate" 按钮，激活Arduino 插件（见图7.14）。

完成安装激活后，我们便可以开始正式使用调试功能。首先单击菜单栏"File" →"Open"（见图7.15）。然后我们找到刚才另存的闪灯程序，打开包含有Blink.ino程序的文件夹。注意选择文件夹，而不是程序本身，单击"Open"（见图7.16）。

在底部的蓝色工具条上，我们单击<Select Board Type>，来选择板子种类（见图7.17）。板子种类选择为"Arduino M0 Pro (Programming Port)"

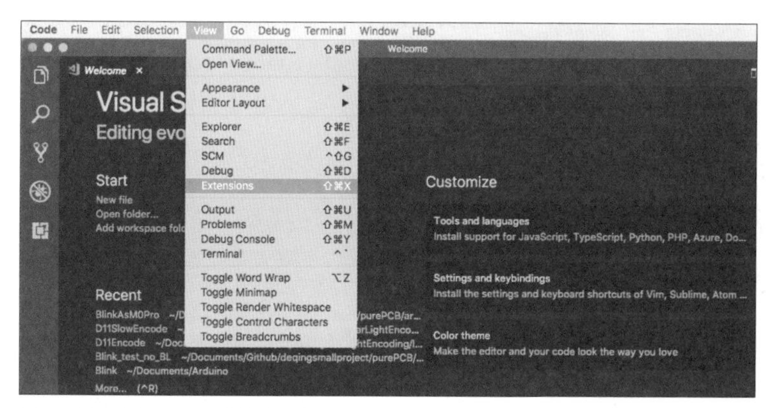

图 7.12 VS Code 显示插件

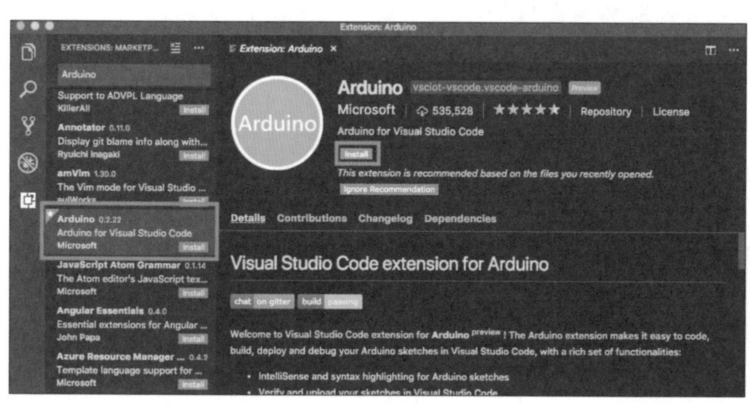

图 7.13 VS Code 安装 Arduino 插件

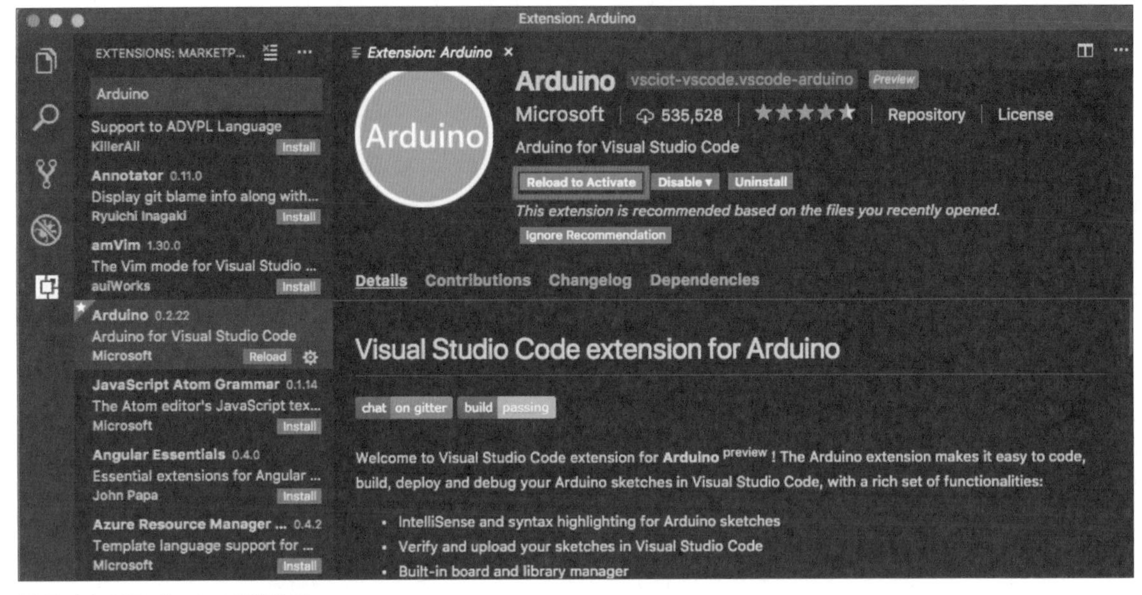

图 7.14 VS Code 重载激活

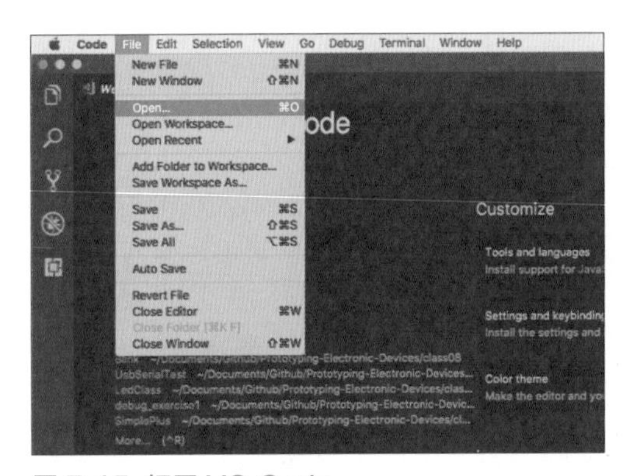

图 7.15 打开 VS Code

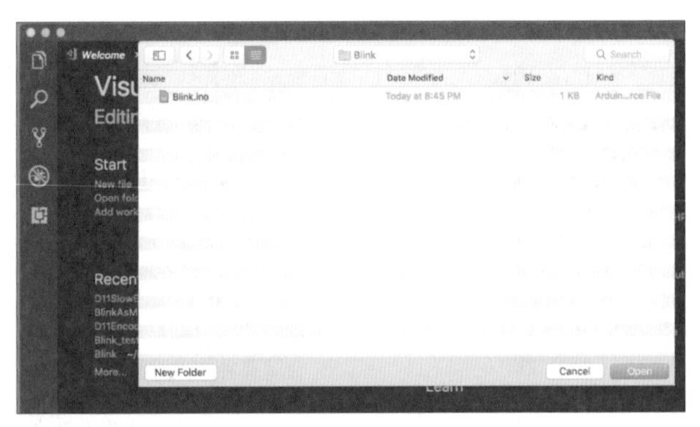

图 7.16 打开文件夹

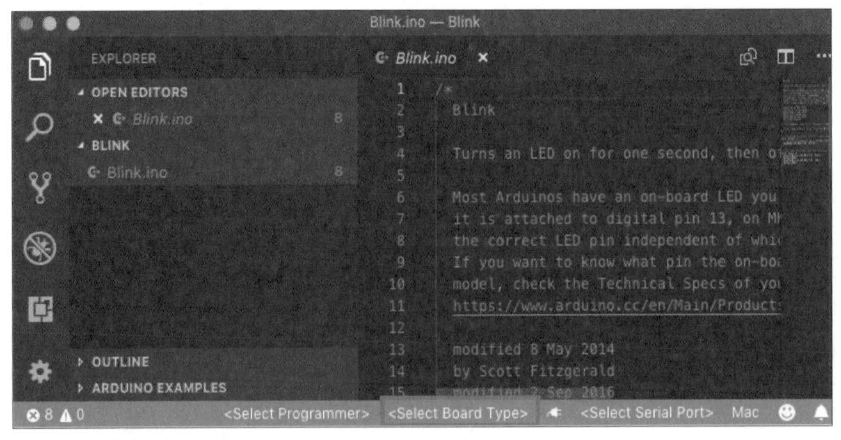

图 7.17 选择板子种类

（见图7.18）。

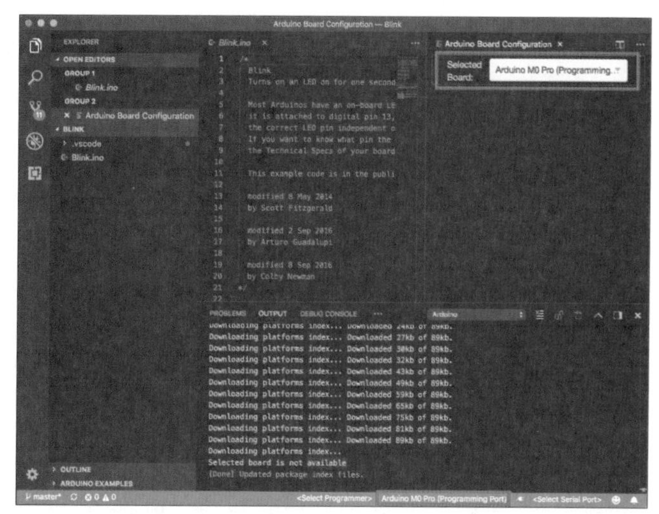

图 7.18 选定 Arduino M0 Pro

然后单击左侧的Debug调试按钮，切换到调试选项卡。默认情况下是没有调试配置文件的。单击“Add Configuration”来添加一个配置文件。在弹出的窗口中，选择“Arduino”模版（见图7.19）。

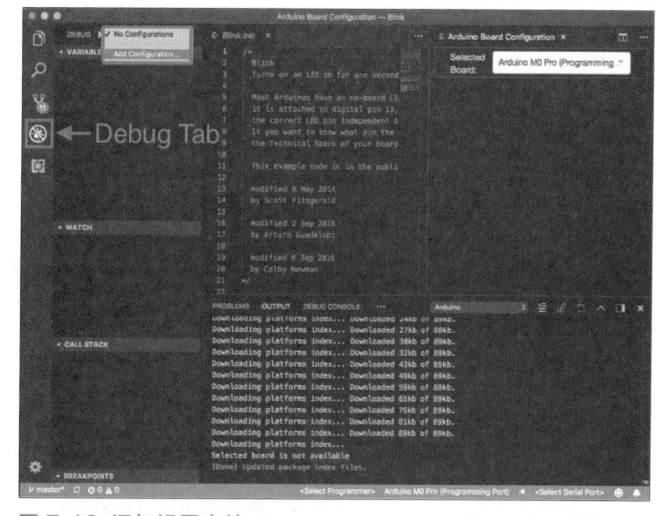

图 7.19 添加设置文件

下面我们尝试在代码中添加断点，当代码运行到断点处时，代码运行会暂停，我们可以观察此刻程序的变量信息。单击代码行号左侧的空间，会显示一个红点，这就是VS Code为这一行加入的断点。我们分别单击 digitalWrite(LED_BUILTIN, HIGH);和 digitalWrite(LED_BUILTIN, LOW);两行代码前的空间，为它们加入断点（见图7.20）。

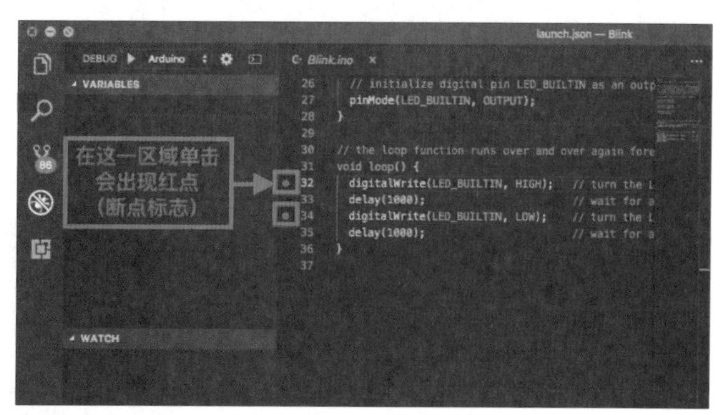

图 7.20 添加两个断点

下面开始调试吧！单击菜单栏的“Debug”→“Start Debugging”（见图7.21）。很快你会看到第一个断点处的代码被高亮显示，表面代码此时停留在此处。单击继续按钮（右向三角），被标记断点的两行代码会不断被高亮显示，表明代码不断切换停留在该处（见图7.22）。我们观察板子上的LED，应该可以发现，每次单击时，LED的状态都会变化。

调试结束以后，我们按“停止按钮”（红色方块），结束调试（见图7.23）。需要注意的是，如果你在代码全速运行时结束调试。调试器并不会被正常终止。因此我们就无法再次开始调试功能。我们可以在系统终端或者进程管理器里，将OpenOCD强制终止，来解决这个问题。

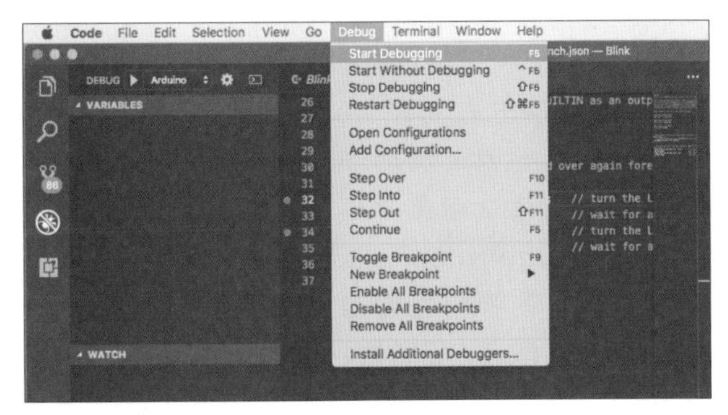

图 7.21 开始调试

7.3.3 第三步：使用调试器观察变量

在观察变量的练习中，我们使用随附的SimplePlus.ino作为例子。我们从本书下载平台下载SimplePlus.ino.txt，将.txt后缀去掉，再将SimplePlus.ino放入一个名叫SimplePlus的文件夹内，用VS Code打开即可。

首先将第10行，即a=1;指令加上断点，单击菜单栏的“Debug”→“Start Debugging”开始调试。我们看到a=1;被高亮显示，程序停留在第10行断点上，a=1指令尚未执行（见图7.24）。在左侧局部（Local）变量窗口中，我们看到a、b、c的值都是很大的数字，它们是随机数，表明变量还没有被初始化。

你一定注意到调试工具栏里的6个不同按钮（见图7.25），它们用来控制代码的调试执行。

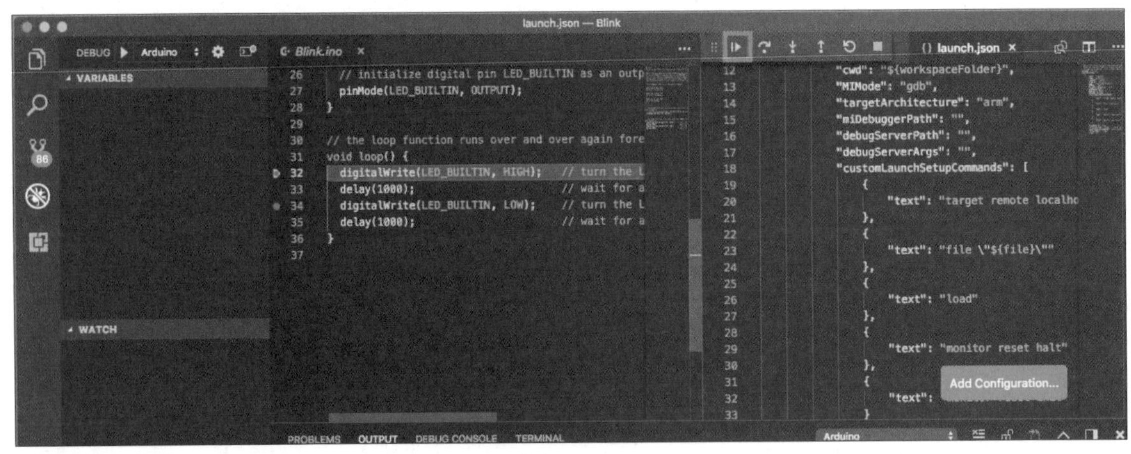

图 7.22 控制调试

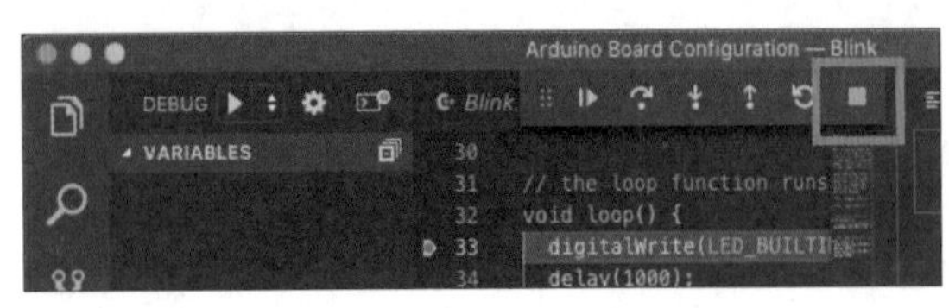

图 7.23 结束调试

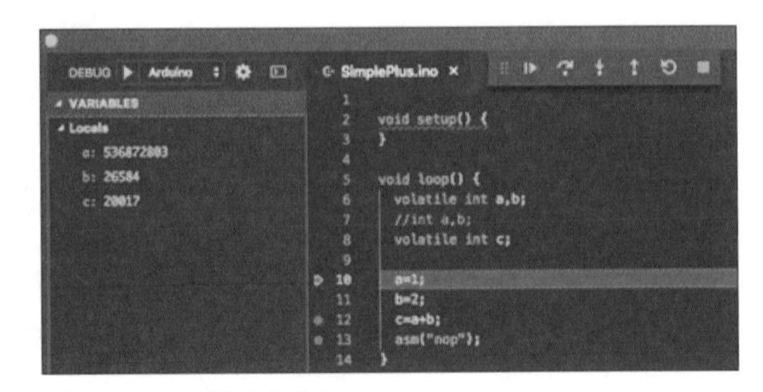

图 7.24 加法测试代码

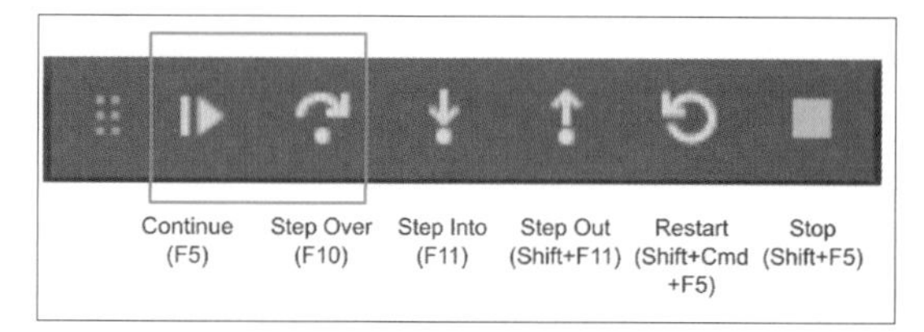

图 7.25 调试工具栏按钮

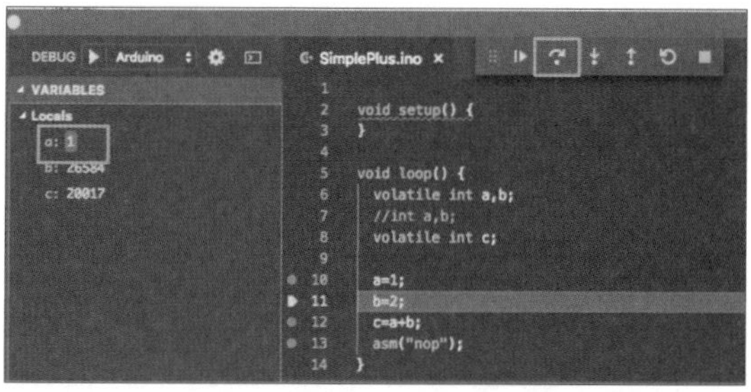

图 7.26 代码执行至第 11 行，变量 a 的值变成 1

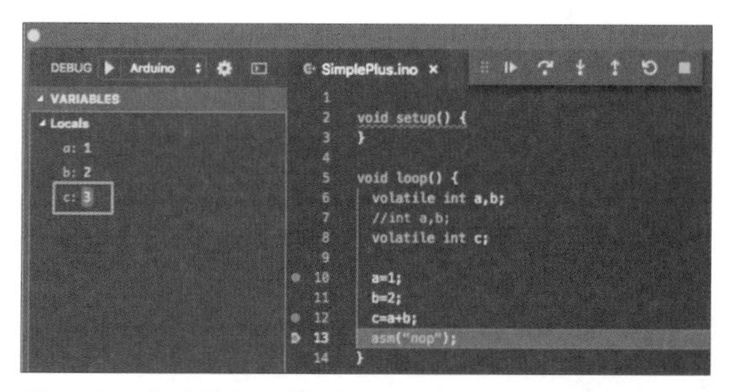

图 7.27 代码执行至第 13 行，变量 c 的值变成 3

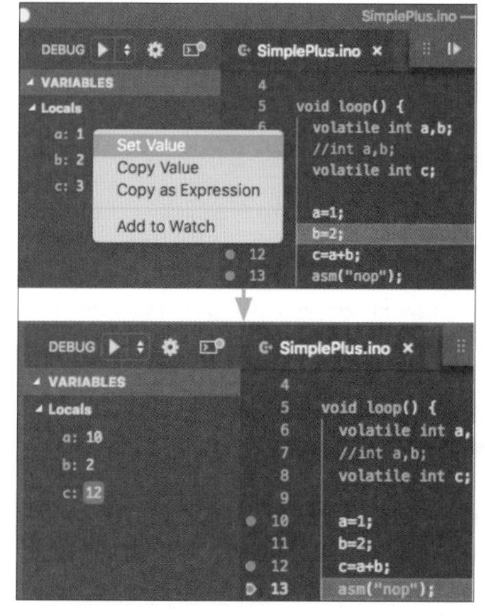

图 7.28 修改变量的值

第1个按钮Continue，功能是让代码继续全速执行，直到下一个断点为止。第2个按钮是Step Over，一般被称为单步执行。在Step Over时，如果被执行的代码是一个函数，调试器会执行完整函数，并停在当前代码区域的下一行。第3个按钮Step Into，和前面的Step Over功能类似，区别是如果要执行的代码是函数，调试器会进入下一级函数，并停留在更深一级函数里，方便我们深入研究。第4个按钮Step Out，与Step Into相反，跳出目前这一级函数。第5个按钮Restart可以让代码从头开始执行。第6个按钮Stop停止调试。

我们按下Step Over按钮，练习单步调试。可以看到，当调试器停留在第11行时，变量a的值变成了1（见图7.26）。

我们继续执行代码，当调试器执行至第13行时，变量c的值变成了3（见图7.27）。与我们的预期一致。

调试器另外一个很强大的功能是修改变量的值。在代码暂停时，我们可以右键单击变量，选择“Set Value”，就可以修改变量的值（见图7.28）。举个例子，我们将变量a的值修改为10，当程序完成后，c的值就变成了12。这一功能可以让我们很方便地测试程序功能在不同的情况下是否和我们的预期相一致。

7.3.4 第四步：调试更深处的程序

我们接下来练习Step Into的用法。调试程序时，如果我们需要了解程序中函数的调用关系，Step Into是非常有用的功能，尤其是当程序复杂时，Step Into可以帮助我们快速定位函数的位置和调用关系，方便我们理解程序。在这个练习中，我们使用随附的LedClass.ino作为例子（见图7.29）。

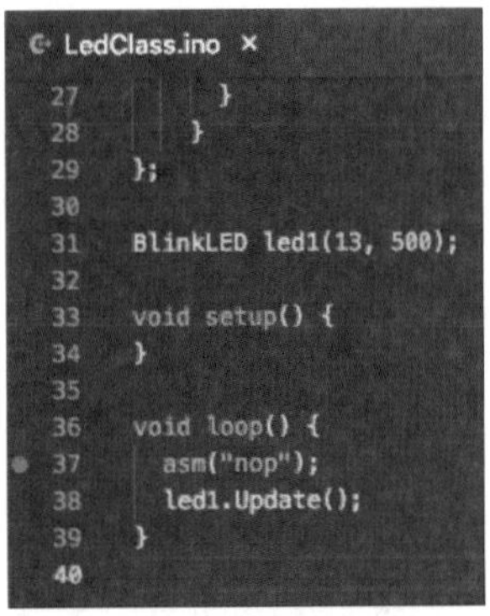

图 7.29 LedClass 例程

我们在NOP指令处（asm(“nop”);）加一个断点并启动调试。NOP指令什么都不做，但是会占用一条指令空间，在这里方便我们放置断点。由于C编译器有优化，所以我们有可能不能把断点放在第38行，这时就需要插入NOP指令。

当代码暂停后，我们可以把鼠标指针悬浮到左侧led1对象上，VS Code会显示这个对象的结构和对应的值。如果这个对象需要经常观察，我们也可以把它加到WATCH窗口里，方便以后观察。具体方法是双击WATCH窗口的空白处，在Expression to watch（需要观察的表达式）文本框里输入对象名即可。比如我们输入led1，我们就可以在WATCH窗口中看到led1的内容（见图7.30）。

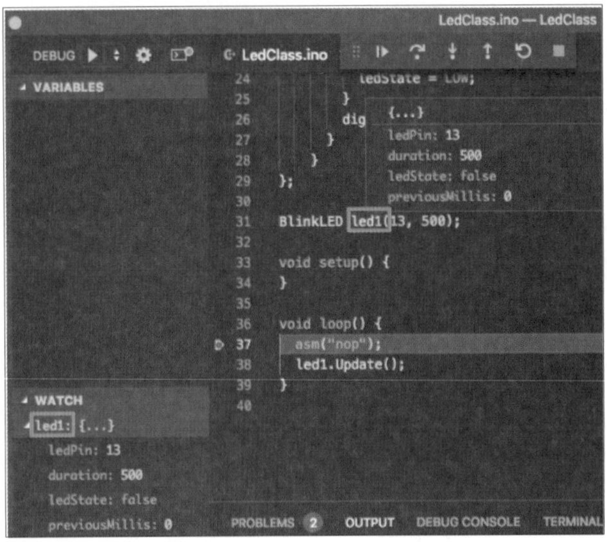

图 7.30 观察对象的值

我们按下Step Into按钮，调试器可以把我们带入Update函数中。这项功能可以帮助我们快速定位函数，并且观察函数内部的工作机制（见图7.31）。

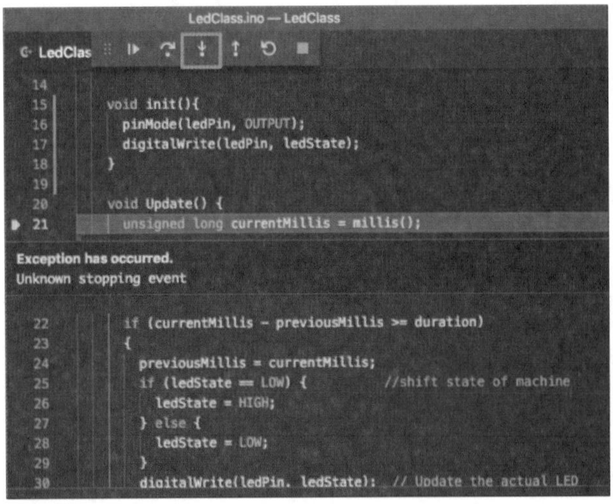

图 7.31 进入函数内部

7.4 扩展：调试Arduino Uno

Arduino Uno使用的主芯片是AVR系列芯片，与Arduino M0的ARM系列芯片不同，Arduino Uno并没有官方开源的调试方式。一般来说，调试Arduino Uno，必须使用Atmel（现为Microchip子公司）的官方调试器探针，配合官方的AVR Studio（见图7.32）。我们在这里介绍一种最近出现的开源解决方案，供感兴趣的朋友练习。

首先简单介绍一下AVR系列芯片的调试接口，再介绍调试工具。AVR芯片使用一种称为debugWIRE的接口进行调试。这种接口只需要使用一根连接到复位脚的调试线即可完成调试。根据RikusW的逆向结果，我们知道debugWIRE是一种波特率（Baud rate）为芯片128分频的串口协议。

图 7.32 使用官方的 AVR Dragon 调试 Arduino Uno（图片来自 awtfy.com）

图 7.33 调试 Arduino Uno 实物图

David C.W.Brown在RikusW的基础上，用ATtiny85制作了调试器探针和调试器。为方便大家，我们在David C.W.Brown的基础上，对代码速度进行了优化，并增加对Mac和VS Code的支持。下面我们简要介绍调试Arduino Uno的方式，详细信息可以在我的Github页面阅读。为了节省面包板空间，在图7.33中我们使用了一块Arduino Pro mini作为例子。它与Arduino Uno完全兼容，只是板型不同。

调试Arduino Uno需要让Arduino Uno进入和退出调试模式。因此，我们的调试器探针，也必须支持常规的ISP烧写。我们可以使用一块Digispark的ATtiny85开发板来改装成调试器探针。之所以选择这块开发板，是因为它的兼容款开发板非常容易买到而且价格便宜（不到10元）。在上面烧录好dwire-debug固件后，它既可以充当USBTinyISP来进行ISP烧写，也可以使用debugWIRE充当调试器探针，来调试Arduino Uno。连接示意图如图7.34所示。当我们把Digispark和Arduino连接好后，我们可以用ArduinoIDE自带的avrdude，来改写Arduino Uno的熔丝位，禁用Bootloader，并开启debugWire调试。

之后我们可以使用Github里的BlinkUno例子进行测试。需要注意的是，我们在启动调试前，需要在“launch.json”里指定调试器（avr-gdb）和调试服务器（dwdebug）的位置。我们可以根据计算机上这两个文件的位置自行修改。修改完成后，就可以正常调试Arduino Uno，任意加设断点，并读取变量的值（见图7.35）。

调试完成后，我们可以在终端中启动dwdebug，执行qi指令让Arduino Uno退出调试模式（见图7.36）。再将熔丝位和Bootloader复原，即可正常使用调试过的Arduino Uno。

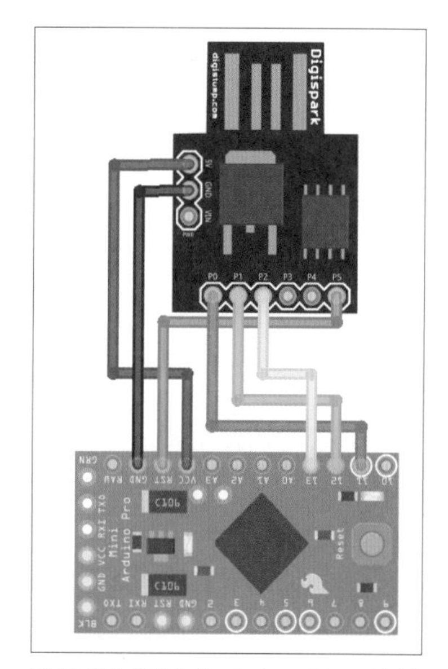

图 7.34 调试 Arduino Uno 连接示意图

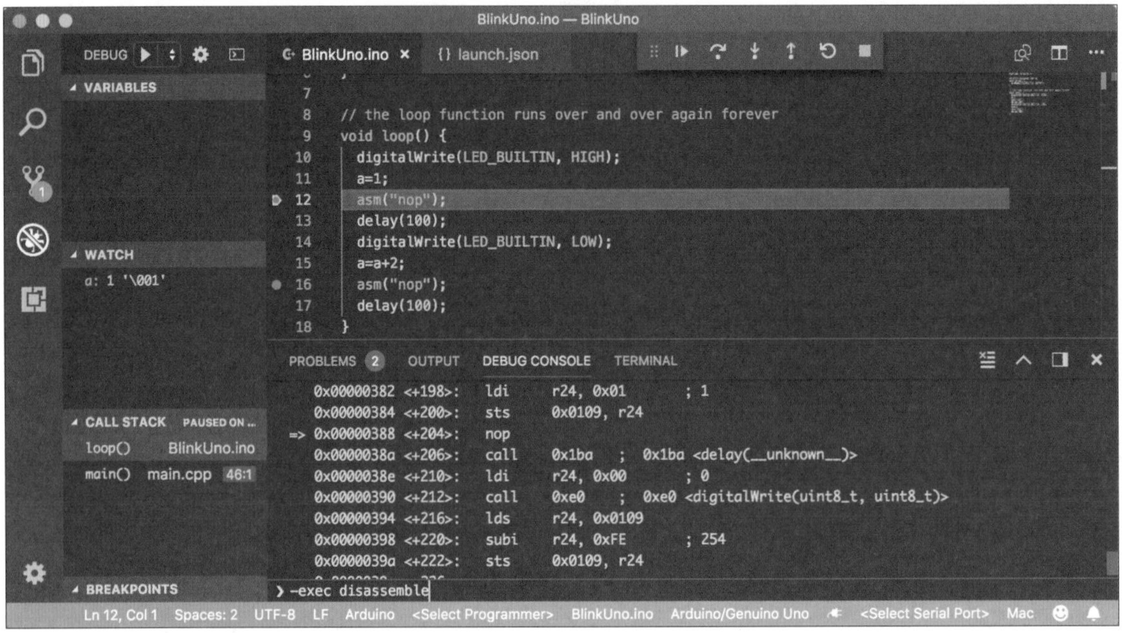

图 7.35 调试 Arduino Uno

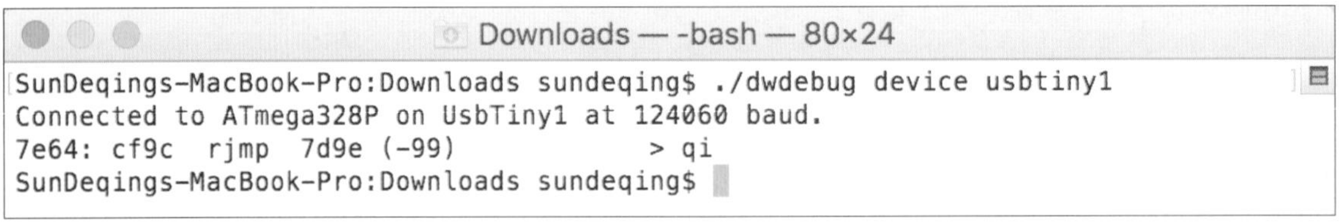

图 7.36 退出 DebugWire

7.5 总结及引申

本章我们介绍了几种不同的Arduino调试方法，并着重介绍了硬件调试器的用法。使用调试器调试Arduino 程序的疑难杂症可以起到事半功倍的作用。相信你试用过以后可以大幅提升调试代码的效率。如果感兴趣，不妨多尝试不同的板子，上传自己的代码，练习如何调试。如果手头的原型代码遇到Bug，不妨梳理思维模式，利用今天练习的不同调试方法和工具，找找看Bug在哪里、如何修复它。

8 实现多任务处理

在使用Arduino的过程中，delay()是我们常用的函数。但你是否了解使用delay()的局限？本章会介绍delay的实现原理及优化方案、状态机的概念，以及如何实现多任务处理。除此之外，我们还会介绍如何封装类、低功耗休眠、中断等进阶技巧。

8.1 最基本的LED闪烁程序

LED闪烁（Blink，程序见下方）是Arduino IDE自带的最基本的例子，相信每个初试Arduino的朋友都试过这个程序。它无须任何额外硬件，只要插上Arduino，我们就可以让Arduino的板载LED每隔1s闪烁一次。

```
void setup() {
 pinMode(13, OUTPUT);
}
void loop() {
 digitalWrite(13, HIGH); //约0.001ms
 delay(1000); //1s
 digitalWrite(13, LOW); //约0.001ms
 delay(1000); //1s
}
```

这个程序的逻辑非常简单，在setup()内，首先将13号引脚设置为输出模式，然后在loop()内，将13号引脚置高，等待(delay)1s，再置低，再等待(delay)1s，循环往复。在整个程序中，digitalWrite()指令需要约1μs的时间执行，而delay()指令使用了1s的时间执行，两者相差一百万倍。我们不妨思考一下，delay函数执行的1s内，Arduino在做什么呢？是完全闲着吗？让我们到delay函数的内部观察一下，下面是delay函数的实现。

```
void delay(unsigned long ms) {
 uint32_t start = micros();
 while (ms > 0) {
  yield();
  while ( ms > 0 && (micros() - start) >= 1000) {
   ms--;
   start += 1000;
```

```
    }
  }
}
```

细心的读者会注意到，delay函数的内部调用了yield()这一函数，其在基本的Arduino Uno系列中是一个空函数，我们可以忽略它。我们梳理一下delay函数的工作原理：当delay()被调用时，它首先调用micros函数，记下当前系统的时间，精确到微秒。之后它通过while循环，每1000μs（即1ms），将输入的ms减1，直至减到0为止。

这一过程可以比喻为：Arduino在delay函数开始时看了一下时钟，之后一直在聚精会神地数数做减法，直到预定的结束时间，再停下来执行其他指令。这种定时方式非常简单、直接，便于理解，却有一个问题：在delay()时CPU并没有闲着，而是花费了全部的时间在检查时钟，它无暇处理其他事务。因此，在Blink例子中，Arduino 99.9999%的时间都在数数，这样做仅仅为了等待1s过去，似乎不是非常高效，我们如何将这些时间利用起来呢?

8.2 停止使用delay()

刚才我们已经分析过Arduino中Blink例子的代码逻辑以及delay函数的实现方式。接下来，我们将Blink例子的代码抽象成流程图（见图8.1），以方便我们研究。

这段代码当中，程序把主要时间都花在检查时间上，即图中菱形部分。为了进一步简化逻辑，我们把流程图再精简一下，把点亮和熄灭两个功能块合并成一个“切换亮灭”功能（见图8.2）。

按照简化逻辑，我们重整代码，引入一个新的布尔型变量ledState，每过1s，就将它的值取反，并按照它的值控制LED，精简后的代码如图8.3所示。

既然代码执行时主要花时间的地方是delay()，我们不妨将delay函数用自己的代码来实现，以便进行修改。在delay函数里，Arduino使用micros微秒函数来实现微秒级的精确计时。在

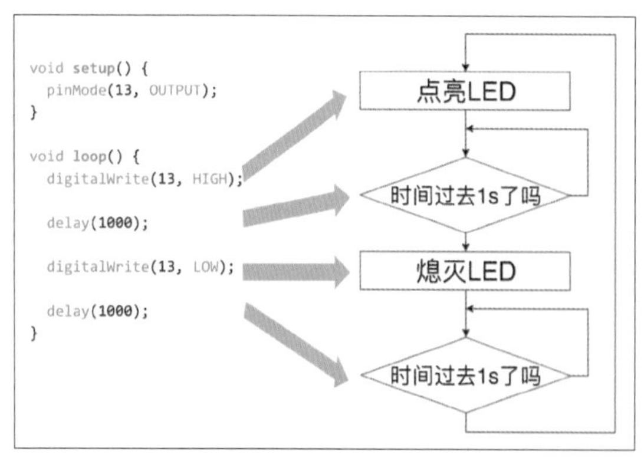

图8.1 Blink例程的基本逻辑

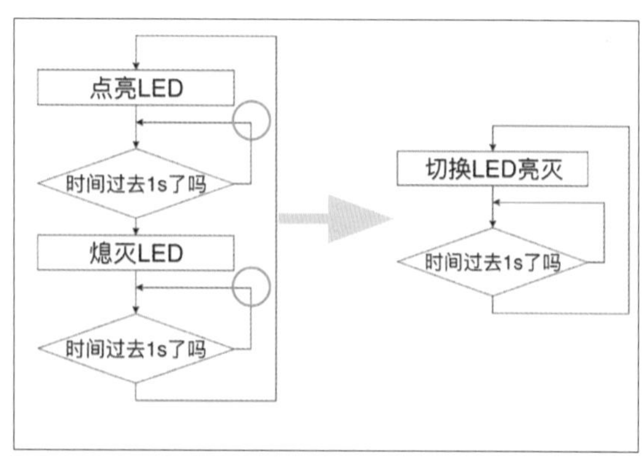

图8.2 Blink例程的简化逻辑

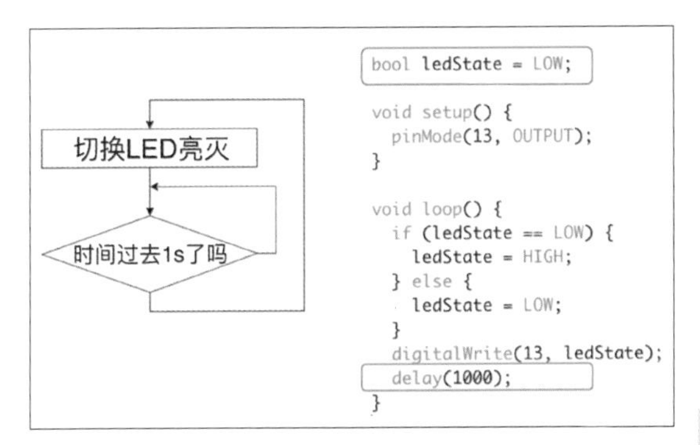

图 8.3 简化后的 Blink 代码

一般应用中，我们并不需要这么精确的时间，因此，可以使用millis毫秒函数来代替检查时间。millis函数是Arduino内置计时函数之一，它记录程序运行的时间，以毫秒为单位。我们可以用while循环不停检查时间，直到当时间过去1s后，while内的条件不再满足，跳出循环。替代delay(1000)的示例代码如下。

```
unsigned long previousMillis = millis();
while (millis() - previousMillis < 1000);
```

值得注意的是，millis函数的返回值是长整形，因此它每过约50天就会溢出，从0重新开始。所以用于短期项目没有问题，如果担心函数在50天后工作不正常，可以做一次强制类型转换，这样即使millis溢出从0开始，定时也不会有问题，代码如下，流程如图8.4所示。

```
while ((signed long)(millis() - previousMillis) < 1000);
```

在之前的逻辑中，我们的代码是在一个局部的while循环中等待，耗费时间。如果把流程图的内外翻转，就可以将局部的循环转变为分支。注意观察，图8.5所示的两个流程图是等效的。蓝色箭头在转换前是局部循环，但翻转以后，变成了向下的分支。这样一来，代码不再是在局部循环，而是整个代码进行循环。

依照转换后的流程图重整代码，我们先把previousMillis移出循环，让它成为全局变量。这样在循环重新开始的时候，它的值不会变化。然后我们把millis()的返回值缓存到currentMillis这个局部变量中，既让代码易读性更强，又稍稍提升程序的效率（见图8.6）。

读者可能依然疑惑为何要转换流程。我们对比转换前后两种程序的结构在处理多任务时的区别。转换前，我们只能将多个不同的任务在局部循环中嵌套起来（图8.7左图红圈处），这样的问题是，当程序在内层循环时，外层代码没有机会执行。而转换后，程序是线性的。多任务只需

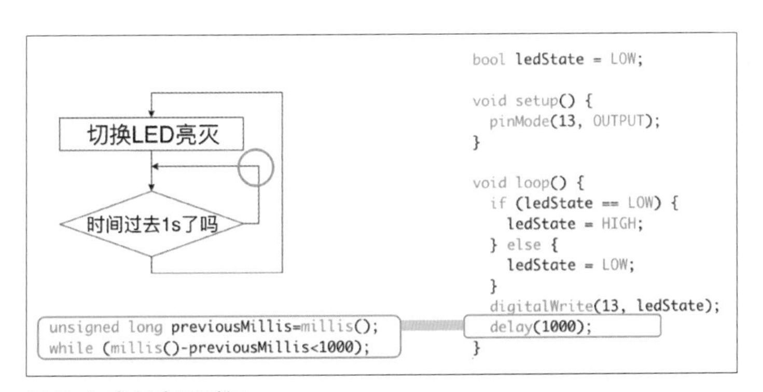

图 8.4 自行查看时间

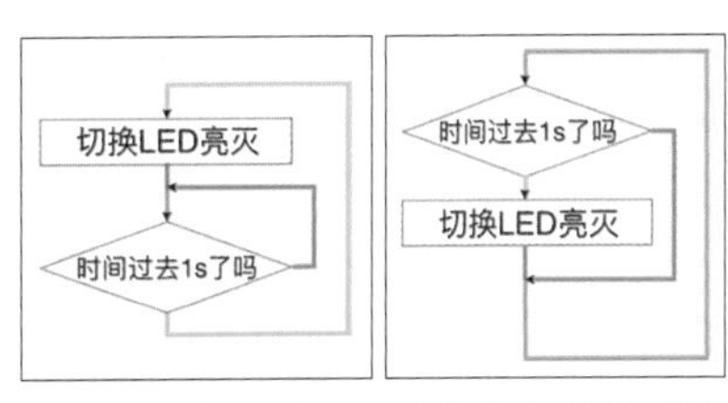

图 8.5 转换前流程图（左）和转换后流程图（右）

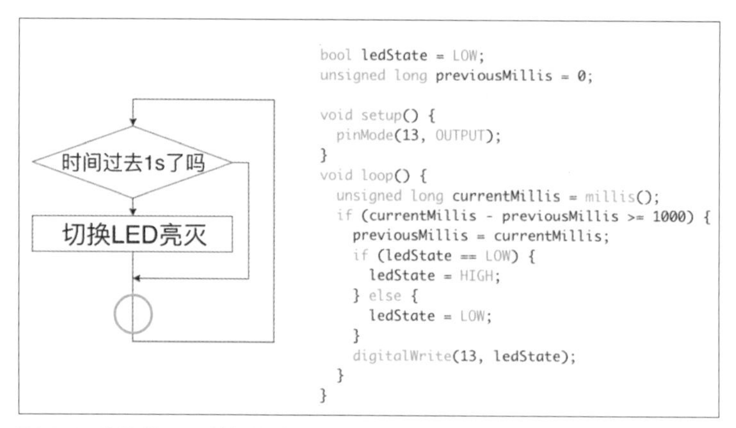

图 8.6 转换流程后的闪烁代码

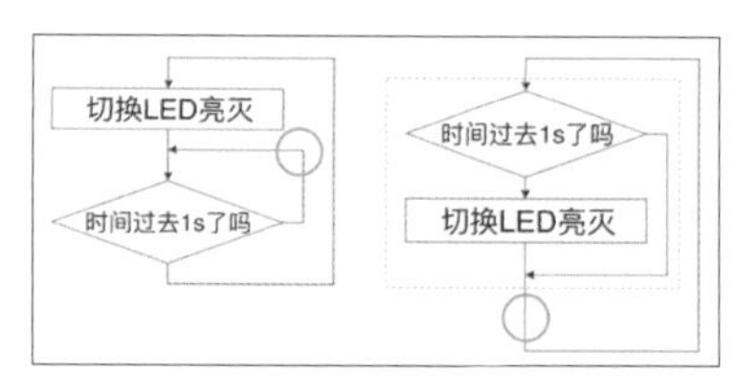

图 8.7 两种代码结构

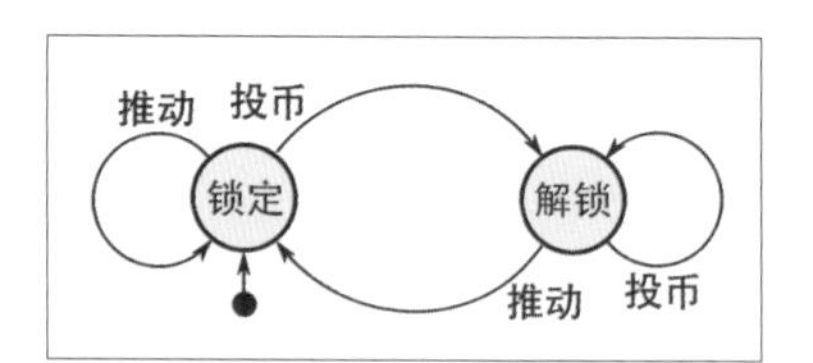

图 8.8 投币闸机的状态图

顺次向下添加即可（图8.7右图红圈处），只要各个任务不卡死，每个任务都有机会在时间轴上得到执行。在以上过程中，你已经不知不觉体会了状态机的思想，接下来我们具体介绍状态机这一概念，以便高效管理多任务的程序。

8.3 状态机

状态机(State Machine)，我们首先从一个实物的例子来思考：投币式闸机，它有两个状态：锁定状态、解锁状态（见图8.8）。投币式闸机作为一个状态机，它有两种输入：投币、推动；同时有两种输出：锁定、解锁。这一逻辑非常简单，锁定状态时投币可以解锁，解锁状态时推动可以锁定，以此往复。这两种状态各自对应一种输入操作，会导致状态机状态的变化。与之相反，如果在锁定时推动，或者解锁时投币，状态机的状态不会变化。

同样地，我们按照这种分析方法来观察我们的LED闪烁程序，尝试用状态机的概念来理解。在Blink任务中，这个状态机有两个状态：LED亮、LED灭。闪烁距离现在的时间作为状态机的输入，如果时间超过1s，就切换LED的亮灭，即切换状态机的状态。最后我们再根据状态机的状态，将LED的输出设为符合状态的值（见图8.9）。

介绍到这里，我们已经去除了忙碌的delay()，应用了状态机的概念，接下来，让我们尝试多任务：同时依照不同频率让多个LED闪烁。

```
bool ledState = LOW;                                   // ledState 是状态
unsigned long previousMillis = 0;

void setup() {
  pinMode(13, OUTPUT);
}
void loop() {
  unsigned long currentMillis = millis();
  if (currentMillis - previousMillis >= 1000) {        // 经过的时间是系统的输入
    previousMillis = currentMillis;
    if (ledState == HIGH) {
      ledState = HIGH;                                 // 改变状态机的状态
    } else {
      ledState = LOW;
    }
    digitalWrite(13, ledState);                        // 状态机的输出
  }
}
```

图 8.9 LED 状态机

8.4 以两个不同频率闪烁LED

在我们介绍代码之前，鼓励读者自己挑战一下，如果要同时控制两个LED，一个每2s切换亮灭，另一个每3s切换亮灭，应该怎样修改原先的代码呢？小提示：由于我们的程序不使用delay()，而且可以线性添加任务，尝试把两个Blink程序堆到一起。

以下是示例代码，跟你构造的程序相似吗？注意其中有两个状态机，用LED_1_state与LED_2_state两个变量分别存储两个状态机的状态，并在loop内分别进行状态机的执行。

```
boolean LED_1_state = LOW;
int LED_1_toggle_time = 2000;
unsigned long LED_1_previousMillis = 0;
boolean LED_2_state = LOW;
int LED_2_toggle_time = 3000;
unsigned long LED_2_previousMillis = 0;
void setup() {
 pinMode(12, OUTPUT);
 pinMode(13, OUTPUT);
}
void loop() {
 unsigned long LED_1_currentMillis = millis();
 unsigned long LED_2_currentMillis = millis();
 if (LED_1_currentMillis - LED_1_previousMillis >= LED_1_toggle_time) {
  LED_1_previousMillis = LED_1_currentMillis;
  LED_1_state = !LED_1_state;
  digitalWrite(13, LED_1_state);
 }
 if (LED_2_currentMillis - LED_2_previousMillis >= LED_2_toggle_time) {
  LED_2_previousMillis = LED_2_currentMillis;
  LED_2_state = !LED_2_state;
  digitalWrite(12, LED_1_state);
 }
}
```

以此类推，这种方式添加更多LED都是可以工作的。想象一下控制50个LED模拟星空闪烁，唯一的问题是代码看起来会非常长，需要很多变量存储状态和构建状态机。实际上每个状态机的工作机制完全相同，我们不妨思考如何把这种相同的工作机制抽象出来，让主代码更简洁，这便是将功能块封装成类。

8.5 将功能块封装成类（class）

随着我们接触越来越复杂的项目，主程序中的代码越来越长，开始变得难以阅读和理解，因此出了问题难以排查，难以维护。读者可能还记得，我们在前面的章节中了解了如何将功能块剥离出来，拆分成函数，来精简主程序。

如果功能块不需要保存自己的变量，只是执行某种操作，那么拆分成函数就基本足够了。还是举前面控制LED的例子：enableLayer(int layer)这个函数，根据传送进去的值，去控制LED方块对应的层。这个函数本身不需要记住任何信息，它只需要根据传入的参数做事就好了。在这种情况下，单独建立函数，就可以很好地将我们的代码分块。

回到之前我们讨论的两个LED依照不同频率闪烁的程序。每个LED的状态机至少要记住3件事：现在的亮灭状态、上次切换亮灭的时间和规定的切换频率。如果我们只是把loop里的功能块抽出来建立函数，我们还是要在主程序中建立不同变量存储每个LED的不同信息。虽然Arduino不介意主程序代码长，可是人类却不擅长检视太长的代码，因此我们需要精简代码，在这里介绍类（class）和封装的方法。

我们先整理一下需求：让两个LED依照不同频率闪烁。也就是说，它们有共性，又有一些不同。两个LED在loop中，检查时间、切换亮灭的代码逻辑，是相同的；它们预设的频率是不同的。因此，我们可以把“闪烁的LED”在我们的程序中归为一类（class），共享一套模板。然后用这同一套模板创造两个类的实例（instance），根据类创造出的实例被称为对象（object），对象可以拥有自己的参数。在我们的程序中，我们只要把两个对象的参数设置好，让它们各自执行就好了。

这一定听起来很抽象？还是一头雾水？这种方式被称为“面向对象程序设计”（Object-Oriented Programming，OOP）。它的特点用一句话来概括是：“你办事，我放心。”我们可以想象每个对象是一个小机器人，我们通过编写class（类）的代码，教它一些技能，再输入一些起始参数，让它记住一些信息。之后，我们只要调动每个机器人，让它们放手去做即可。

在我们的LED闪烁例子中，每个小机器人对象要记住以下信息：

- 要控制的LED在几号pin上；
- LED切换亮灭的间隔；
- LED现在的亮灭；
- LED上次切换亮灭的时间。

它要做的事情只有两件：

- 把LED对应的引脚设置为输出（只要开始时做一次）；
- 根据现在的时间切换LED亮灭（反复做）。

我们先从记忆部分开始了解Arduino创建类的方法。Arduino是基于C++的，因此它的语法与C++完全相同，读者可以参考一些C++的教程来进一步学习。首先用class关键字来建立一个类，在其中我们可以添加许多变量。这些变量，一般是每个对象独立拥有的，即每个对象要记住的信息，每个对象都可以有不同的变量值。这些对象里的变量，被称为对象的属性（properties）。下面是示例代码。

```
class BlinkLED {
 int ledPin; //要控制的LED在几号pin上
 int duration; //LED切换亮灭的间隔
 bool ledState; //LED现在的亮灭状态
 unsigned long previousMillis; //LED上次切换亮灭的时间
};
```

接下来我们需要了解构造函数（constructor）的概念。我们的类只是一个模板，我们要根据模板去制作一个个的对象，那么对象建立的时候，一般要做一些初始化的工作，比如告诉它们各自的属性值，做一些硬件的操作，等等。对于我们的LED闪烁对象，它要知道自己的4个属性值，同时，还应该将对应的引脚设为输出。

编写构造函数，使用public关键字，声明之后的方法都是公开的。对于了解C++的读者，在Arduino程序中，一般我们有权修改所有的代码，也不常打包编译库，并且代码也不长，C++中的私有、继承、多态等概念，可以在有需要时再学习应用。

然后我们用与类完全一样的名字建立构造函数，构造函数没有任何返回的机会，因此前面什么返回类型都不用写。构造函数可以接受一些参数，我们可以用这些参数告诉我们的对象一些个性化的值。由于参数变量和属性变量同名会造成混淆，习惯上在参数变量前加一个下划线，这样不仅相似，还避免重名的问题。在构造函数内，我们根据参数变量，把属性变量设为正确的值，并将对应的引脚（pin）设为输出。示例代码如图8.10所示。

之后要教我们的类一些技能，这些函数习惯上被称为方法（method）。在LED闪烁例子中，我们只需要建立一个Update方法，将单个LED闪烁的代码复制进来，并将变量名改成前面定义的即可。示例代码如图8.11所示。

现在我们已经建立了LED闪烁的类：BlinkLED。在主程序中，我们只要以

```
class BlinkLED {
    int ledPin;
    int duration;
    bool ledState;
    unsigned long previousMillis;

  public: // public members are accessible from anywhere where the object is visible
    BlinkLED(int _ledPin, int _duration) {
      ledPin = _ledPin;
      pinMode(ledPin, OUTPUT);
      duration = _duration;
      ledState = LOW;
      previousMillis = 0;
    }
}; // NOTICE the semicolon
```

图8.10 构造函数

```
class BlinkLED {
    int ledPin;
    int duration;
    bool ledState;
    unsigned long previousMillis;

  public: // public members are accessible from anywhere where the object is visible
    BlinkLED(int _ledPin, int _duration) {
      ledPin = _ledPin;
      pinMode(ledPin, OUTPUT);
      duration = _duration;
      ledState = LOW;
      previousMillis = 0;
    }

    void Update() {
      unsigned long currentMillis = millis();
      if (currentMillis - previousMillis >= duration)
      {
        previousMillis = currentMillis;
        if (ledState == LOW) {          //shift state of machine
          ledState = HIGH;
        } else {
          ledState = LOW;
        }
        digitalWrite(ledPin, ledState);  // Update the actual LED
      }
    }
}; // NOTICE the semicolon
```

```
bool ledState = LOW;
unsigned long previousMillis = 0;

void setup() {
  pinMode(13, OUTPUT);
}
void loop() {
  unsigned long currentMillis = millis();
  if (currentMillis - previousMillis >= 1000) {
    previousMillis = currentMillis;
    if (ledState == LOW) {
      ledState = HIGH;
    } else {
      ledState = LOW;
    }
    digitalWrite(13, ledState);
  }
}
```

图 8.11 添加方法

BlinkLED类建立两个对象，然后在loop()中调用Update()函数就可以完成LED闪烁的工作！BlinkLED led1(13, 2000)这行代码就是以BlinkLED为模板，建立了led1这个对象，并让它操作13号引脚上的LED，每2000ms亮灭一次。在loop()中，我们用led1.Update()调用class中的方法，就可以让它按时闪烁。这样一来，主程序是不是非常简洁呢（见图8.12）？

```
BlinkLED led1(13, 2000);  //Each additional LED needs 2 lines of code
BlinkLED led2(12, 3000);

void setup() {
  // ...
}

void loop() {
  led1.Update();
  led2.Update();
}

class BlinkLED {
    //...
};
```

图 8.12 简洁的闪灯程序

8.6 睡眠（sleep）

Arduino可以通过睡眠功能来降低功耗。如果我们的项目中Arduino有一段时间无事可做，就可以让它进入睡眠模式。同人类一样，在睡眠中，Arduino会停止大部分工作，消耗更少的电量。当我们的项目有低功耗需求，尤其是采用电池供电的时候，睡眠功能就非常有用了。

ATmega328p的数据手册中介绍了Arduino Uno的不同睡眠模式（见图8.13）。一般来说，睡眠模式越深，被关闭的功能模块就越多，因此也就更省电，但同时唤醒也越困难。初学者可以先试用闲置（IDLE）模式睡眠。这种模式下，只有主CPU时钟被停下来，已经可以节省约80%的电力。同时因为各个外设还在继续工作，因此Arduino的millis功能还会正常运行，并每毫秒唤醒CPU一次。一般情况下不会影响我们代码的工作。当我们更深入地了解Arduino之后，可以根据需要尝试更深层的睡眠以节省更多电力。

Table 19. 在不同睡眠模式下活动的时钟以及唤醒 MCU 的来源

睡眠模式	工作的时钟					振荡器		唤醒源					
	clk_{CPU} (约80% 功耗)	clk_{FLASH}	clk_{IO}	clk_{ADC}	clk_{ASY}	使能的主时钟	使能的定时器时钟	INT1, INT0 与 Pin 电平变化	TWI 地址匹配	定时器 2	SPM/ EEPROM 准备好	ADC	其他 I/O
空闲模式			X	X	X	X	X(2)	X	X	X	X	X	X
ADC 噪声抑制模式				X	X	X	X(2)	X(3)	X	X(2)	X	X	
掉电模式								X(3)	X				
省电模式					X		X	X(3)	X	X			
Standby(1) 模式						X		X(3)	X				

Notes: 1. 时钟源为外部晶体振荡器或谐振器
2. 定时器 / 计数器 2 工作在异步模式下
3. 电平类型的 INT1 与 INT0 中断

图 8.13 Arduino Uno 的睡眠模式

```
#include <avr/sleep.h>
const int ledPin =  13;
int ledState = LOW;
unsigned long previousMillis = 0;
const long interval = 1000;

void setup() {
  pinMode(ledPin, OUTPUT);
}

void loop() {
  unsigned long currentMillis = millis();
  if (currentMillis - previousMillis >= interval) {
    previousMillis = currentMillis;
    if (ledState == LOW) {
      ledState = HIGH;
    } else {
      ledState = LOW;
    }
    digitalWrite(ledPin, ledState);
  }
  set_sleep_mode(SLEEP_MODE_IDLE);
  sleep_mode();
}
```

~0.1ms

~0.9ms

图 8.14 Arduino 进入闲置模式

我们继续以LED闪烁代码为例介绍睡眠模式。如果不使用睡眠功能，loop函数会每秒执行10000次以上，大部分时间，这都没有什么意义。我们可以在程序开始前加上#include <avr/sleep.h>，来调用睡眠库。然后在loop结尾处，加上set_sleep_mode(SLEEP_MODE_IDLE) 告诉Arduino以IDLE闲置等级睡眠，然后调用sleep_mode()进入睡眠。由于Arduino内置的millis功能会每毫秒唤醒CPU一次，这样我们的程序执行到sleep_mode处就会停下来，直到millis功能唤醒CPU。此时我们的loop函数每秒会执行1000次，可以节省90%的CPU时间、约90%×80%=72%的电力（见图8.14）。当然，我们可以用更深的睡眠进一步节省电力，有兴趣的读者不妨参阅手册自行探索。

我们用一个真实的例子来解释睡眠功能的重要性。我们设计过图8.15所示这样一个装置，核心是一个振动传感器，振动信号发送到安卓手机，手机藏在用户头罩内，手机上显示VR程序。当用户戴好头套，挥动缰绳时，VR程序内会显示骑马驰骋的景象。

这套系统要求体积小，传感器隐藏到缰绳内，向手机发送信号，不得外接电源，连续工作3天。图8.16所示是我们的解决方案。

我们查看了安卓手机的线控参考电路（见图8.17），发现它的话筒接口有微弱的供电能力，同时只要把话筒线和地线中接入一个电阻，安卓手机就会接收到一个线控按键信号。

实际测试中发现，接入的电阻至少需要接入0.1s，安卓手机才能侦测到按键事件。一般的

图 8.15 VR 与振动传感器装置

要求:		解决方案:
• 要藏在绳子内	→	• “死虫子”焊接法
• 向安卓手机发送信号	→	• 使用耳机接孔发送信息
• 3天不能换电池	→	• 从耳机接孔取电

图 8.16 设计方案

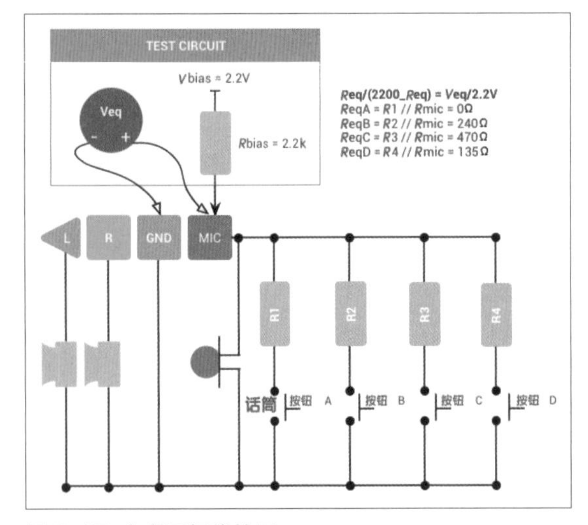

图 8.17 安卓耳机线控图

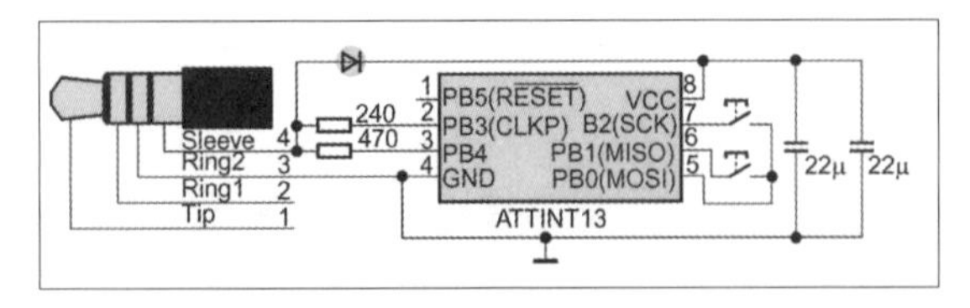

图 8.18 振动传感器原理图

振动传感器导通时间不会这么长，因此，我们使用一片ATtiny13单片机来做中转（见图8.18）。ATtiny13由话筒线供电，一旦侦测到传感器事件，就将电阻接入话筒线中（将PB3或PB4由高阻转为低输出）并维持125ms。由于接入电阻后，话筒线上的电压会大幅下降，此时单片机只能依靠电容上残余的电力维持工作。为减小电容的体积，我们让ATtiny13进入深度睡眠，以节省宝贵的电量。

焊接采用了“死虫子”（Deadbug）焊接法，将主芯片反过来，将其他零件直接焊接在主芯片底部。这种方式不需要使用额外电路板，是立体结构，因此体积非常小。图8.19所示是焊接过程。

由于整个电路藏在绳子中，用户会大力甩动，为保护电路，我们将其放入一个硬塑料笔帽中，灌注热熔胶固定，这种简易外壳可以保证电路内部不受损（见图8.20）。最后将其制成棕色藏入绳子内，非常不显眼。

8.7 中断（interrupt）

这是一段在特殊条件下，让CPU中断运行普通的代码，跳过去执行的代码。当中断代

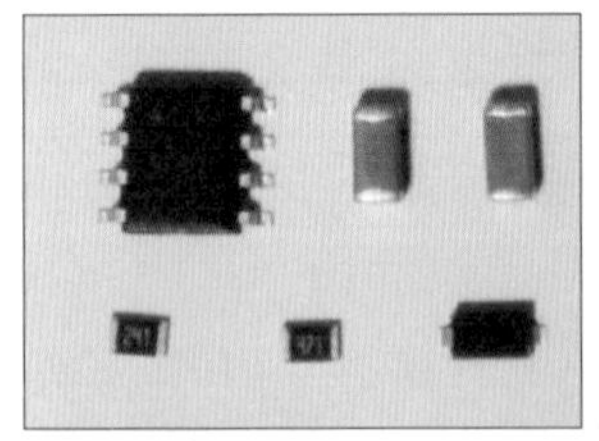
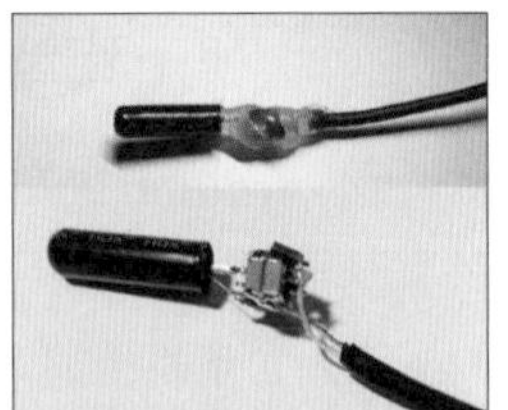

图 8.19 “死虫子”焊接法

码运行结束后，CPU将跳回普通代码执行的位置，继续执行。这样的特殊条件一般是由单片机的硬件定义的，目的是为了让单片机可以更快地执行某些任务。

比如millis函数中的定时功能，就是使用了ATmega328中的定时器0（Timer0）。定时器0每毫秒产生一个中断，那么Arduino会立刻停止普通的代码执行，转而去将毫秒计时加1，再返回普通代码执行。这一中断与恢复过程非常快，普通代码几乎不会受到影响，同时保证了毫秒计时能按时增加，不会因为普通代码过长导致不能及时运行。

中断效率很高，实效性也非常好，但是它也有缺点：它会让程序逻辑变复杂很多，也可能导致内存访问问题。对于共享的资源，可能造成竞争冒险（race hazard）。如果中断代码不够简短，甚至可能互相影响。

对于初学者而言，我们不推荐大家使用中断。它虽然强大且效率高，但是用好中断不出问题绝非易事。建议读者在充分了解Arduino的硬件结构，并熟练掌握调试技能后，再尝试使用中断，以避免出现莫名其妙的问题。我们以另一个项目实例来举例中断可能造成的问题。

图8.21所示的装置名叫莎士比亚机，位于纽约公共剧院大堂。它包含了37个定制的LED条屏，动态显示莎士比亚戏剧名篇，代表着这位文学巨匠的37部戏剧。当时我们发现显示屏内容偶尔略微跳动，具体表现是约每20分钟，有一帧内容会向上错位1/4，下一帧又恢复正常。这种问题因其复现时间长，是很难调试的。我们在屏背面焊接了大量调试线，配合特制的调试内容和光传感器，耗时几天才抓到了bug所在的位置。发现是一个中断在极低的概率下会和一处变量修改相冲突，导致这个变量被运算两次。

8.8 总结及引申

本章我们介绍了Arduino中常见的delay()的实现方式，以及如何用自己的代码替代delay()，并实现多任务功能。我们进一步了解了状态机，以及如何用面向对象的编程法来简化代码，让代码更易读易维护。还了解了睡眠功能，提供了低功耗项目的解决方案。最后简要介绍了中断。如果读者有一些较为复杂的原型项目，不妨思考一下，能否用到多任务，利用状态机思想、面向对象的方式，优化代码，让程序更简洁。

图8.20 安装外壳

图8.21 莎士比亚机装置

9 电机的种类和操作

本章我们将介绍各种电机：电机最基本的原理；电机是如何转起来的；直流有刷电机和步进电机各需要怎样的驱动器；为什么舵机用法简单但寿命短；为什么步进电机寿命长，却不容易控制。

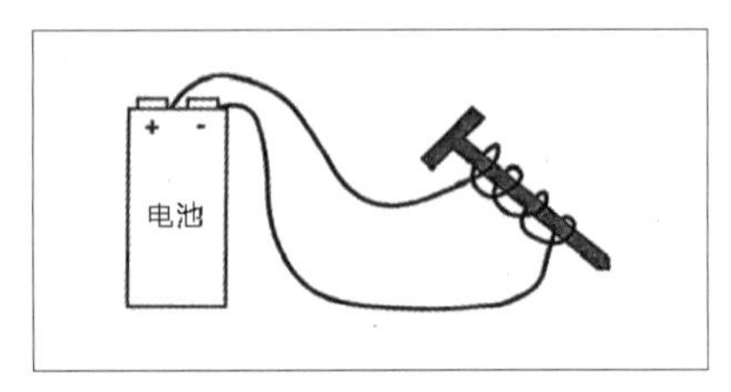

图 9.1 最简易的电磁铁示意图（来自：Wonders of Physics）

9.1 直流有刷电机

首先我们简要回顾一下最基础的电磁铁（Electromagnet）：将漆包线缠绕在铁钉上，制造一个螺线管（Solenoid），再通上电，旋转的电流就会产生磁场，可以吸引细小铁质物体，如回形针；也可以吸引或排斥磁铁（见图9.1）。这种最基本的电磁铁就是电机的基础。我们在此基础上，改进电磁铁的数量、位置和形状，就可以让电流产生的运动连续起来，从而制作出电机。

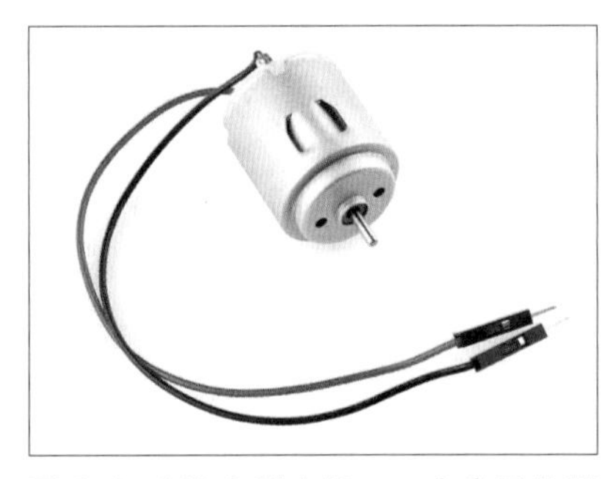
图 9.2 直流有刷电机，一个常见的玩具电机（来自：Sparkfun）

直流有刷电机（DC Brush Motors）是最常见的一种电机（见图9.2）。其结构简单、控制容易、启动扭矩大，我们生活中遇到的大部分电机是这种。它的特点是通电就转、断电就停，电压高则速度快、电压低则速度慢，将正负极对换，旋转方向就会逆转。它不仅方便电子爱好者使用，也常应用于专业领域。我们首先来了解这种电机。

我们把玩具中的直流有刷电机拆开，会发现里面由3部分组成：电机端帽（End Cap）、转子（Rotor）和定子（Stator），如图9.3所示。

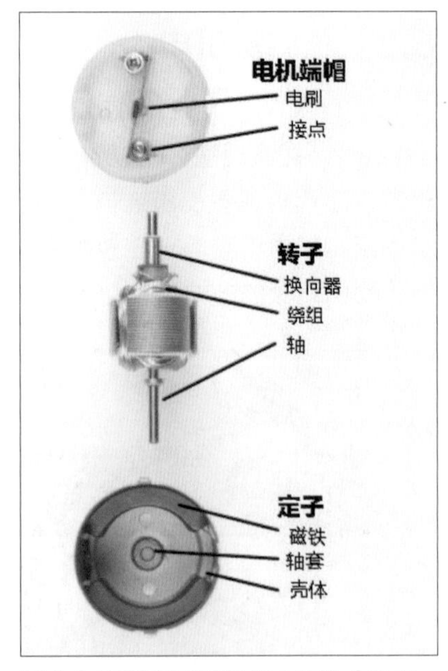

图 9.3 直流有刷电机的 3 部分（来自：Sparkfun）

电机端帽一般由白色塑料制成，中间有一个孔，固定转子。另外有两个电刷（Brush），用来向转子导入电流。这两个电刷穿过端帽连接到电机外侧，与驱动电路相连。较为廉价的电机直接使用一块铜片作为电刷，高级一些的电刷前端有一小块石墨，也因此被称为碳刷。由于电刷与转子长时间摩擦，使用石墨这种软质导体，可以保护转子不受磨损。

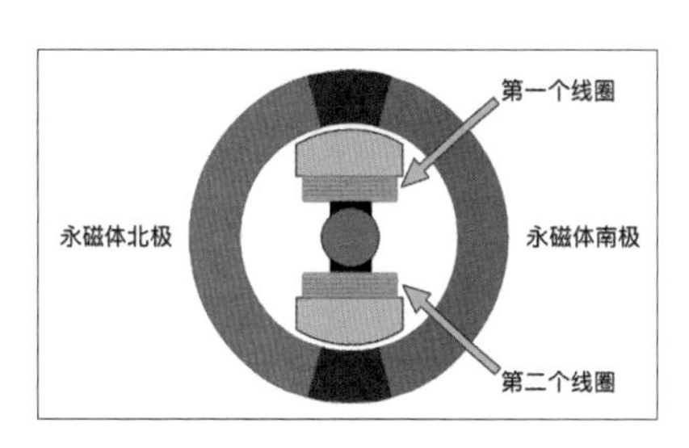

图 9.4 简化电机模型（来自：pcbheaven）

转子的中心是一根轴（Axle），可以把运动传递到电机外。电机轴上有3个绕组（Windings），这些绕组通电后可以将电流转换为磁场，推动电机轴。在轴靠近电刷的一侧，有一个换向器（Commutator），它可以在转子旋转时将电流送到正确的绕组上。

定子的外侧是电机的壳体（Can），也就是电机的铁壳，提供机械支撑。壳体中心有一个轴套（Bushing），用来减少转子和壳体的摩擦。在壳体内，还有一对磁铁（Magnets），这对磁铁是永磁体，它们的磁场与绕组产生的磁场吸引和排斥，使电机转动起来。

为便于理解直流有刷电机的工作原理，我们先从一个简化模型开始研究，假设我们的电机有两个永磁体、两个线圈（见图9.4）。让我们思考一下，如果给两个线圈通上固定方向的直流电，线圈会怎样转动？如果我们想要让线圈持续转动，应该怎么做？

如果我们为线圈通上固定方向的直流电，那么电流会让两个线圈产生磁场，在磁力的作用下，线圈上的磁场和永磁体上的磁场想要对齐，这个力量拖动转子运动，并使线圈最终停留在那里。如果想要让电机持续运转，我们可以在线圈磁场即将对齐时，将电流切断，这样转子在惯性作用下，会继续旋转，当转子经过对齐位置后，我们将电流方向反过来，这样磁力会拖动转子继续向同一个方向旋转。只要我们在正确的位置切换电流方向，电机就可以持续运转下去（见图9.5）。

由此可见切换电流方向是持续转动的关键，有没有办法让这一过程自动化呢？换向器和电刷是一个巧妙的发明（见图9.6）！电刷由有弹性的铜片制成，它像弹簧一样压在换向器上，给换向器通电。换向器由两块分开的金属半圈组成，并连接到电机的绕组上。这两个零件相互配合，就可以让绕组上的电流每半圈切换一次方向。以图9.6为例，由于上方的电刷是正极，那么转到

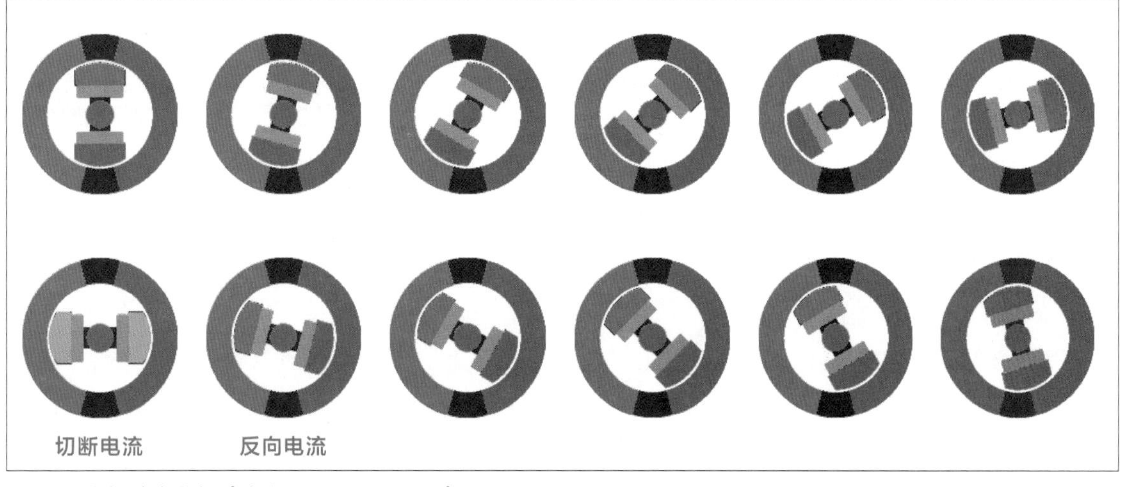

图 9.5 电机动态分解（来自：pcbheaven）

上半部分的换向片就会接到正极，当转子转半圈后，这个换向片就转到了下方，与负极电刷相连，因而使电流反向。

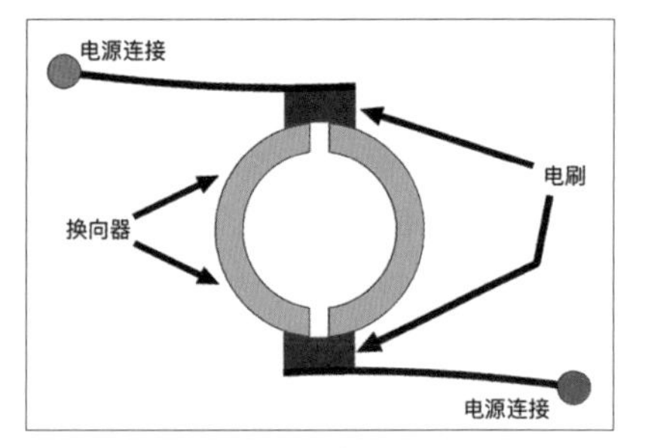

图 9.6 换向器和电刷（来自：pcbheaven）

细心的读者可能已经发现，图9.6中在换向片缝隙刚好与电刷对齐的时候，电源的正负极直接通过换向片连接到一起，形成了短路！这是两个换向片的结构限制。一个简单的解决方法是把换向片的缝隙做得比电刷大。但是这么做会引发火花以及动力不连续等问题。另一个更巧妙的解决方法是，用3片换向片配合3个绕组。

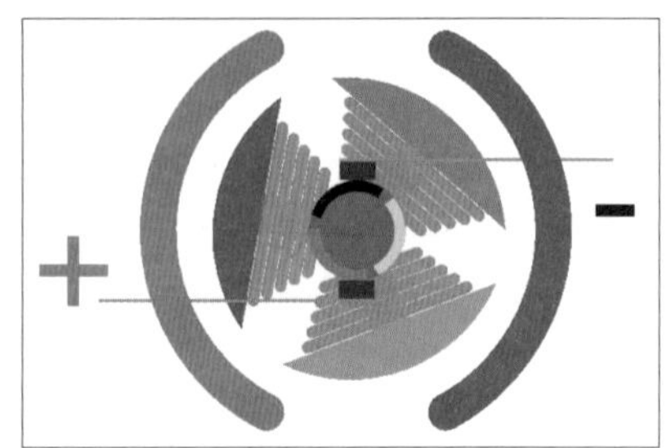

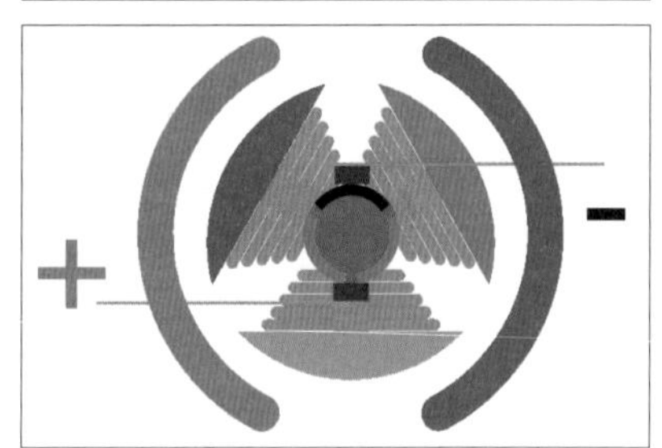

图 9.7 3片换向片结构（来自：sparkfun）

如图9.7所示，核心处有3片换向片，想象一下转子转动到任何位置，会发生短路吗？是否始终至少有一个绕组可以接通电源，持续产生扭力？即使当换向片缝与电刷对齐时，两个换向片同时接通，也只会让两个绕组同时工作，不会产生短路问题。因此，常用的直流有刷电机，都采用3片换向片与3个绕组的结构。

直流有刷电机也有一些不足。电子原型制作中，一个主要问题是火花干扰。由于电刷和换向器靠压力压在一起，在运动中接触并不总会很好，因此会打出火花。火花会产生大量无线电干扰，如果其他的电路对于干扰比较敏感，我们就需要在电机上加上电感和电容来吸收火花干扰。另一个问题是电刷易磨损，这是由电机的旋转造成的。当电刷磨完后，电机就无法正常工作。因此，直流有刷电机的寿命不是很长，需要定期更换电刷。此外电刷的磨损还会产生导电粉尘，如果电机换向片间的缝隙中没有预先用绝缘材料填充，导电粉尘可能会沉积在缝隙中，导致换向器短路。

我们知道电生磁、磁生电，直流有刷电机也可以反过来应用。当磁场旋转时，电刷上可以产生直流电。利用这个原理，我们也可以把直流有刷电机当作小型发电机使用。如图9.8所示，在电机轴上装上螺旋叶片，配合风扇，就可以制作成小型风力发电机，在原本接电源处接上LED，LED便可以亮起来。

图 9.8 用直流有刷电机发电

既然直流有刷电机在旋转时可以发电，那么我们思考一下：给它通电旋转时，它会不会一边旋转一边发电呢？不妨用一个小实验来测试一下（见图9.9）。一个TT电机，用万用表测量它的线圈电阻是6.6Ω。当我们用3V电压驱动它时，用欧姆定律计算电流应该是3.0V/6.6Ω=454mA。但实际上当它转动时，我们测量到的电流只有170mA。这是因为电机在旋转时发电，

图 9.9 直流有刷电机电流消耗

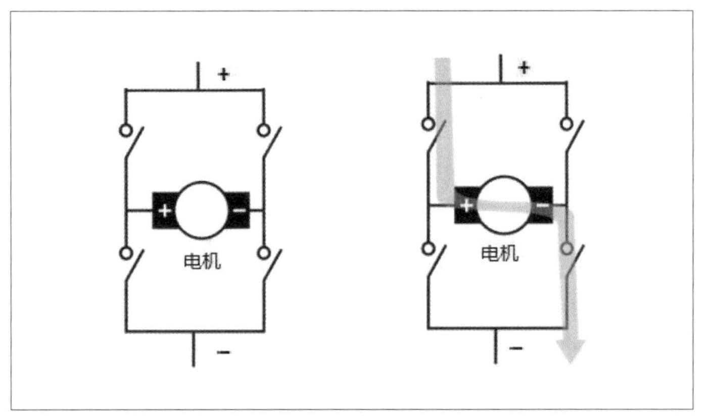

图 9.11 H 桥驱动电机电路图（来自：Control DC Motor by MCU）

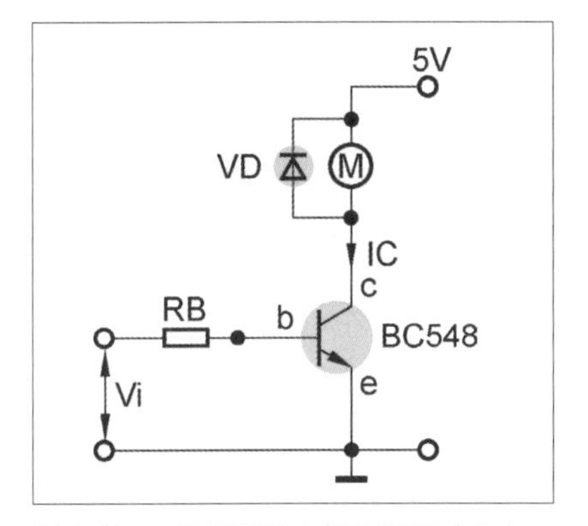

图 9.10 三极管驱动电机电路图（来自：petervis）

产生了反电动势，抵消了一部分输入电压，因此电流消耗较小。当我们给电机增加负载，电机旋转得越慢，发电越少，电流就越大。当我们把电机完全阻塞住时，它消耗的电流就变成了454mA。

下面我们来讨论如何驱动直流有刷电机。一般这种电机的电流消耗比较大，Arduino或其他微控制器的引脚一般不能提供电机所需的电流，所以不能直接接驱动电机。如果需要控制电机往一个方向旋转，我们可以使用一个三极管（MOS管也可以）来控制它（电路如图9.10所示）。三极管在电路中的作用是将微控制器的电流放大，这样我们就可以用微控制器输出的数毫安电流，去控制一个数百毫安的电机。你可能还注意到电机（M）两端反向并联了一个二极管，叫作续流二极管（Flyback Diode），用于防止电机产生高压损坏电路。这是因为电机里面的线圈有电感特性，当我们将三极管断开时，电感上的电流不能突变，如果无处可去，会产生比较高的电压。而并联续流二极管后，在正常工作时二极管不会有电流流过，当三极管断开的瞬间，电机产生的电流可以从二极管流回电机的另一端，防止产生损坏电路的高压。

如果我们要控制电机的旋转方向，应该如何改进电路呢？这里介绍一个巧妙的电路，叫H桥（H-bridge）。可以简单认为H桥是4个开关，电机在中间成H形连接（见图9.11）。如果左上和右下的开关闭合，电流将从左往右流过电机；反之如果右上和左下的开关闭合，电流将从右往左流过电机。这两种情况下电机上施加的电压方向是相反的，因此我们可以控制电机正转或反转。使用H桥时需注意，如果一旦把左侧或右侧两个开关同时接通，会导致H桥短路。因此，我们一般不推荐自己搭建H桥，而是使用成品的H桥驱动器，它的内部有保护机制，可避免H桥同侧同时接通发生短路。

电子原型设计中，我们使用成品H桥模块还可以加快实验速度。这里推荐两款常用的H桥模块：L9110和DRV8871（见图9.12、图9.13）。L9110模块是一款为电动玩具设计的H桥芯片，价格非常便宜，也很容易买到。如果对电压和电流要求不高（2.5 ~ 12V，最大0.8A），推荐使用这款芯片。如果电流要求超过了L9110的限定值，可以使用DRV8871（6.5 ~ 45V，最大3.6A）。诸多生产商卖的模块虽然价格不同，但没有太大的优劣之分，只要符合我们的设计需求，都可以选用。

最后我们讨论如何固定小型的直流有刷电机。我们发现它周身没有螺丝孔，并且旋转时持续振动，不易固定。在批量生产中，厂家可以在塑料模具上预留电机的位置，直接嵌入固定。在电子原型制作中，我们可以使用成品塑料固定架来固定电机。常见的固定架一边可以与电机贴合，另一边会有平面和螺丝孔，便于将整个架子固定到我们的原型中（见图9.14）。普通的塑料固定架可以在模型商店买到，价格不贵，当然也可以自己3D打印更加符合需求的塑料架。

9.2 舵机

舵机是常用的和Arduino搭配使用的元器件，Arduino可以很方便地控制舵机旋转的位置。舵机跟直流有刷电机有什么区别？是如何控制位置的呢？我们不妨拆开一个舵机观察一下（见图9.15）。

舵机（Hobby Servo）是由直流减速电机、电位器和控制电路所组成的一套设备。其中电机和齿轮组配合，使转速减低，同时扭力增大。电位器负责检测出力轴的转动角度而控制电路，它会根据外部输入的位置信号，比对电位器侦测到的位置信号，驱动电机转动到指定位置。

图 9.12 L9110 模块

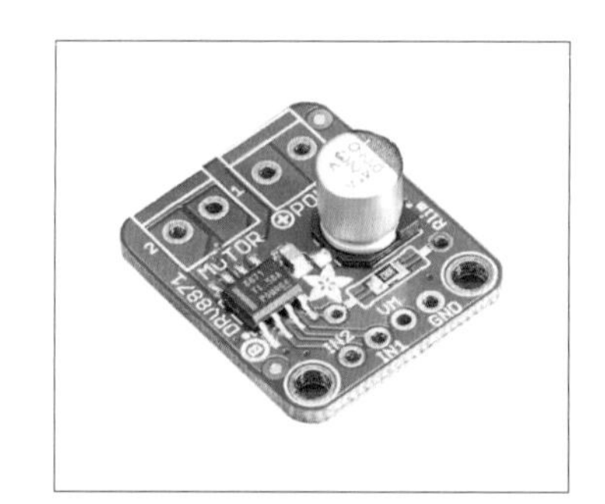

图 9.13 DRV8871 模块

图9.14 直流电机塑料架子（来自：Adafruit）

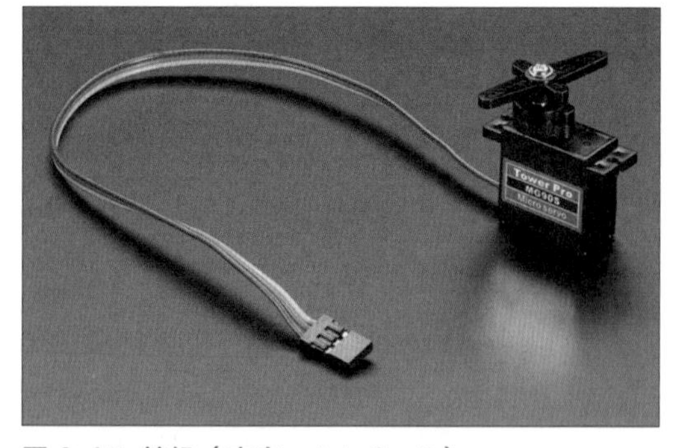

图 9.15 舵机（来自：Adafruit）

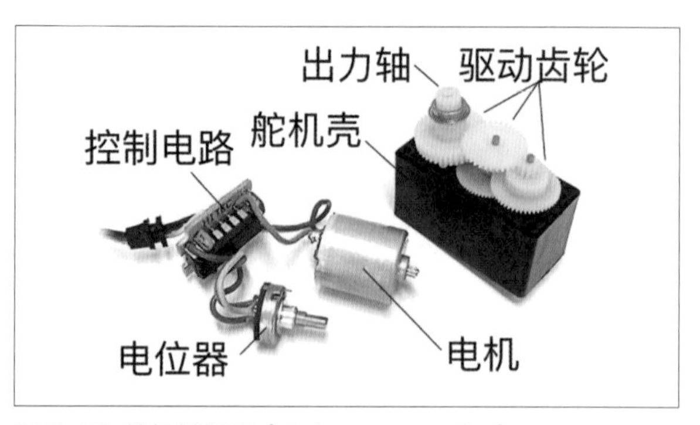

图 9.16 舵机拆解图（来自：servocity）

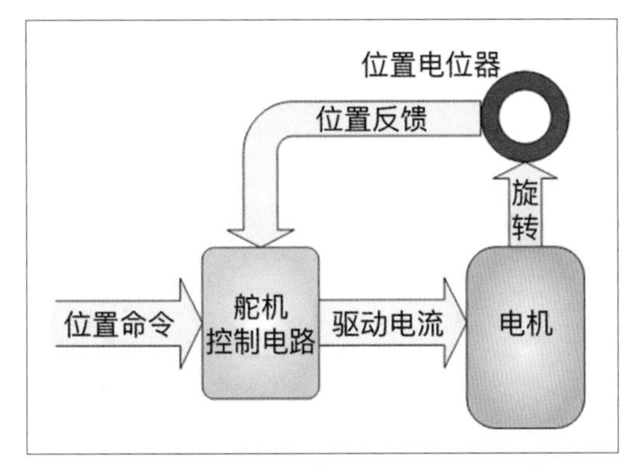

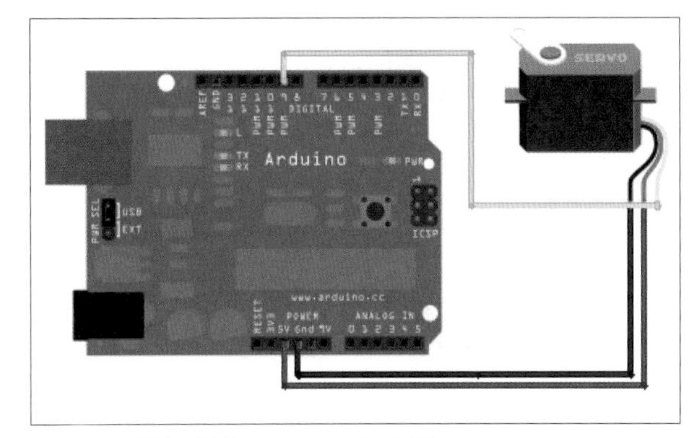

图 9.17 舵机反馈系统（来自：Adafruit）

图 9.18 舵机连接 Arduino 示意图

我们发现舵机内部有反馈回路设计（见图9.16），因此它可以比较精准地将出力轴旋转到指定位置。Arduino只需要将位置命令发送给舵机，舵机内部的电路就可以自行完成侦测和转动工作，使用起来十分方便。

当然舵机也有不足之处。有的读者可能已经在以往的试验中用坏过舵机，事实上，舵机是一种寿命非常有限（一般只有几十个小时）的电机。它主要的应用场景是航模舵面的控制（它因此得名舵机），重量和成本都有限制，因此设计寿命并不长。我们观察一下它的结构就能明白主要原因：舵机使用电位器来测量位置反馈（见图9.17）。电位器是靠读取抽头在碳膜上的电阻计算位置的，抽头在碳膜上滑动，不断磨损，因此很容易损坏。另外一个比较容易损坏的是封装在外壳里的控制电路，一般散热不好，当舵机堵转或重载工作时，电机和控制电路上的电流较大，发热也较严重，控制电路很容易烧毁。这是舵机损坏的两个主要原因，所以我们了解到舵机一般不适合长时间或者高稳定性的应用。

使用Arduino控制舵机非常简单。我们需要把舵机的GND和Arduino的GND相连，并把舵机的信号线接到Arduino的引脚上。如果舵机只有一个而且电流不大，可以把舵机的电源线直接接在Arduino的5V引脚上。电路连接好后，我们就可以使用Arduino的Servo库来控制舵机了（电路连接如图9.18所示）。

如果舵机的功率比较大，或者同时要驱动多个舵机，使用外接电源来控制会好一些。外接电源只要电压合适，电池、开关电源等都可以使用。需要注意的是，我们要确保Arduino、舵机和外接电源的GND都连接在一起。然后我们把舵机的信号连接到Arduino引脚，把舵机的电源线连接到外接电源就完成了（电路连接如图9.19所示）。

与刚才讨论的直流电机不同，舵机的固定比较简单，因为它外壳上都预留有螺丝孔。我们可以选用特制的舵机固定架（见图9.20），或者在自制的面板上开孔，用螺丝将舵机与面板固定即可。

9.3 步进电机

我们刚刚讨论了直流有刷电机和舵机，它们都有寿命不长的问题，而步进电机（Stepper

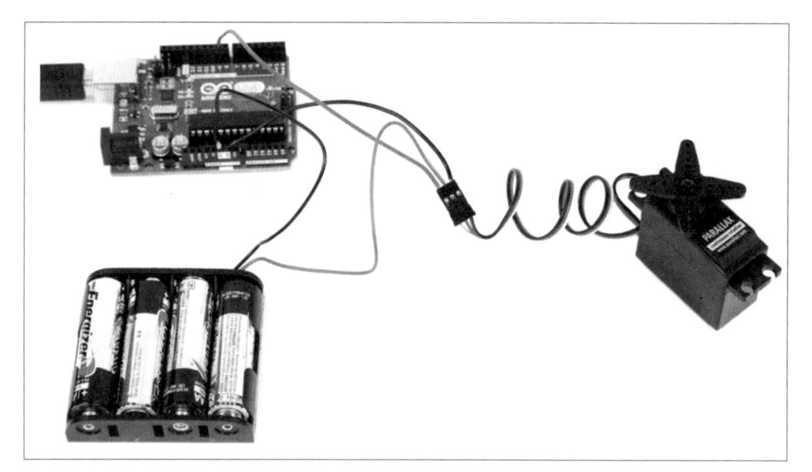

图 9.19 舵机外接电源示意图（来自：Servo A-Go-Go!）

图 9.20 舵机固定架

Motor）解决了这一问题。从爆炸视图（见图9.21）中我们可以看到，步进电机没有电刷，唯一可能磨损的部件是电机两端的轴承（Ball Bearing），一般来说轴承的寿命是很长的。因此，步进电机只要不过热烧毁，可以运行很多年不会损坏。此外，同舵机一样，步进电机也可以用输入信号实现转动位置的精确控制，因此广泛使用在数控产品上。

读者可能注意到了，在中小型数控（CNC, Computer Numerical Control）产品上，一般使用步进电机来控制机器的运动。如图9.22所示的Makerbot 3D打印机、Othermill小型机床和EggBot画蛋机等，均用步进电机实现轴向运动与控制。

下面我们来进一步了解步进电机内部的结构。观察爆炸视图时我们发现，它的磁铁线圈安装位置与直流有刷电机相反。步进电机外壳的定子上装有线圈，而中心转子安装有永磁体。由于转子无须通电，所以不需要电刷。图9.23所示是步进电机的一个简化模型，中心的转子是永磁体，外围4个线圈呈90° 围绕着转子。按照图上顺序依次通电，每切换一次上电方式，转子就会旋转90° 。从一个线圈切换到另一个线圈的过程，被称为步进电机走了1“步”（Step），它的名称也由此而来。以这个简化模型为例，这个步进电机1步是90° ，一圈有4步，它的参数通常标记为4-step/rev（每圈4步）或90 degree step angle（步距角90° ）。

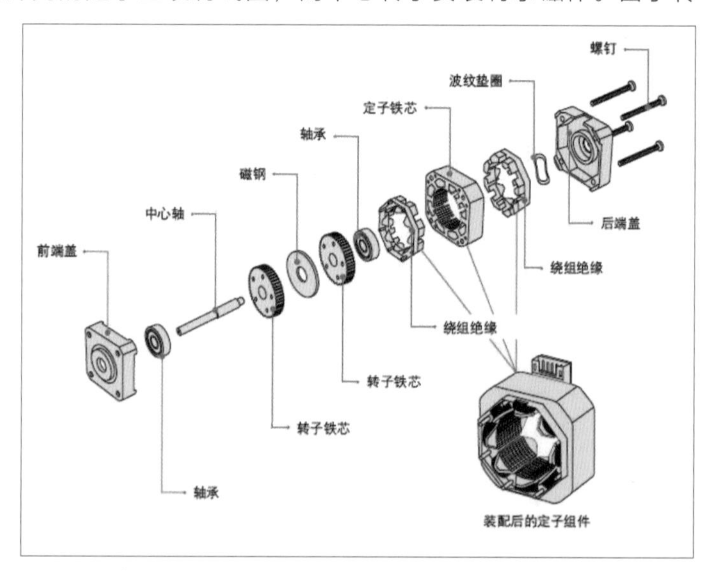

图 9.21 步进电机爆炸视图

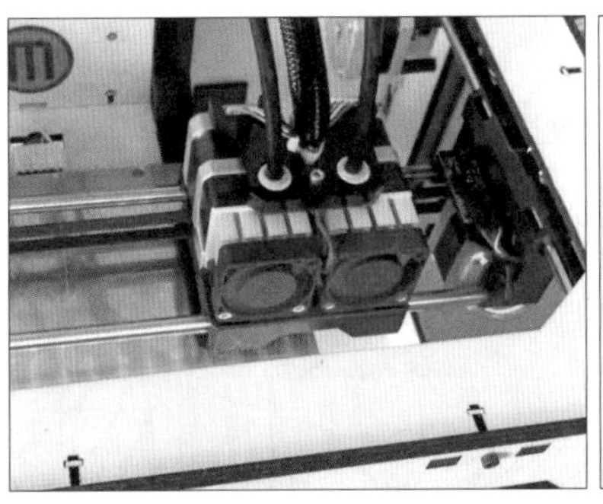

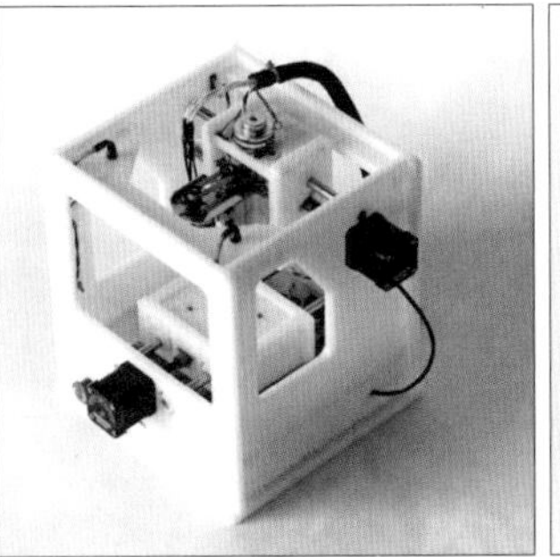

图 9.22 使用步进电机控制的 Makerbot（左）、Othermill（中）、EggBot（右）

从步进电机的工作原理中我们不难想象，步进电机每走一步，速度并不均匀，可以说它是一步步跳到下一个位置。在步进电机高速旋转时，由于加速、减速变化不大，跳动问题并不明显。当步进电机低速运动时，这种跳动会导致比较大的噪声和振动。为了解决这个问题，步进电机采用一种被称为细分微步（Microstepping）的技术，这种技术可以把步进电机的一步划分为32个或更多个微步。还是以图9.23所示的简化模型为例：如果我们以每秒一圈的速度驱动步进电机，按照单步运动，它一秒钟跳动了4次，振感明显。而如果进行32细分的话，电机每秒走32×4=128个微步，相对振感会小很多。这种技术有些类似于钟表里的扫秒技术，传统的钟表是跳秒式，即秒针每秒跳动一次，我们很容易听到钟表的嘀嗒声，看到秒针向前跳动并不连续。而新的扫秒式钟表，秒针每秒跳动很多次，每次只跳动很少的距离，因此相对安静，看起来秒针是匀速转动的。

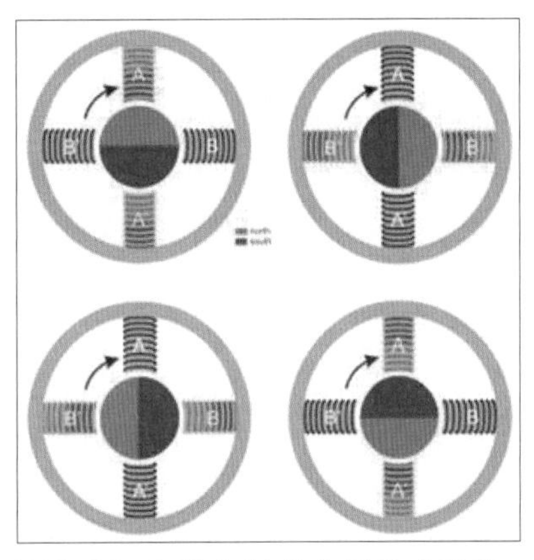

图 9.23 步进电机单步运动（来自：The Basics of Stepper Motors）

其实细分微步技术并不神秘，我们通过一个简单的例子——半步运动（即将步进电机的一

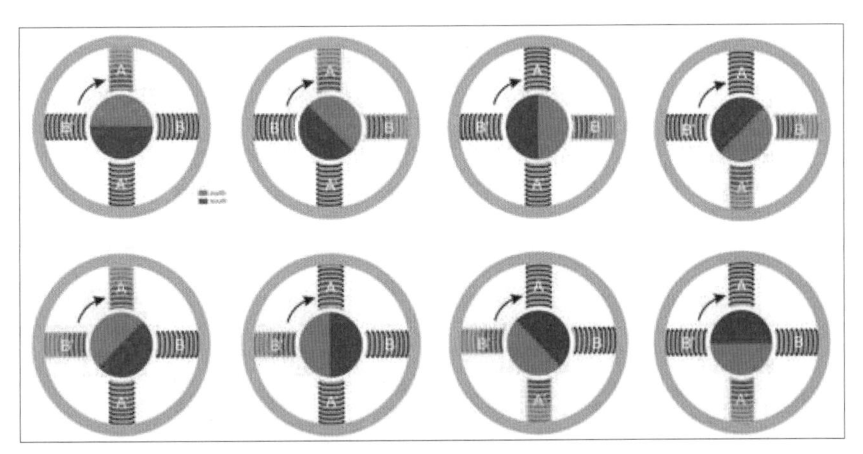

图 9.24 步进电机半步运动原理（来自：Tutorial）

步细分为两步）就可以了解它的原理。图9.24中，我们将上部线圈接电，转子朝上，将右部线圈接电，转子朝右。这两者相差90°。但是如果我们同时将上部和右部线圈接电，由于这两个线圈同时工作，转子将被吸引到右上斜45°的位置，即半步。通过将两个线圈同时通电，我们便有了斜向4个新的转子停止位置，连同原先4个纵横向位置，我们就可以让步进电机以半步为基础运动。如果要进一步细分停止位置，只要调节两个线圈上的电流比例就可以了。

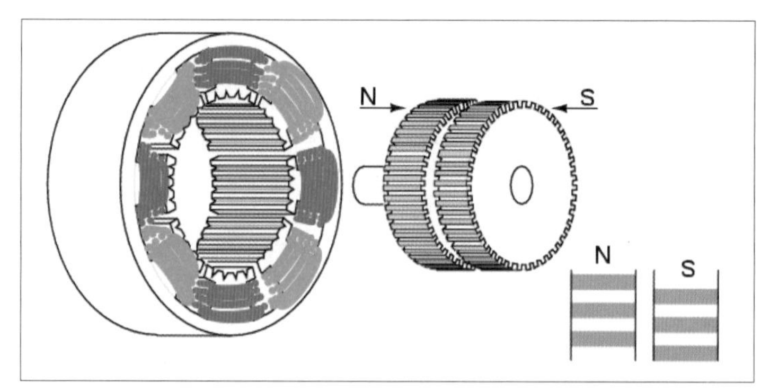

图9.25 真实步进电机的定子和转子（来自：Tutorial）

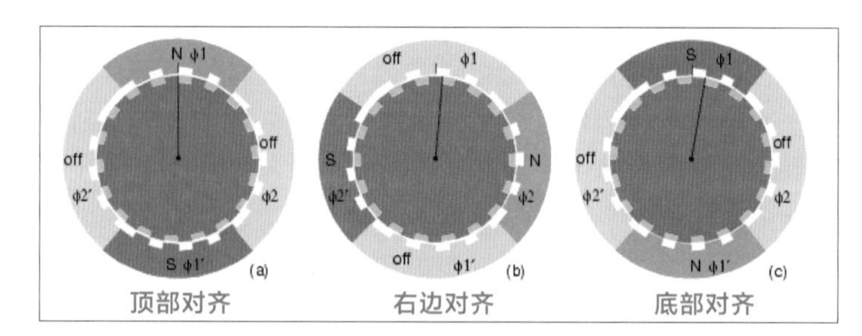

图9.26 真实步进电机的步距角（来自：Tutorial）

曾经用过步进电机的读者可能有疑问，市场上的步进电机，一般步距角是1.8°甚至0.9°，是怎么实现这样的小步呢？事实上，真正的步进电机（见图9.25），定子上的线圈是8个（8-pole stator），比我们上文简单模型中的4个要多一倍。另外，转子上装有两个错位的永久磁铁齿轮（permanent magnet rotor），一个齿轮磁化为S极，另一个为N极，它们等效为很多的小磁铁。当步进电机走一步时，对应转子，只移动了半个齿的角度（见图9.26），因此步进电机一圈可以有200步甚至400步，能实现很精确的运动。

9.4 步进电机的连接

步进电机从驱动方式上可以分为单极（Unipolar）和双极（Bipolar）两种。如图9.27所示，单极步进电机和双极步进电机的线圈连接方法略有不同。单极步进电机的两个线圈各有一个中心抽头（Center Tap），这两个中心抽头连在一起接入电源的正极。中心抽头把两个线圈划分为4部分，等效为4个线圈。在驱动这种电机的时候，我们把线圈的另一端接地即可，线圈中的电流只会朝一个方向流动。

双极步进电机没有中心抽头，双极步进电机使用H桥电路来驱动线圈，因此电流在线圈中两个方向都可以流动。

我们对比一下这两种电机（见图9.27）。单极步进电机的优势是驱动简单，由于电流只朝一个方向流动，我们只需要4个三极管就可以驱动。但是由于单极驱动法只使用了一半的线圈，因此扭矩较低。双极驱动法正好相反，需要两个H桥驱动，但是使用了整个线圈，因此扭矩较大。近年来

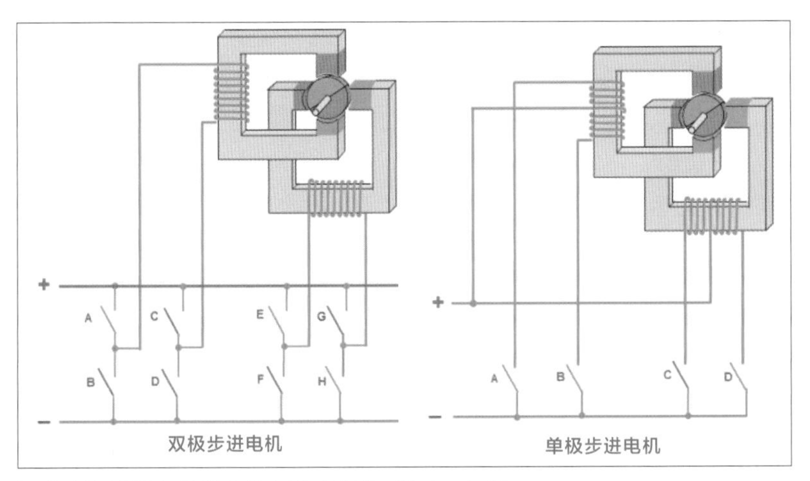

图 9.27 双极与单极步进电机（来自：Tutorial）

随着电子技术的进步，驱动器的价格下降了很多，但步进电机价格下降不多。双极性步进电机由于线圈利用率高，也比较容易连接而更加普及。

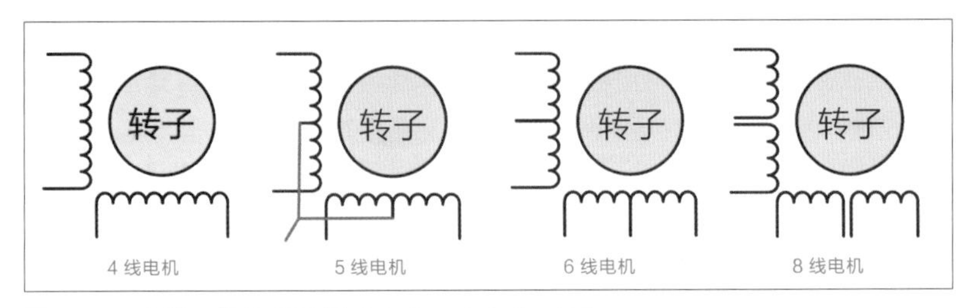

图 9.28 步进电机接线种类（来自：Adafruit）

我们在购买步进电机时，一般有4线、5线、6线和8线4种选择（见图9.28 ~ 图9.30）。4线步进电机只能以双极方式驱动，5线步进电机只能以单极方式驱动，而6线和8线步进电机，双极和单极驱动均可。譬如说，将6线步进电机的两个抽头接在一起，就变成了5线电机；而将中心抽头闲置不用，就变成了4线电机。在市场上，4线步进电机比较常见，6线步进电机略少，5线步进电机不太常见，8线步进电机就更难找到了。

购买的步进电机，一般我们在标牌上只能找到额定电流和步距角等信息，连接方式往往是没有的，我们需要自己探索。一般来说绕组的电阻都不小，可以用万用表的电阻挡测量，辨别绕组的线头。以4线步进电机举个例子，我们任意取两根线测量电阻，如果阻值无穷大，那么可以认

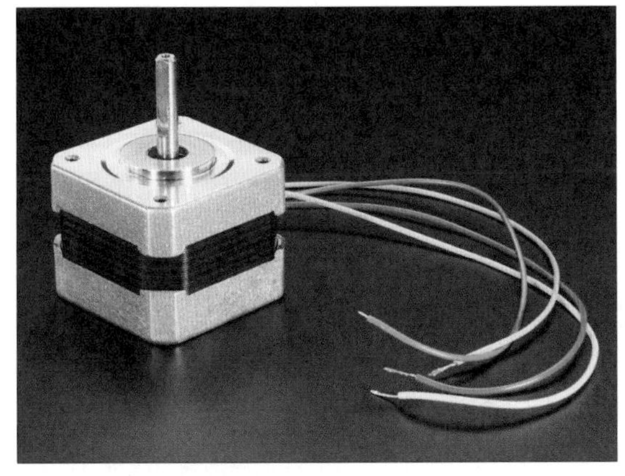
图 9.29 4 线步进电机（来自：Adafruit）

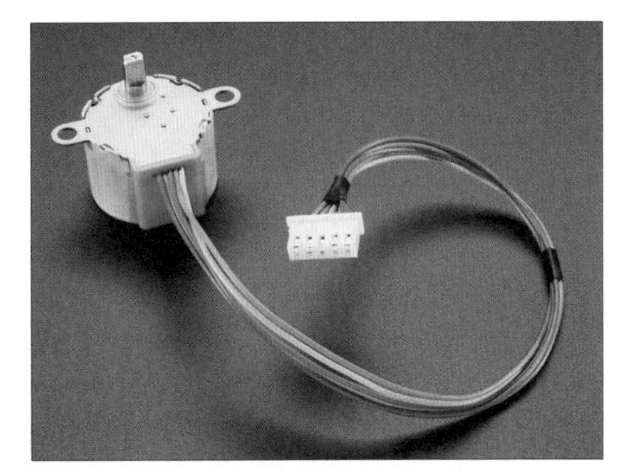
图 9.30 5 线步进电机（来自：Adafruit）

为这两根线分属于两个绕组；而如果这两根线间有可测到的电阻，则说明这两根线属于同一个绕组。对于步进电机而言，将两个绕组的线分开即可，无须进一步测试。对于4线步进电机还有一个无须万用表测试的小技巧。我们将两根线连在一起，然后试着用手拧步进电机轴，感受一下阻力是否增大。如果这两根线属于同一绕组，将两根线连在一起时创造出了电流回路，由于楞次定律（Lenz's law）的影响，转动电机的阻力比开路要大一些。

如果是6线步进电机，我们首先可以用测量阻值的办法将6根线分为两个绕组。在同一组的3根线中，我们可以比较它们两两间的电阻。电阻最大的一对，就是整个绕组两端的线。如果一根线和另两根线的电阻都只有最大那一对的一半，它就是中心抽头。

步进电机一般使用成品驱动器，可以是驱动芯片、驱动模块或铁壳的驱动器，读者可以根据需要选择。一般我们很少直接用通用零件自己搭建驱动器，原因是步进电机大多数情况下是恒流驱动的，而它本身绕组电阻很小，成品驱动一般集成了开关式恒流源，可以在较高的电压下驱动步进电机，还可以按需调整，非常方便。近几年由于3D打印机流行，步进电机被广泛使用，市场上出现了很多便宜的驱动模块（见图9.31、图9.32），我们可以用它们很方便地驱动步进电机。这些驱动器都附有电位器，可以用来调节驱动电流。需要注意的是，步进电机驱动电流越大，扭矩就越大，但相应发热也越大，一般情况下不应该超过额定电流。

一般的步进电机驱动器，需要连接电源、步进电机、控制线和设置线（见图9.33）。电源电压一般较高，由于驱动器是工作在开关模式下的，因此步进电机的电流并不是电源电压除以绕组阻值，按手册提供电压即可，不必担心。步进电机有两个绕组，将两个绕组分别接入驱动器的两组输出即可，如果电机运动方向不对，任选一个绕组交换两条线即可。控制线一般接入Arduino或其他控制板，用来控制方向、送步进信号，连接时注意共地。设置线一般设置驱动器的休眠、细分等功能，按需要连接到电源或地，将它们设置好即可。

至于固定方式，步进电机一般在出轴那一面有4个机牙螺

图 9.31 步进电机驱动芯片 DRV8825（来自：Pololu）

图 9.32 步进电机驱动芯片 A4988（来自：Pololu）

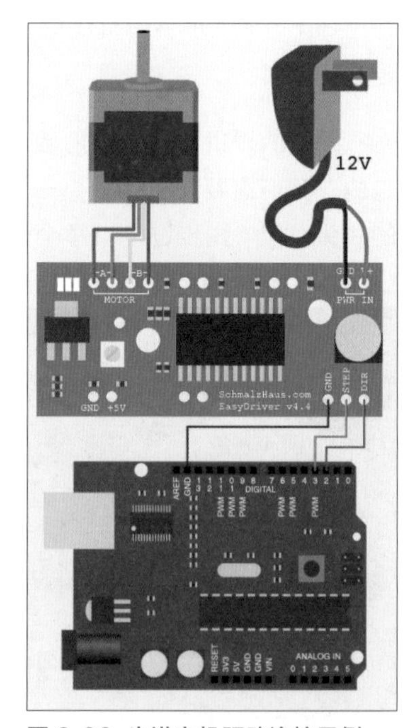

图 9.33 步进电机驱动连接示例

丝孔，可以很方便地用来固定步进电机，无论是使用成品固定架（见图9.34），还是自己在固定面板上钻孔固定都可行。

步进电机与舵机相比，有两个缺点，一是有可能失步，二是缺乏绝对定位。我们注意到，步进电机本身是一个开环系统，没有反馈。大多数情况下可以假定步进电机转动的角度和我们发送的步进信号完全一致。但如果阻力或外部驱动力大于步进电机内部的磁力，步进电机的运动就会和我们的驱动信号失去同步，导致电机的实际位置与系统设置不同。另外，当系统刚开机时，步进电机从哪个角度开始转动，系统也无法知道。为了解决这两个问题，我们需要在步进电机的系统中加入外部定位参考。例如在系统中增加限位器、传感器，或编码器。图9.35所示是仪表上使用的步进电机，仪表的零读数处安装有限位器（Stopper），开机时，系统指令让指针逆时针旋转一圈，那么无论开始时指针的位置在哪，转动过程中都一定会卡在零读数处，从而实现校零定位。

图9.34 步进电机固定件（来自：Pololu）

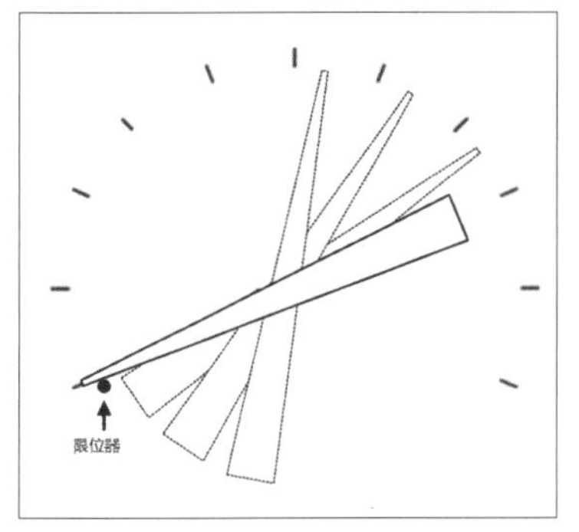

图9.35 步进电机系统中使用限位器

9.5 直流电机、舵机和步进电机的比较

我将直流电机、舵机和步进电机的比较进行了梳理，如表9.1所示。

9.6 总结及引申

本章我们介绍了直流有刷电机、舵机、步进电机各自的工作原理、优点缺点、固定方式、驱动方式等。如果你有一些需要运动部件的原型项目，不妨思考一下，使用哪种电机最合适。平时生活中看到使用电机的设备，也不妨分析它使用的是哪种电机，为何使用这种电机，如果使用其他类型的电机有何优缺点。多多观察总结，你会对电机的使用更加自信。

表9.1 直流有刷电机、舵机和步进电机对比

	直流有刷电机	舵机	步进电机
位置控制	无	有	有
效率	高	高	低
速度控制	需要驱动支持	无	有
价格	低	中等	高
寿命	中等	短	长
控制复杂度	低	低	高

10 电源与通信协议

本章我们将介绍各种电源以及通信协议的基础知识：常用的电源有哪些种类，分别适用于哪种情况；使用电源有哪些注意事项；电源线材有什么区别；如何选用电池；如何在Arduino的串口通信中应用协议，如何传送多个数据。

10.1 常见的电源和电源参数

电源（Power Supply）是指以指定电压数值、电压形式和电流水平为其他元器件提供电能的装置。生活中最常见的电源就是墙壁上的电源插座（Power outlet）。一般电源插座提供交流电，依照地区和插座不同，电压从100V到240V。例如NEMA 5-15型美规插座电压为交流120V，额定电流15A。

我们平时制作电子原型时，一般需要低压直流电源，常见的电子电路供电方式有以下几种。

- 开关电源(Switch power supply)
- 电池（Batteries）
- USB线

在选择电源之前，我们先要明确电源的电压和电流如何选择。首先讨论电压问题，大多数使用Arduino的电路需要5V电压，电流则取决于项目需求。小电流项目，我们可以直接用USB线供电，方便简单。而电流需求比较大的应用，可以使用外接的5V电源适配器。例如LED灯条消耗电流较大，我们需要一个外接的适配器才能使它正常工作（见图10.1）。

在我们常用的Arduino Uno上，有一个板载的线性稳压器（Linear Regulator），它可以把7 ~ 12V的电压转换到5V供Arduino使用（见图10.2）。因此如果输入电压是5V，我们可以使用USB串口或5V引脚为Arduino供电。如果电压是7 ~ 12V，我们可以使用板子上的DC插座（Jack），或是通过VIN引脚，板载稳压

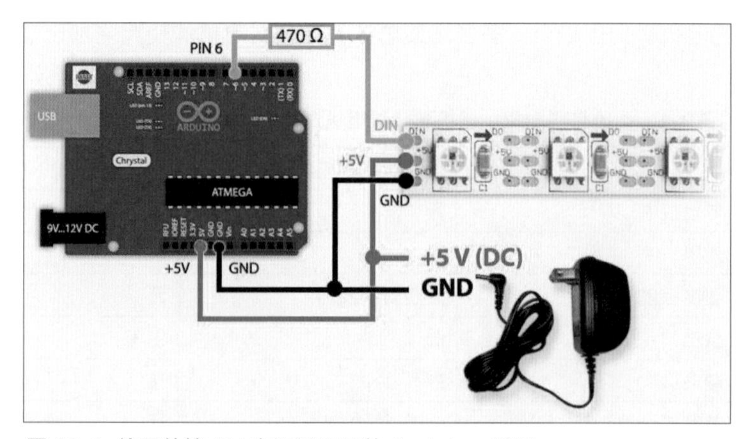

图 10.1 使用外接 5V 电源适配器的 Arduino 项目

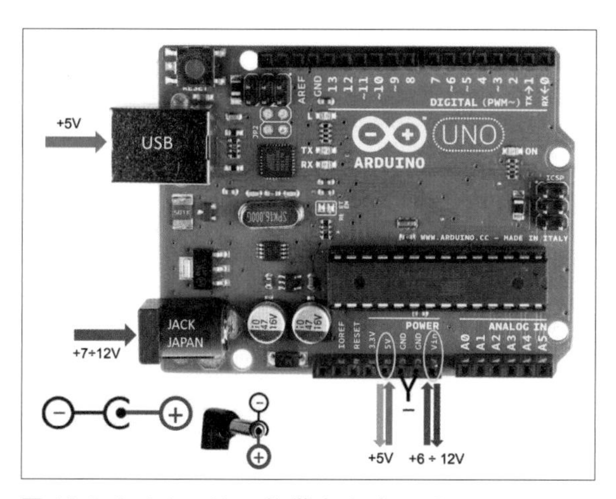

图 10.2 Arduino Uno 的供电方式：USB、5V Pin、Jack、VIN

图 10.3 LED 立方体整个电路消耗的电流约 50mA

器将把电压降至5V。但是千万要注意，不要把超过5V的电压接到任何除VIN以外的引脚上，其他引脚都无法得到稳压器的保护，过高的电压将烧毁Arduino。

确定电压之后，我们再考虑电流的消耗问题。估算电流消耗有两种办法。第一种，将每个组件消耗的电流相加。如果我们知道或者可以估算电路中每个部件的电流消耗，只要把主要零件的电流消耗加起来，大约就是整个电路的电流消耗。以我们之前制作的LED立方体为例（见图10.3），我们知道Arduino一般消耗电流30mA，每颗LED消耗电流为5mA。由于我们使用扫描方式驱动LED，因此最多有4个LED会被同时点亮。这样估算，整个电路消耗的电流是30mA+5mA×4=50mA。

第二种方式是通过测量来估算电流消耗。很多情况下我们并不知道零件耗电量是多少，这时可以通过测量来读取电流值。我们需要把电路断开，在断开的地方串联一个调至电流挡的万用表（见图10.4），通常在电路总电源的输入处读取电流。在使用这种方法时，我们尽可能将用电设备都启动，如将LED都点亮，让电机全速运转。这样我们就可以根据读到的电流值来估算最大电流消耗。

明确电压和电流后，我们就可以选择电源了。选择电源遵循两个原则：电源的电压和电路的电压相一致，电源的电流高于电路所需的电流。读者在生活中一定常见到电源适配器，它上面标注的电压、电流值，分别指电源的输出电压和最大输出电流能力。以图10.5的电源为例，它的输入（Input）标识为110～240VAC/1.1A，这表明这个电源是宽电压范围的，在世界各地都可以使用。它的输出（Output）标识是12V/2.0A，表明这个电源的输出电压是12V，最大能输出2A电流，即只要电源供应的电路耗电量小于2A，都没问题。

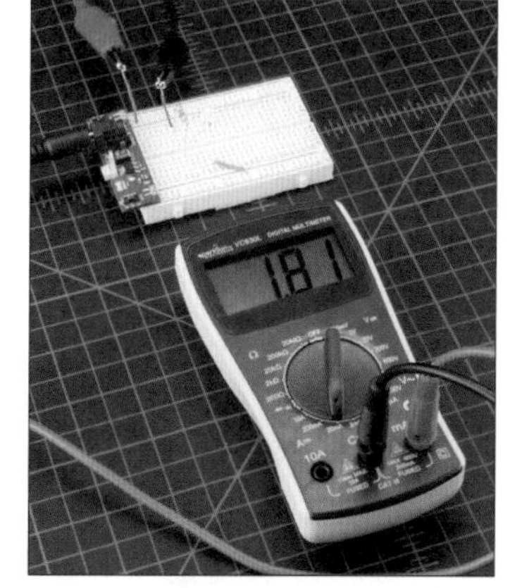
图 10.4 用万用表测量电路电流

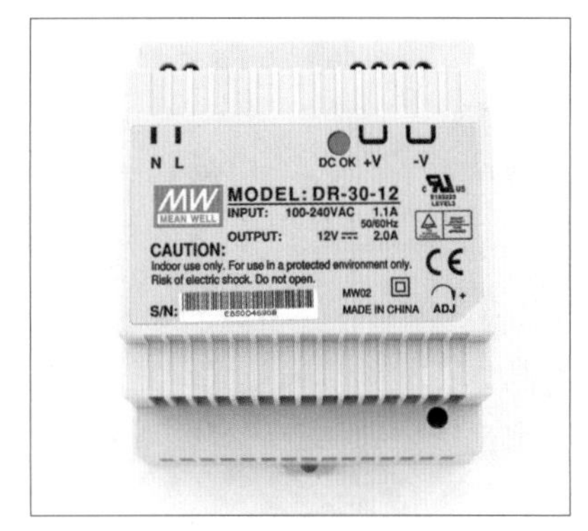

图 10.5 开关电源标牌

那么你可能会思考，电源的输出电压、电流和电路需求的电压、电流分别不匹配时，会发生什么情况?

首先，电源电压超过电路电压时，很有可能烧毁电路，我们要避免这种情况。其次，我们也要避免电源电压低于电路电压，这种情况下由于电压不足，电路难以正常工作。当电源电压和电路电压相等时，我们要保证电源输出电流大于电路所需电流。当电源电流小于电路电流时，可能会因为供电能力不足，导致电路不能正常工作，或是电源超负荷工作导致损坏。

当电源电流等于电路电流时，电路能正常工作。但如果因为某些原因，电路消耗电流突然增加了，就又有可能出现问题。别担心，正规商品的电路，上边标注的电流消耗是最大值。正常情况下电路的电流比标注值小，因此可以使用与标注值相同的电源。

当然最理想的情况，是电源电压和电路电压相等，并且电源电流大于电路电流，这种情况下电路可以很安全地工作。各种情况的讨论见表10.1。

表10.1 电源电压和电路电压不同匹配情况的分析

	$V_{电源} < V_{电路}$	$V_{电源} = V_{电路}$	$V_{电源} > V_{电路}$
$I_{电源} < I_{电路}$	电路工作不正常，电源可能损坏	电路工作不正常，电源可能损坏	电路工作不正常或烧毁，电源可能损坏
$I_{电源} = I_{电路}$	电路工作不正常	电路在消耗更多电流前都会正常工作	电路会烧毁
$I_{电源} > I_{电路}$	电路工作不正常	电路正常工作	电路会烧毁

10.2 不同种类的电源和应用场景

各种电源有大有小，形状也不同。一般来说，电源体积越大，功率也越大。除非是未拆封的新电源，对于手头的旧电源，尤其是从旧项目或其他设备上回收而来的电源，我们建议在使用前用万用表检测极性和电压，同时测试电源是好的。

最常见的小型电源是插墙式适配器（Wall Wart Adaptor）。这种电源体积小、重量轻，不需要接线或其他配件。一般来说，这种电源最大输出电流不超过2A，适用于小功率电路。

另一种小型电源是桌面式适配器（Power Brick Adaptor）。它比插墙式电源更大，往往需要选配电源线，以适应不同的插座规格。这种电源的功率大一些，输出电流可以高至5A，适用于功率稍大些的电路。大多数笔记本电脑电源适配器就采用这种。

桌面式适配器的一个变种是LED电源。这种电源按LED的需求有部分改良。两边一般是电线引出，可以直接焊接到电路上。此外有螺丝孔，方便固定，部分型号具有防水性能。

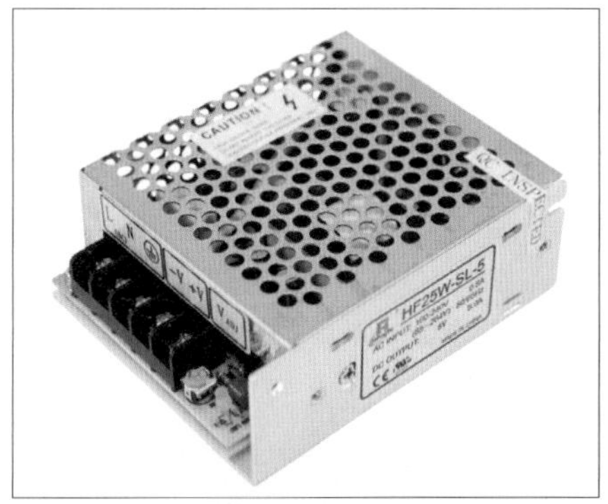

图 10.6 机壳式电源和电源接线

如果需要更大功率的电源，可以选用机壳式电源（Enclosed Power Supply）。这种电源的外壳通常是散热良好的铁壳（见图10.6），种类丰富，功率有小有大。它一般只有螺丝端子，需要自己接线。这种电源的一大好处是外壳上面有不少螺丝孔，很容易被固定在平面上或者箱体内。

此外轨道式电源是一种安装在DIN轨道上的电源模块（见图10.7），也需要自己接线。它的优势在于可以很方便地在轨道上拆装、移动位置，且容易配置。在配电箱里安装和改装都很容易。DIN是德国标准化学会（Deutsches Institut für Normung）的缩写。DIN轨道是一种35mm宽的金属轨道，提供机械支撑。图10.7中，轨道中部的槽孔可以很方便地固定到背板上，符合DIN规格的模块，包括电源，可以直接卡到轨道上固定，压下卡扣即可拆除。这样一来，模块间的布置就像搭积木一样，方便又快速。模块布置完成后，即可使用模块上的螺丝端子进行布线。

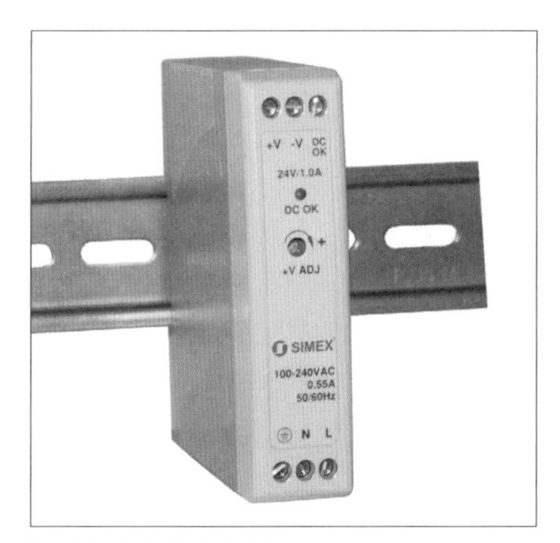

图 10.7 轨道式电源

讲了这么多电源的知识，我们不妨做几个小测试帮助大家应用。图10.8所示的是一个使用1440个WS2812 LED制成的LED帘子。每个LED如果亮度全开，需要5V 60mA电力。我们应当给这个LED帘子选取哪种电源呢?

图 10.8 为大量 LED 供电

已知耗电量，我们不妨采用计算方法，计算总电流消耗为1440 × 60mA = 86.4A。因此我们需要5V 86.4A电源。这个电流确实有些大，因此LED帘子的作者降低了LED的亮度，将总电力消耗限制在60A需要5V/60A电源。我们可以选择机壳式电源。

如图10.9所示，原作者使用了一台5V /60A电源为整个装置供电。但我们认为使用这种单

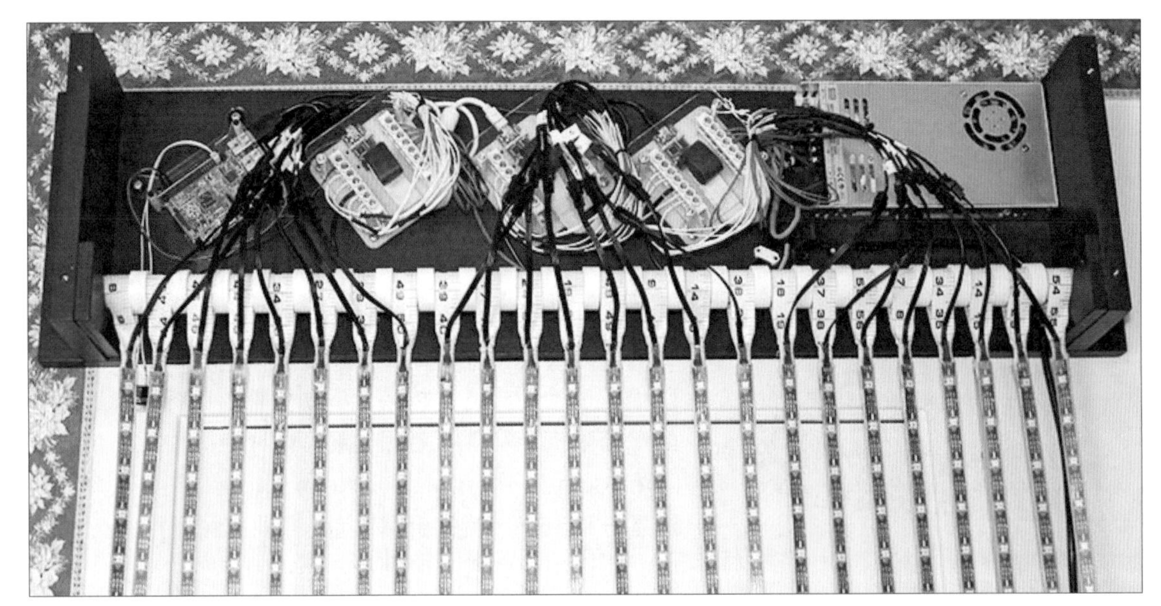
图 10.9 为 LED 帘子供电的电源

台电源的方案有所缺陷。电源输出电流非常大，需要很粗的导线才能安全、高效地传导电流。另外，由于电流很大，导线或接头处一点点的电阻，也很容易导致发热，大大增加了火灾隐患。

事实上一般大型电路的安装都需要遵循安全规范，并可能需要通过安全检查获得许可证。从设计阶段遵循一些安全指南可以显著简化认证流程。例如电路中任何地方的电流都不要超过5A，电压不要超过30V。这一标准来自于UL1310电源设备安全标准（见图10.10）。符合这一标准，火灾风险将会降低很多。

UL1310是由保险商实验室（Underwriters Laboratories Inc，UL）发布的。了解了该实验室的历史，就可以理解为什么有这样繁杂的标准了。1893年，美国芝加哥世界博览会在杰克逊公园召开。而1871年那场美国19世纪最大灾难之一、摧毁了$9km^2$的芝加哥大火，距离世博会场馆只有10km，有一些猜测认为大火是重负载的电线引燃的。在那时，西屋电气公司要为整个世博会提供发电机、灯泡和其他电气设备。但当时大部分展馆基于木制骨架建成，相关的火

电路电压 V_{max} [a][b] 交流或直流福特	最大标示牌等级		最大输出电流 I_{max} [c], 安培
	伏安	安培	
0~20	5.0XV_{max}	5.0	8.0
多于20~30	100	100/V_{max}	8.0
多于30~60 直流电	100	100/V_{max}	150/V_{max}

（a）V_{max}：额定输入电压负载的最大输出电压

（b）可见的电压范围是正弦交流电和连续直流电。非正弦交流电的最大电压应不可大于42.4V峰值。直流点需以10~200Hz干扰，最大电压应不可大于24.8V

（c）I_{max}是不管负载的最大输出电流

图 10.10 固有限制设备的最大输出电流

灾风险让人们忧虑不已，大多保险商甚至认为项目风险过高而拒绝承保。

UL 创始人小威廉 · 亨利 · 梅瑞尔（William Henry Merrill Jr.）作为一名电气工程师，受聘来到芝加哥，评估了世博会电力系统的安全性，同时保障了保险商的利益。1894年，梅瑞尔在芝加哥市成立了“Underwriters” Electrical Bureau”，负责电气设备售前测试，后来更名为“Underwriters Laboratories”，也就是我们今天所说的UL。

在今天，UL 实验室进行测试的最终目的是，使保险公司尽量减少因设备使用造成的危害（电击、火灾和机械伤害）而引起的风险。通过测试的设备会让保险公司愿意为其承保。如果我们制作的是商品或者大型作品，应当考虑保险公司的承保问题。即使不是，我们也可以遵循一些UL标准中的基本原则，提高电子原型的安全性。

举个例子，图10.11是我参与制作的莎士比亚机，位于纽约公共剧院。它上面有37个扇叶。每个扇叶最大消耗5V 30A的电力。那么如果直接用5V供电，需要37 × 30A = 1110A，这个电流已经大到不太现实。我们使用的方式是为每个扇叶独立供电，这样使用24V 8A的电源即可为单个扇叶供电。然后在扇叶上使用多个降压变换器将24V降压至5V，供LED使用。

图 10.11 莎士比亚机，提高电压为每个扇叶单独供电

另一个例子是蓝人秀剧场的LED装置（见图10.12）。这个LED装置是使用机壳式电源供电的。由于机壳式电源使用螺丝端子接线，因此高压部分仍然裸露在外，如果不放在封闭的机柜内会比较危险，但作者又希望暴露所有的电子设备作为一种艺术风格。这个装置上在螺丝端子处都添加了塑料盖板，大幅提高了安全性。我们如果使用机壳式电源，不影响散热的同时，可以参考这种保护方式。

图 10.12 蓝人秀装置，为裸露的端子接线装备透明盖板

10.3 电线的分类和选用

电线依照线芯不同，可以分为单股线（Soild Wire）和多股线（Stranded Wire）。单股线的线芯只有一根金属线，而多股线是由多根扎在一起的细导线组成的（见图10.13）。

单股线和多股线各有一些优劣。我们首先介绍单股线：单股线由于结构简单，生产成本较低，因此价格略低。由于导电部分是实心铜线，在相同的线径下，截面积更大，比多股线能传导更多电流。因为表面积小，耐腐蚀性能也高一些。单股线的缺点首先是线径一般不会很大，通常只能买到细电线。另外，如果电线的应用场所有持续的弯曲或振动，单股线由于铜丝较粗难以弯曲，并容易磨损损坏。

与之相对，多股线是由许多细铜丝组成的，因此更加柔软。同时，多股线对于振动和弯折的耐性也比较好，不易金属疲劳（Fatiguing），也不容易断裂。多股线也有它的缺点（见图10.14）。首先，它的生产工艺较麻烦，因此比较贵，另外多股线不仅表面积大，在铜丝之间还形成了大量的细槽。如果环境中有水或腐蚀性液体，液体会通过毛细现象（Capillary Action）自行渗入导线内部，形成腐蚀。

在我们的电子原型制作中，一般需要刚性的地方会使用单股线。最常见的例子是面包板插线。我们使用单股线很容易插入面包板，但多股线比较软，就很难插到位。另外，用单股线做支撑，它的刚度也能起到作用。如图10.15中用导线直接搭成的Arduino。

与之相反，当我们需要导线柔软，或者反复弯曲时，应采用多股线，比如电机的连线、耳机线等（见图10.16）。

除了单股和多股的区别，另一个我们需要考虑的参数是线径。线径越粗，能通过的电流就越大。我们一般使用截面积或者线号来区分。截面积一般以平方毫米为单位。线号一般采用美国线规（American

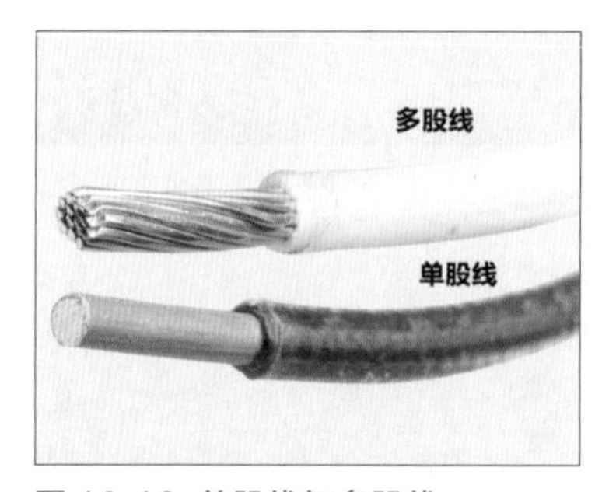

图10.13 单股线与多股线

图10.15 单股线用于支撑电路

	单股线	多股线
导线柔韧性很重要的应用	✗	✓
需要抗腐蚀的应用	✓	✗
适用于户外的应用	✓	✗
电线需要反复运动的应用（如用在门上）	✗	✓
需要减少临近效应的应用	✗	✓
价格优势（典型情况下）	✓	✗

图10.14 单股线与多股线优劣比较（来自：Stranded vs Solid Wire）

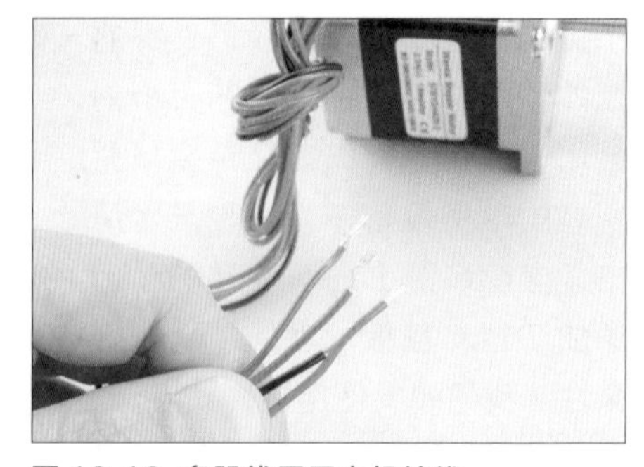

图10.16 多股线用于电机接线

Wire Gauge, AWG）标准。美国线规是Brown & Sharpe公司在1857年创立的标准，用以规定圆形不含铁导线的直径。美国线规的数字以整数记录，数字与直径的关系是对数。这个数字指的是金属丝拉制（Drawing）的次数。在没有轧制和挤压工艺之前，金属丝是使用拉制法生产的。拉制金属丝是一个非常古老的工艺（见图10.17），最早的记录出现1200年的纽伦堡区域，现今在阿尔特纳区域的锻造博物馆仍然能找到当时拉制工艺的记录。首先金属板被切成金属条，再锻造成金属棒。一开始的金属棒作为线胚，也就是0号线。接下来将线胚穿过加硬的拉制模板（Draw Plate）。拉制模板上有大小不一的锥形孔，当线穿过锥形孔后，线径就会变细一些。工人可以在细的一侧用钳子将线拉出，制作出细一号的线。线拉制完成后，经过退火（Annealing）处理，就可以用细一号的孔再次拉制，制作更细一号的线。

在美国线规标准中，定义0000号线直径为0.46英寸（11.684mm），36号线直径为0.005英寸（0.127mm）。从0000号到36号共分40种线号。两个相邻的线号直径是1.12293倍的关系。近似来说，线号每加3号，横截面积减半；线号每加6号，直径减半。在实际的生活中，奇数线号电线不太常见，一般用偶数线号电线（见图10.18）。

在电子原型搭建中，面包板一般选配22号线，可以通过3A电流。而使用绕接工具时，常选用30号线，由于线径较细，只能通过0.5A电流。

10.4 电池

当我们要制作可穿戴设备，或者是不想拖一根供电线的设备时，就可以使用电池为电路供电。在大部分制作中，我们推荐使用充电宝（Power Bank）供电。它有诸多好处：容量比较大，充电便捷，有各种尺寸可选。最重要的是，由于充电宝内置电源变换芯片，无论充电宝剩余电量是多少，它的输出都是稳定的5V，这对于大多数的电子原型制作而言，是很好的供电电源。

电池种类繁多，形状不同，电压也不同。我们列出表10.2来比较它们的标称电压（Nominal Voltage）。需要注意的是，电池是通过化学反应产生电力的，因此它的电压不是很稳定，当电池电量较高时，电压也较高；电池电量减少时，电压也降低。比如全新的AA碱性电

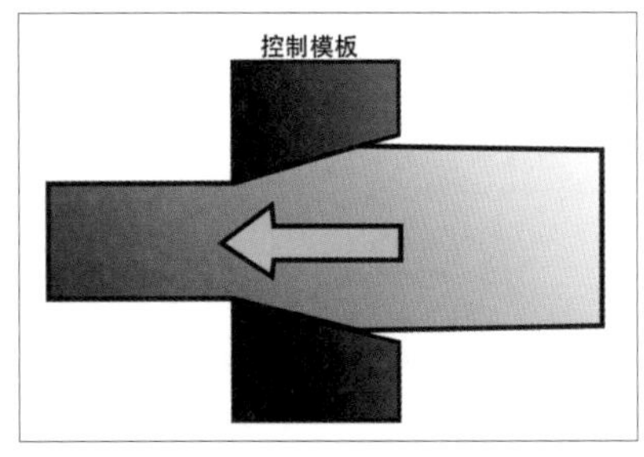

图10.17 拉制工艺（来自：Wire drawing）

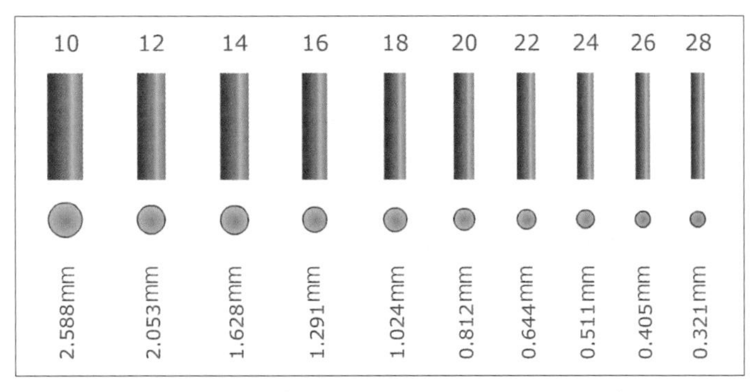

图10.18 线号与直径（来自：Working with Wire）

表10.2 常见电池种类、化学反应和标称电压

电池种类	化学反应	标称电压	可否充电
AA(5号)、AAA(7号)、C(2号)、D(1号)电池	碱性或者碳锌	1.5V	否
9V方电池	碱性或者碳锌	9V	否
纽扣电池	锂	3V	否
软包锂电池	锂聚合物(LiPo)	3.7V	是
AA、AAA、C、D(可充电)电池	镍镉或镍氢	1.2V	是
汽车电池	6芯铅酸	12.6V	是

池，电压可能达到1.7V，而电量耗尽时只能达到0.9V。

如果我们的制作需要更高的电压，一种办法是将电池串联增加电压。电池串联得到的电压就是它们单独的电压之和。如我们常见的9V方电池，它的输出电压就是由6个1.5V电池单元串联得到的。图10.19所示的是拆开9V电池后观察到的内部串联结构。

除了电池串联之外，另外一种获取高电压的方式是使用升压变换器（Step-up Converter）来将低电压转换成高电压。这种方式要求电池的电流输出比高压输出部分的电流大。考虑到变换器的转换效率，有以下的公式：

输入功率 × 效率 = 输出功率

将功率拆分为电压和电流，我们得到：

输入电压 × 输入电流 × 效率 = 输出电压 × 输出电流

根据这个公式，输出电压越高，相应输入电流和输出电流的比例就越高。在进行电流估算时，我们可以参考变换器的数据手册获得转换效率，如果找不到，通常以80%保守估计。当我们以电池作为变换器的输入时，如果电池输出电流足够变换器使用，即使因为电池电量下降导致电池电压下降了，变换器的输出仍会保持固定电压，直到电池电流不足以供应变换器使用。图10.20所示的是一款常见的升压变换器模块。

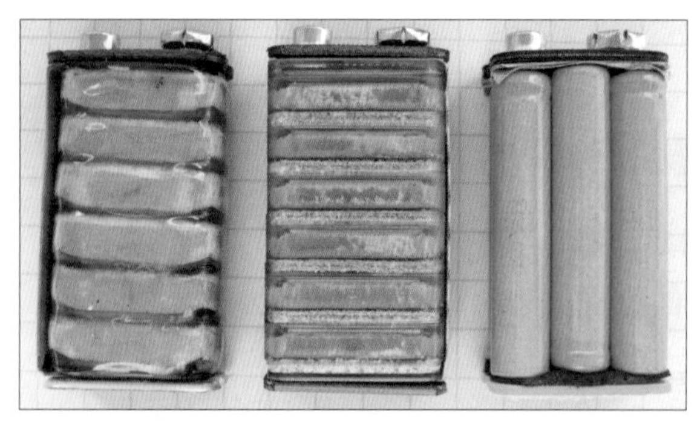

图10.19 3种不同结构的9V电池，左为碳锌单元的，中为扁平碱性单元的；右为LR61单元的（来自：Nine-volt battery）

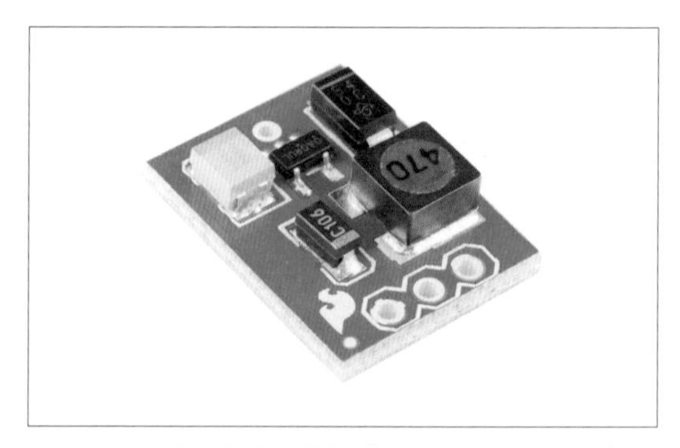

图10.20 升压变换器模块（来自：Sparkfun）

电池的一个缺点是电压不是固定值。我曾经见过这样一个制作，用Arduino ADK来控制安卓手机，并给安卓手机充电（见图10.21）。如果把Arduino ADK用USB线连接到笔记本电脑上，整个系统工作都很好。但是当用9V电池给整套系统供电时，安卓手机就不会充电了，这是什么原因呢?

这一现象是由电池的内阻（Internal Resistance）导致的。举个例子，当我们用万用表测量5号电池时，电压一般在1.5V左右。但是如果我们把电池，尤其是旧一些的电池安装在电路里，这时再用万用表测量电池电压，测到的值就会低很多。

事实上电池并不是一个完美的电压源，我们可以把一节电池等效为一个理想电压源和一个电阻的串联结构（见图10.22）。当电池电量下降时，电压源的电压会略微下降，但是电池的内阻会上升很多，导致电池的电流输出能力也会下降。

回到我们用9V电池为Arduino ADK供电的例子上来。9V电池的内阻约为25Ω。我们假设Arduino ADK系统会抽取尽可能多的电流，直至输出电压到达5V（见图10.23）。在这种情况下，电池的内阻最多分压为9V-5V=4V，使用欧姆定律，4V / 25Ω= 160mA。这一电流并不足以支持整个ADK系统的运作，因此Android手机不会充电。

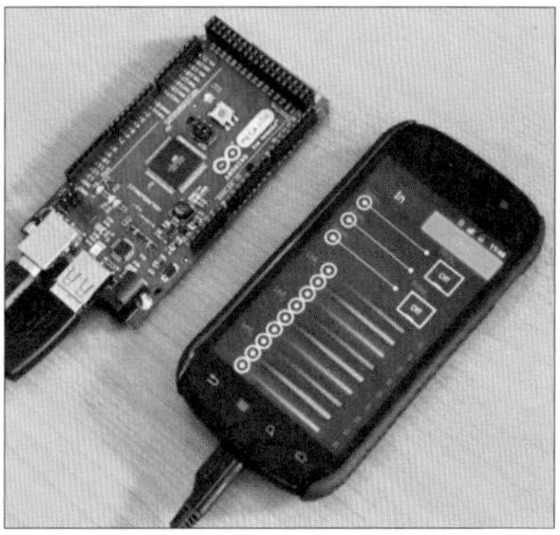

图 10.21 Arduino ADK 为安卓供电

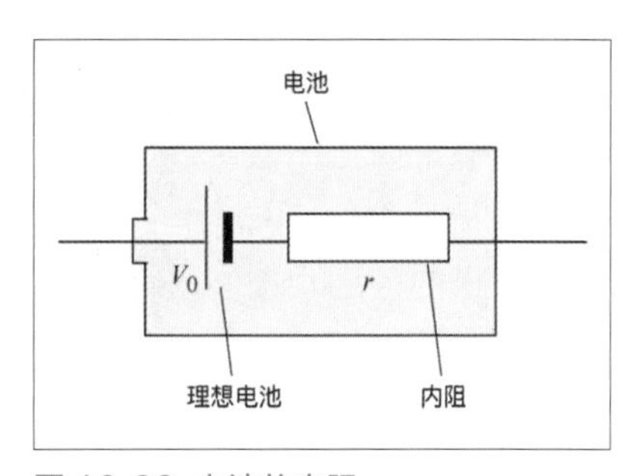

图 10.22 电池的内阻

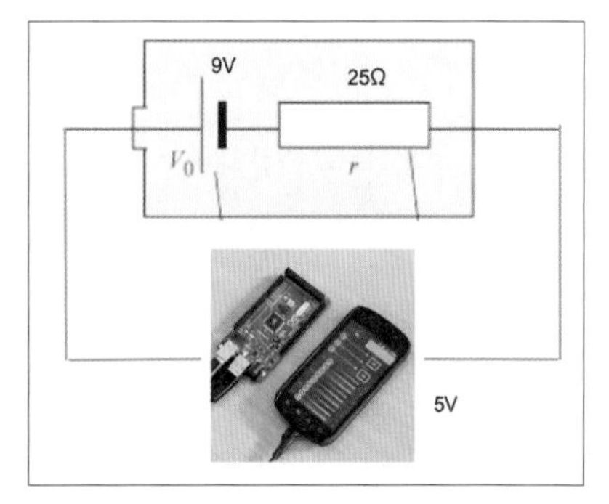

图 10.23 使用 9V 电池为 Android 供电

10.5 在Arduino上应用通信协议

接下来让我们通过几个动手实践，一起探索如何在Arduino串口通信中应用协议。当我们需要让Arduino和计算机之间进行通信时，一般使用Arduino的串口。Arduino内置USB串口转换芯片（Uno等型号），或者是内置虚拟串口（Leonardo等型号）。当我们把Arduino和计算机用USB线连接在一起时，串口连接所需的硬件资源就全部就绪了。接下来我们只要在Arduino上和计算机上执行合适的程序，就可以通信。Arduino上的程序通常使用Arduino IDE编写，计算机上的程序可以使用Processing编写。Processing是一个对初学者友好、容易上手的编程环境，它的语法基于Java，界面和Arduino IDE类似。最重要的是，很多Arduino的串口例程对应的计算机端程序示例代码是用Processing编写的。

当我们在Arduino上使用串口时，事实上Arduino的串口库帮助我们处理了所有底层的任务。这个串口库提供的是一个以字节分割的数据流，确保收到的每个字节不会和其他字节相混淆，如何处理这些字节，就是我们程序的任务。

我们以Arduino的“simple read example”为例。这个最简单的Arduino通信程序中，Arduino读取了传感器的值，用write()函数将值以二进制方式发送给了计算机。而当计算机端的Processing程序接收到了一个字节后，就将这个字节载入变量中画出来（见图10.24）。

我们可以重复这个实验，来研究这种方式有什么限制。为了硬件简单，我们不使用传感器，而是使用一个不断增加的数值作为我们程序的输入，图10.25所示的是示例代码。（Arduino示例代码的文件名为Arduino_01_serial_Write）

图10.26所示的是计算机端的Processing示例代码。我们让它直接读取二进制数值，然后根据二进制的值画一个圈。读到的数值越大，圆圈的位置就越低。如果一切正常，你应该可以看到一个不断向下移动的圆圈。（Processing代码例程的文件名为Processing_01_serial_read_simple。）

实验中，我们发现这种直接通过二进制发送的方式非常简单，但是也有几个缺陷。对于初学者而言，Arduino发送的数据在串口监视器中都是乱码，人工无法阅读（见图10.27）。数据发送的范围也被限定在0 ~ 255。如果要发送两个数据，也很困难。

为了解决信息不能人工阅读的问题，我们可以使用print()函数来替代write()函数，这样串口的数据就可以被我们理解了。为了把多个数据区分开，最简单的办法是使用换行符，每

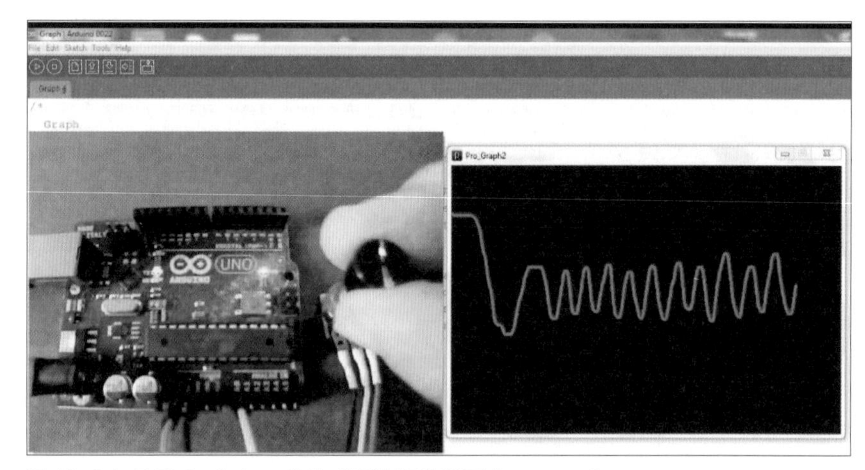

图10.24 使用Arduino将传感器数据发送至Processing

需要1字节 范围为0~255

Arduino_01_serial_Write

```
unsigned char accu = 0;

void setup() {
  Serial.begin(9600);
}

void loop() {
  Serial.write(accu);
  accu=accu+16; //it will oveflow back to 0
  delay(50);
}
```

图10.25 例子Arduino_01_serial_Write

Processing_01_serial_read_simple

```
}

void draw()
{
  if (myPort!=null) {
    if ( myPort.available() > 0) {  //
      val = myPort.read();         //
    }
  }
  background(255);           // Set
  ellipse(128,val,50,50);
}
```

图10.26 例子Processing_01_serial_read_simple

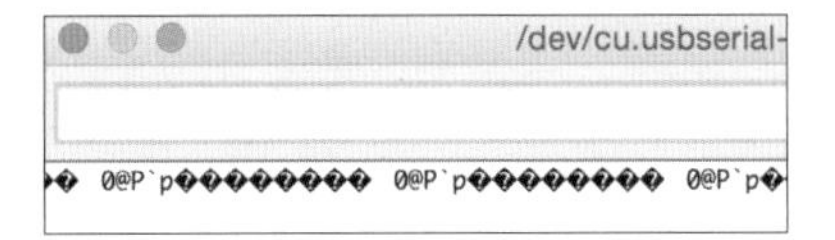

图 10.27 串口乱码

```
Arduino_02_serial_Print
unsigned char accu = 0;

void setup() {
  Serial.begin(9600);
}

void loop() {
  Serial.println(accu);
  accu=accu+16; //it will
  delay(50);
}
```

```
176
192
208
224
240
0
16
32
48
64
80
96
112
```

图 10.28 例子 Arduino_02_serial_Print

个数据一行，使用println()来输出信息即可，图10.28所示的是修改后的示例代码。(Arduino代码例程的文件名为Arduino_02_serial_Print。)

在Processing中，我们首先需要把输入的串口数据流分段，这里不妨根据换行符‘\n’将数据流分段。Processing提供了函数readStringUntil()，它可以通过检查特定字符决定读取到什么位置。如果这个字符还没有到达Processing，它只会返回null，但是如果这个字符到达了Processing，readStringUntil()将返回这个特殊字符以及它之前的全部字符。因此我们可以使用它来一行一行读取数据。读取完数据后，记得使用trim()函数去掉字符串前后的空白字符，并用int()函数将字符串转换为数字，图10.29所示的是示例代码。(Processing代码例程的文件名为Processing_02_serial_readLine。)

现在既然我们每条数据都用一个换行符作为结束，不妨想想看如何让每条数据里包含多个数字，而不只含有一个数字。一个常用的办法是把多个数据用逗号分隔。这种方式和CSV(Comma-Separated Values)文件的结构非常相似，图10.30是示例代码。(Arduino代码例程的文件名为Arduino_03_serial_Print_multiple)

这种以逗号分隔的数据发送比较简单，那么如何分析接收到的逗号分隔数据呢？以“32,16,8”这个数据包为例。首先我们找到第一个逗号的位置，根据第一个逗号的位置，我们把第一个逗号前面的字符串取出来，再转换成数字，就是数据包中的第一个数字。然后我们找到第二个逗号的位置，把第一个逗号和第二个逗号之间的字符串取出来，转换成数字，

```
void draw()
{
  if (myPort!=null) {
    if ( myPort.available() > 0) {  // If data is ava
      String myString = myPort.readStringUntil('\n');
      if (myString != null) {
        val = int(myString.trim());
      }
    }
  }
  background(255);             // Set background to wh
  ellipse(128, val, 50, 50);
}
```

图 10.29 例子 Processing_02_serial_readLine

```
Arduino_03_serial_Print_multiple
unsigned char accu0 = 0;
unsigned char accu1 = 0;
unsigned char accu2 = 0;

void setup() {
  Serial.begin(9600);
}

void loop() {
  Serial.print(accu0);
  Serial.print(',');
  Serial.print(accu1);
  Serial.print(',');
  Serial.print(accu2);
  Serial.print('\n');
  accu0=accu0+16; //it wi
  accu1=accu1+8; //it wil
  accu2=accu2+4; //it wil
  delay(50);
}
```

```
240,248,252
0,0,0
16,8,4
32,16,8
48,24,12
64,32,16
80,40,20
96,48,24
112,56,28
128,64,32
144,72,36
160,80,40
176,88,44
Autoscr
```

图 10.30 例子 Arduino_03_serial_Print_multiple

这是数据中的第二个数字。把第二个逗号后的字符串取出来转换成数字，就是数据中的第三个数字了（见图10.31）。

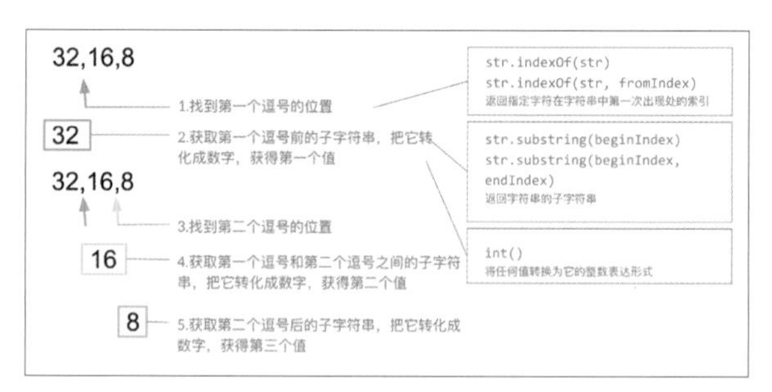

图10.31 解析CSV数据及使用到的Processing函数

图10.32所示是Processing解析CSV数据的核心代码。完整代码可以参阅Processing_03 _serial_readLine_multi。

在Arduino上解析CSV数据的方式与Processing非常类似。主要的区别是Arduino没有int()函数。但是Arduino的字符串对象有toInt()方式，可以把字符串转换为数字。图10.33所示是Arduino解析CSV数据的核心代码。完整代码可以参阅Arduino_04_serial_Parse_multiple。

除了CSV方式,JSON（JavaScript Object Notation）也是一种把多个数据打包的方式。如果我们的制作里面涉及JavaScript，并且通信的两端都可以解析JSON，那么会很方便。如果想要在Arduino中操作JSON数据，可以使用ArduinoJson库。

10.6 总结及引申

本章我们介绍了电源的种类、选用电源的注意事项、如何选用电线、电池的种类和使用并实验了简单的通信协议。我们的电子原型项目都需要使用电源，不妨思考一下，有哪些电源方案可选，使用哪种最合适。日常生活中，我们也能接触到很多种电源，不妨留心观察一下电源上的参数，分析一下它为何使用这种电源，如果使用其他类型的电源，是否会更好。多多观察总结，相信你在选用电源时会更加自信。

```
myString=myString.trim();  //remove the newline in it's end
int firstCommaPosition=myString.indexOf(',');
int secondCommaPosition=myString.indexOf(',', firstCommaPosition+1);//st
val0=int(myString.substring(0, firstCommaPosition));
val1=int(myString.substring(firstCommaPosition+1, secondCommaPosition));
val2=int(myString.substring(secondCommaPosition+1));
```

图10.32 Processing解析CSV数据示例代码

```
inputString.trim();
int firstCommaPosition = inputString.indexOf(',');
int secondCommaPosition = inputString.indexOf(',', firstCommaPosition + 1); //start after 1st comma
int var0 = inputString.substring(0, firstCommaPosition).toInt();
int var1 = inputString.substring(firstCommaPosition+1, secondCommaPosition).toInt();
int var2 = inputString.substring(secondCommaPosition+1).toInt();
```

图10.33 Arduino解析CSV数据

11 总线

本章我们介绍各种常见的总线，比较不同总线用几根线通信，有何优缺点。另外我们将一起通过动手实践讨论数字信号处理的基础知识。

在介绍总线（Bus）之前，请你先想一想，公共汽车（Bus）和出租汽车（Cab）有什么不同?

你可能会疑惑，公共汽车和总线有什么关系，英文名相同是巧合吗? 了解一下Bus的词源，就好理解了。电子电路中总线（Bus）这个词是从电力系统中的母线（Busbar）继承来的。电力系统中的母线是指配电盘、配电箱、变电站等使用的导电的铜条或铝条。Bus这个词作为公共汽车的含义，来自于法语omnibus，源于拉丁语omnibus。omnis指“全部”，而omnibus指“为了全部”。公共汽车正是秉承这一理念，为了运送全部乘客，因此它取名为Bus。在电路中，总线亦是为了很多部件共同传送信号而设计的，因此也用Bus命名，和公共汽车是同一个词。

了解了Bus的词源，我们再想一想公共汽车和出租汽车的区别。出租汽车将一组乘客直接送往目的地，而公共汽车同时搭载多名乘客，他们共享部分或全部路程，被送往固定的站点。

这两种理念正好可以应用到电路设计中。假设我们有4个设备需要互相通信，应用出租车概念，我们需要对每两个设备进行连接，因而需要6条连线（见图11.1左）。但如果应用公交车概念，我们只需要一条总线，将4个设备分别连接至总线上即可（见图11.1右）。

现在我们理解了，在电路中，总线指由多个硬件设备共享的一组连接线。在总线上，任何一个设备都可以向总线发送信号，而任何一个其他设备，都可以接收这一信号。接下来我们思考，使用总线有什么好处呢? 从图11.1中可以直观地看出，使用总线结构布置电路可以显著降低连线的复杂度，不需要建立复杂的通信网，只需要建立一条通信通道，它上面就可以承接所有的通信任务。

总线一般可以分为串行总线（Serial Bus）和并行总线（Parallel Bus）两种。并行总线可以同时传输多个二进制位（bit）；而串行总线在每个时刻只能传输一个比特，多个比特需要按次序传输（见图11.2）。这两种思想也应用在生活中其他通信方式上，请你对比旗语和莫尔斯码，思考一下哪种是串行通信，哪种是并行通信?

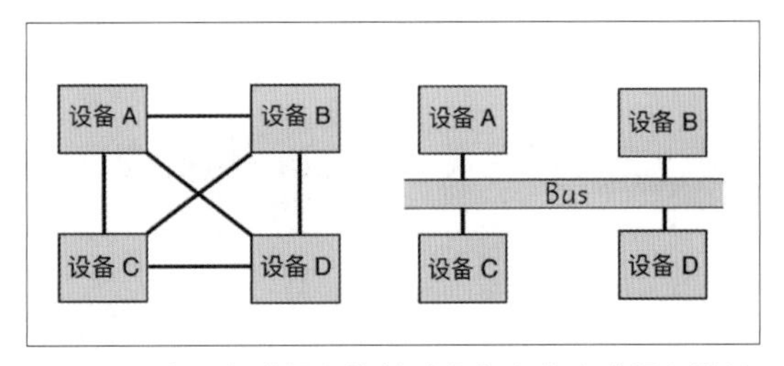

图 11.1 出租车式设备连接（左）和公交式设备连接

在上文所举的例子中，旗语是并行通信，因为这种方式在同一时刻可以传送多个比特（两面旗子可以出现在多个位置上)。莫尔斯码是串行通信，因为在任何时刻只能传送一个比特。

再比如计算机中硬盘也有串行和并行两种通信方式(见图11.3)。早期的硬盘一般是并行接口的，以软排线相连。从2003年开始，主流的硬盘接口从并口(见图11.3左)转换到串口(见图11.3右)。串口硬盘有两个好处，一是线变少了(非常有用)；二是可以使用更快的时钟速度以实现更高的传输效率。这一点可能有些违反直觉，为什么线少了但速度反而更快？这是因为在极快的传输速度下，对导线的质量要求很高，并且线长度不同也会引入误差。因此将数据高速串行传输反而效率更高。

可以看出并行接口需要很多线，比较复杂，因此在现代设备中比较少见。目前，内存条是为数不多仍使用并行接口的设备(见图11.4)。由于在一般的电子原型设计中并行接口已经很不常用，我们就不再进一步讨论此种接口了。

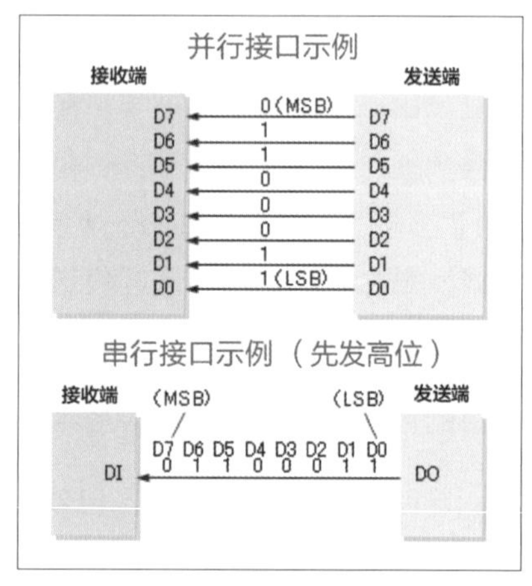

图 11.2 并行和串行发送

电子原型制作中，常见的串行总线有以下几种。

同步总线(Synchronous)

- I²C：2根通信线；
- SPI：3根通信线+每个从设备1根片选线(如：有一个从设备要用4根线，有两个从设备要用5根线)。

异步总线(Asynchronous)

- RS-485：2根通信线；
- 1-Wire：1根通信线；
- USB：2根通信线+2根电源线。

同步和异步是这样区分的：如果接口有用于同步的时钟线，那么接口为同步接口，如果没有就是异步接口(见图11.5)。异步接口以特定的速率传输信息，发送方与接收方设定为相同的速

图 11.3 并行与串行硬盘

图 11.4 内存条仍使用并行接口

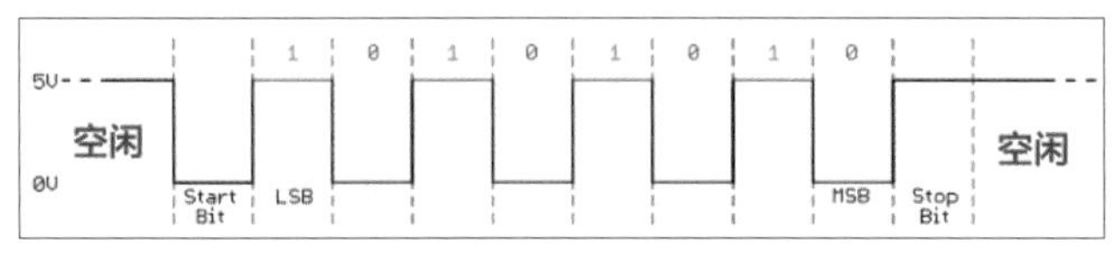

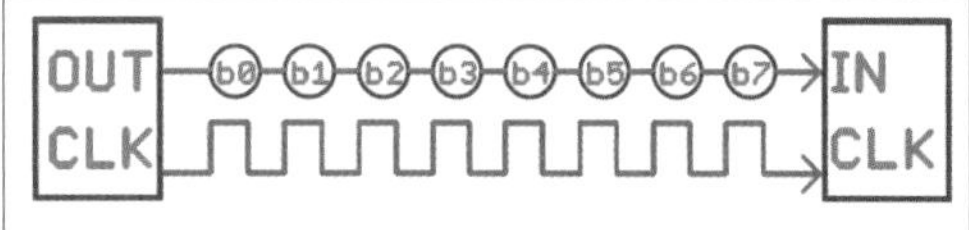

图 11.5 异步接口（左）和同步接口（右）

率时，接收方自行计算时间，就可以将数据解码出来。而同步接口有一条时钟线，用来告知接收方什么时候应该接收一位新的比特。这种方式无须将发送方与接收方预先设定为相同速率，因为接收方可以根据时钟线自动与发送方同步。

让我们想想看，如果发送方在发送数据的过程中卡住了一小段时间，同步和异步两种情况下分别会发生什么问题？如果是异步接口，接收方在发送方卡住时，仍然会继续接收数据，造成数据错误。如果是同步接口，由于时钟和数据线都停了，因此接收方也会停下来等待，因此不会造成数据错误。

11.1 USB

我们常说的USB是通用串行总线（Universal Serial Bus）的缩写（见图11.6）。它有诸多优点，因此在原型制作中经常会用到。第一，USB是有电源供应能力的，可以提供5V、最大500mA电流。对于很多原型项目，USB提供的电力就足够了，不需要额外的电源。第二，USB也是一种较稳定的总线，USB协议中包含一定的纠错能力，因此很少出现数据错误。此外，USB支持集线器（Hub），我们可以使用集线器从一个USB口扩展出很多USB口。USB被很多设备所支持，如Arduino、Raspberry Pi等。如果我们的原型需要与计算机通信，那么USB是一个很好的选择。

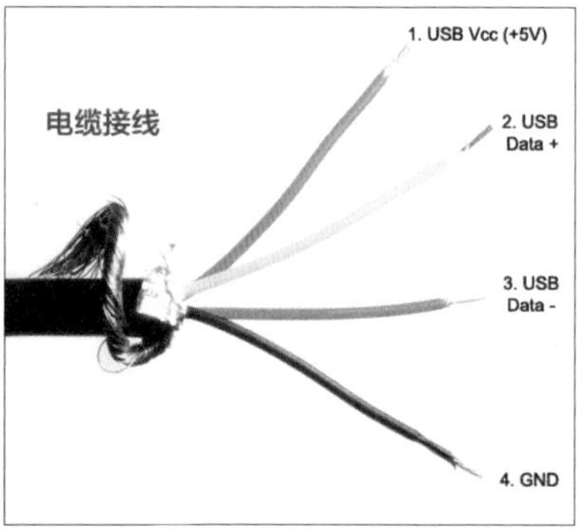

图 11.6 USB 接线

图 11.7 用网线延长的 USB 线

需要注意的是，USB是一种高速总线，我们不能简单地把导线接长，因为过长的导线会导致信号失真。如果需要的通信距离较远，超过5m，我们需要使用延长器来延长USB线。最常见的延长器在线的母口一端有一个USB集线器芯片，因此它可以将信号解码并重新编码，这样线上的失真就可以被修复。这种延长器的优点是可靠性较高，且支持高速传输。局限是受到USB标准的限制，延长线长度一般不超过5m。而且由于经过集线器芯片，一般三四条线串到一起就是极限了，再多串接可能导致系统无法识别。

另外还有一种比较便宜的USB延长器，是使用普通网线进行延长的。这种延长器是成对的（见图11.7），一个里面有芯片把USB信号转换到网线上，另一个再转换回来。这种方式可以使用很长的网线进行延长。这种方式的限制是可靠性较低，不能进行高速传输。如果要连接Arduino、热敏打印机等低速设备没有问题，如果要连接摄像头、存储器等高速设备就难以胜任了。

图 11.8 网线传输的距离

我们曾经在大型展会上使用过这种用网线延长的USB延长器（见图11.8），当时选用的是9m非屏蔽网线，用来将USB线从计算机延长到远端控制电路上。一切都能正常工作，直到行业展正式开始，出现了频繁的断线问题。如果你要使用这种延长器，尤其用于充满无线电干扰的场合，建议使用带屏蔽的网线，以提升抗干扰性能。

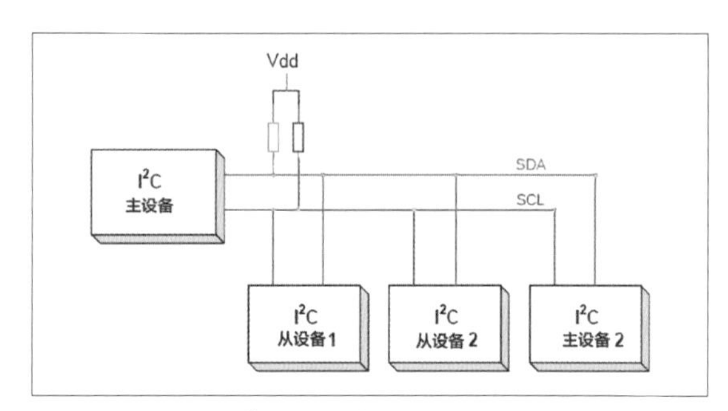

图 11.9 典型的 I^2C 总线（来自：cypress）

11.2 I^2C

I^2C（Inter-Integrated Circuit，英文读作I-squared-C）是一种允许多个从设备（Slave）与一个或多个主设备（Master）相互通信的总线协议。Inter-Integrated Circuit字面上的意思是“集成电路之间”，其实它是I^2C Bus的简称，所以中文叫集成电路总线。

I^2C总线使用两根通信线进行通信：一根时钟线，名为SCL；一根数据线，名为SDA（见图11.9）。在一般的项目中我们只有一个主设备，它一般由微控制器（如Arduino）担当。需要注意的是，I^2C是需要上拉电阻的。

还记得上拉电阻是什么吗？举个例子，当我们使用按键开关，一端接到GND，另一端接到微控制器的输入端时，我们需要在输入端和VCC之间接一个电阻，来保证按键没有被按下时，输入端的电压会被可靠地上拉到VCC电压（见图11.10）。这样的电阻被称为上拉电阻。I^2C总线上也需要这样的上拉电阻，来保证当总线上闲置时，电压能够被上拉到VCC处。

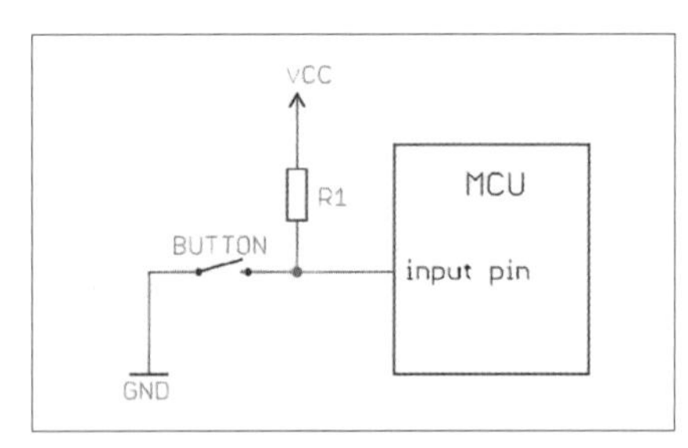

图 11.10 上拉电阻

I^2C总线是通过以下方式实现主设备和任意从设备通信的：首先主设备向总线上发送时钟信号以及目标从设备的地址信息。如果总线上有一个从设备的地址与主设备请求的地址相匹配，这个从设备就会发出应答信号（ACK, acknowledgment），并与主设备建立通信（见图11.11）。在整个过程中，所有其他的设备都会保持沉默，因此不会干扰总线上的通信。这里我附上了一段I^2C通信的示例波形供大家参考（见图11.12）。当我们使用

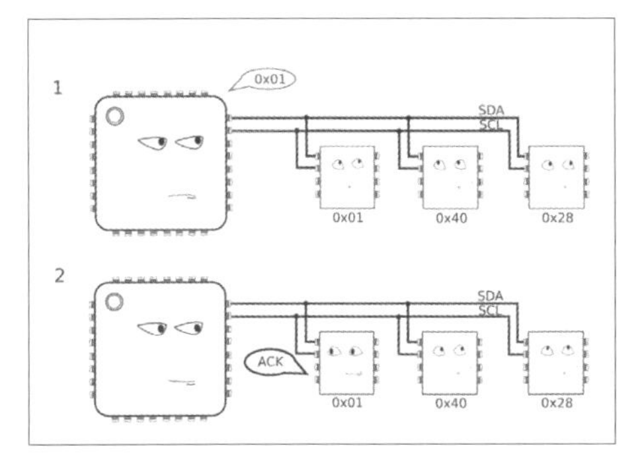

图 11.11 I^2C 选择从设备的方式（来自：hackaday）

Arduino进行I^2C通信时，建议使用Wire库，它能帮我们处理所有底层的工作，使我们不必在底层细节上花太多精力。

使用Wire库进行I^2C通信时，需要注意Wire库支持7bit地址。一般I^2C的0到7地址是保留的，通常不会用到。因此，I^2C实际可用的地址数量为：128-8=120个，即在同一条I^2C总线上，按照标准，理论上接入120个从设备，只要所有的从设备地址互不相同，就不会产生冲突。

需要注意的是，从设备的地址可能不能任意设定。当我们买到一个支持I^2C的从芯片时，芯片生产商往往已经预先设定了它的地址，通常不可更改。某些芯片允许我们更改地址的最后几个比特，但也不能修改所有的比特。只有我们用微控制器作为从设备时，我们才可以自行设定整个I^2C的地址。

不妨用一个例子来说明可设置地址芯片的使用方法。图11.13所示是一块Adafruit的I^2C

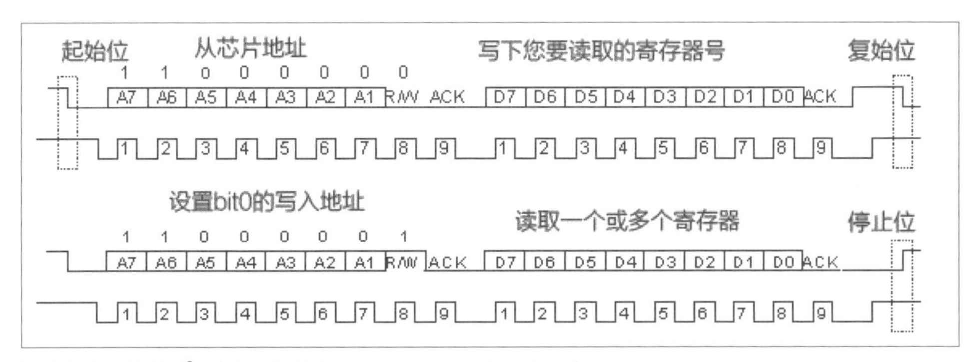

图 11.12 示例 I^2C 波形（来自：robot-electronics）

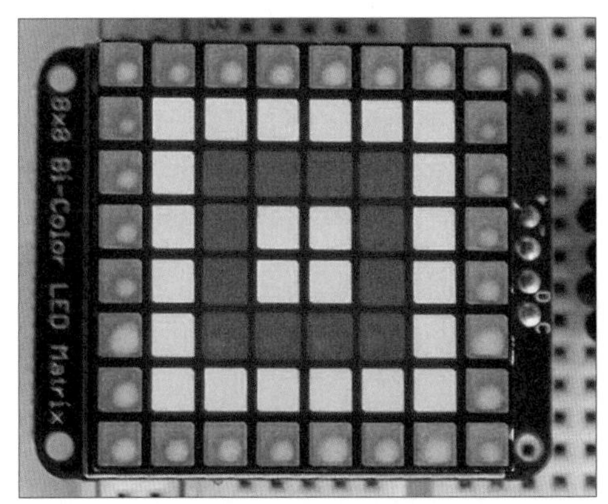

图 11.13 I^2C 彩色点阵模块正面和背面

双色点阵模块。它背面的控制芯片型号为HT16K33，想知道这块芯片的I^2C地址是什么，让我们打开它的数据手册看看（见图11.14）。

我们看到，数据手册上标明了它的I^2C地址，以二进制表示是：1 1 1 0 A2 A1 A0，并且A2、A1、A0都是可设置的，分别对应芯片的一个引脚。如果那个引脚不连接，对应的位就是0；如果接通，对应的位就是1。思考一下，如果我们只把A1脚位连接上，设备的地址是什么？它会是1110010（二进制），以十六进制表示就是0x72。

- The slave address input circuit is shown below. A2~A0 are set to "0", when A2~A0 are A2~A0 are to "1", when A2~A0 are connected to an AD pin with a diode and resister.
- The slave address set is loaded into the HT16K33 at every frame.

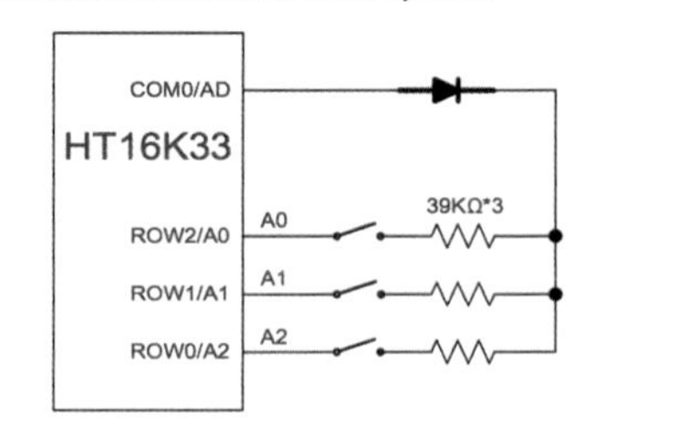

- The slave address byte is the first byte received following the START condition from th device. The first seven bits of the first byte make up the slave address. The eighth bit whether a read or write operation is to be performed. When the R/$\overline{W}$ bit are "1", the operation is selected. A "0" selects a write operation.
- When an address byte is sent, the device compares the first seven bits after the START co If they match, the device outputs an acknowledge on the SDA line.

- **28-Pin package:**

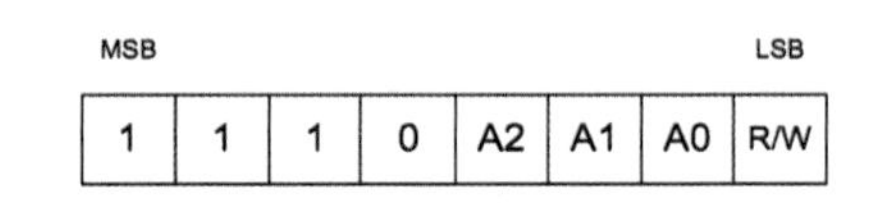
MSB　LSB

1	1	1	0	A2	A1	A0	R/W

图 11.14 HT16K33 数据手册中的地址设定章节

那么如何连接这个引脚呢？我们拿起这款彩色点阵模块，查看背面（见图11.13右），在芯片左下方有3组焊盘，焊盘的右边标注有A0、A1、A2。这3组焊盘就是用来设置I^2C地址的。我们可以用一滴焊锡将A1的左右两个焊盘短接来修改地址。

我们进一步思考一下：如果想把I^2C地址设置为十六进制0x74（二进制为1110110），应该怎样操作焊盘？在同一条I^2C总线上，最多可以装几个HT16K33？

揭晓答案：把地址设置为0x74，只需要短接A2焊盘。由于在同一条I^2C总线上，所有的设备地址必须互不相同，3个焊盘分别有000、001、010、011、100、101、110、111这8种组合，因此最多可以安装8个HT16K33。和你思考的结果一样吗？

另外有一种非常常见的I^2C器件是EEPROM（Electrically-Erasable Programmable Read-Only Memory，电可擦除可编程只读存储器）。简单来说这是一种存储器件，可以使用I^2C总线来读取或写入数据。EEPROM是一种和闪存（Flash）非常相似的技术，EEPROM可以单个字节擦除数据，一般容量也较小；而闪存器件只能按页（Page）擦除，换取了更高的容量。由于EEPROM容量小、价格便宜，它被广泛用于参数的设定和自动识别。以我们平时使用的计算机为例，显示器内存条上都有I^2C接口的EEPROM，这些EEPROM一般是24C02或其他的兼容型号，生产厂商众多，价格也很便宜。

计算机的显示器，无论接口是VGA、DVI、还是HDMI，它们的数据线上都有两根I^2C线，这两根线在显示器上被称为显示数据频道（Display Data Channel）。当显示器连接到计算机上时，计算机可以使用I^2C读取显示器里的EEPROM（见图11.15左）数据，并按照扩展显示识别数据（Extended Ddisplay Identification Data，EDID）的规范来解析这些数据，因此

图 11.15 EDID EEPROM（左）、SPD EEPROM（中）、IC 卡 EEPROM（右）

计算机就可以获知显示器的型号、厂商、分辨率、刷新率等信息，并把显卡的输出自动调整到匹配的配置上了。

计算机里另一处使用I^2C EEPROM地方是内存条。现代内存条上通过一种名为串行存在检测（Serial Presence Detect, SPD）的方式让计算机了解内存条的参数。这一技术的核心就是每根内存条上的一片EEPROM（见图11.15中），主板通过读取EEPROM里的信息，就可以了解内存条的制造商、容量、频率，时序等信息，并以正确的方式使用这根内存条。

甚至对于某些低安全性要求的IC卡应用，比如早期的一些储值系统（见图11.15右），它上面可以简单地集成一片EEPROM，以实现存储信息的作用。

11.3 SPI

串行外设接口（Serial Peripheral Interface Bus, SPI），是另一种常见的总线（见图11.16）。这种总线有3根线是共用的：SCLK、MOSI、MISO。

- 时钟信号（Serial Clock, SCLK）由主设备产生，用于数据通信同步。
- 主设备输出/从设备输入（Master Output Slave Input, MOSI）这条线上的数据从主设备传送到从设备。
- 主设备输入/从设备输出（Master Input Slave Output, MISO）这条线上的数据从从设备传送到主设备。

除了这3根共用线外，每个从设备分别有一根专属的片选线（Slave Select, SS），用来让主设备选择与之通信的从设备，因此SPI是不需要地址系统的。

由于SPI的收发是分开的，因此不需要上拉电阻，速度比I^2C要快。一些需要较高速度的芯片会采用这种总线，比如一些蓝牙模块（见图11.17）、SD卡（见图11.18）、某些闪存存储器等。但由于SPI使用的线数比较多，它的应用并没有I^2C广泛。

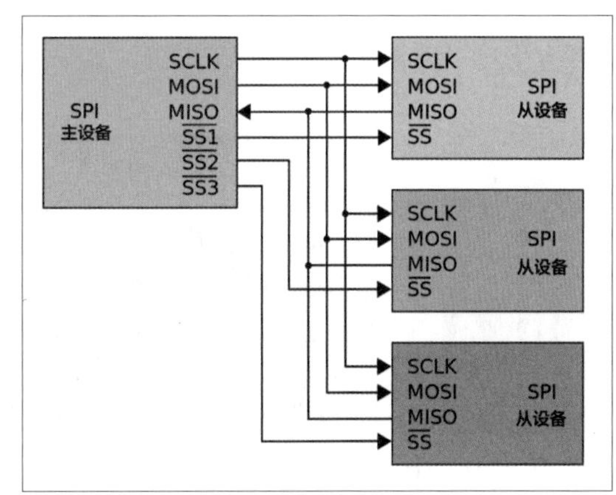

图 11.16 SPI 总线

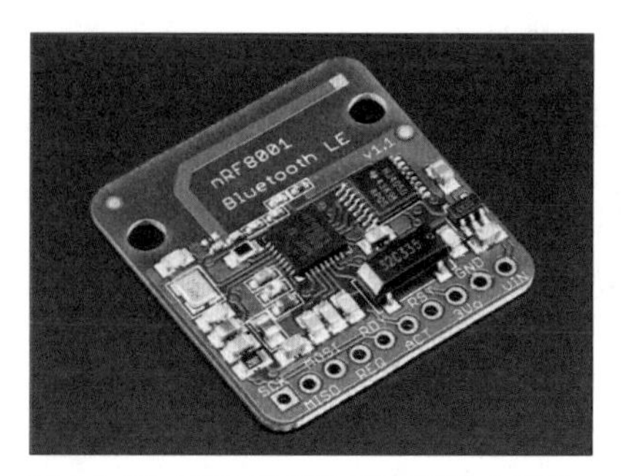

图 11.17 使用 SPI 的蓝牙模块（来自：Adafruit）

图 11.18 使用 SPI 的 micro SD 模块（来自：Adafruit）

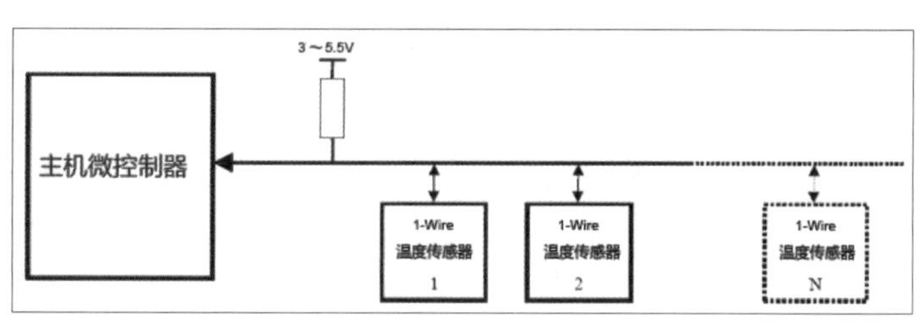

图 11.19 1Wire 总线（来自：Maxim）

11.4 1-Wire

1-Wire是一种非常有趣的总线（见图11.19）。它只使用一根线进行通信！对于某些低功耗应用而言，甚至连电源线都可以不需要，只通过数据线供电就可以了。对于电流消耗较高的设备，我们需要连接电源线、地线、数据线3根线。而对于电流消耗较少的设备，只需要连接数据线和地线即可。

每个1-Wire设备在出厂前都被设置了一个专属的ID。主设备可以在总线上执行一个搜索算法，以获得总线上所有设备的ID，之后就可以根据获得的ID列表进行通信。但由于1-Wire是达拉斯半导体的专利技术，使用1-Wire的器件并不很多。最常见的设备是DS18B20温度传感器（见图11.20）；其次是DS2413，一款I/O口扩展芯片（见图11.21）。

此外有一种非常有趣的1-Wire设备是智能纽扣（iButton）。还记得我们提过低功耗1-Wire设备只需要数据线和地线就可以工作吗？智能纽扣把芯片或电路封装在一个坚固的16mm不锈钢外壳内，看起来像一个大号的纽扣电池（见图11.22）。读取设备只要同时接触壳边和壳底，就可以与智能纽扣通信。简易版的智能纽扣只能返回一个唯一ID，它被广泛用于警卫巡更系统。当需要警卫按时巡视某个或多个工作区域时，管理公司可以在每个工作区域的角落安装智能纽扣，并要求警卫按时用巡更棒触碰智能纽扣，即完成了ID读取，以保证警卫完成了巡视工作。

图 11.20 DS18B20（来自：dafruit）

图 11.21 DS2413（来自：Adafruit）

图 11.22 巡更棒读取墙上的 iButton（来自：Videx）

另外还有一些更复杂的智能纽扣，内置有传感器（见图11.23），例如温度和湿度传感器，这些智能纽扣直接安装在需要测试的场所，不需要外接电源电线，就可以相对长期地记录数据，并通过读取器读回数据。

11.5 RS-485

RS-485（Recommended Standard 485）是一种异步通信总线（见图11.24）。与之前介绍的总线不同，RS-485需要一对线来传输一个信号。这种方式虽然接线较复杂，但是稳定性得到了大幅提高。如果我们想在Arduino上使用RS485，只需要在串口上加一个转换芯片，例如MAX485等芯片，就可以将普通串口和RS-485信号相互转换。

由于RS-485使用双绞线传输信号，它的稳定性比较高。如果使用符合工业标准的线材和接线方式，RS-485可以在长至1200m的距离下稳定传输数据。如果我们的制作需要长距离传输，RS-485会是一个很好的选择。图11.25中的装置名为Sway，我们需要将光球和另一个房间的主控制器跨越30m的距离相连，通过使用RS-485总线配合普通双绞网线，实现了非常稳定的信号传输。

图11.23 带传感器的iButton（来自：Steven J. Murdoch）

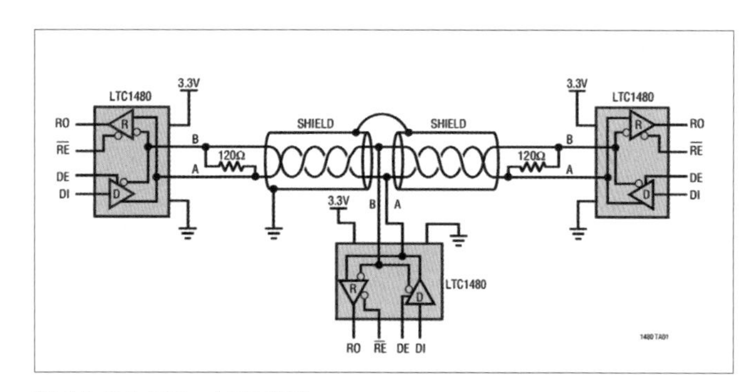

图11.24 RS-485总线

图11.25 Sway by Snarkitecture（来自：snarkitecture）

11.6 小练习：在两块Arduino上实现I²C通信

现在让我们动手做一个小练习：把两个Arduino用I²C连在一起，并烧录一段示例代码。在示例代码中，“主Arduino”会向“从Arduino”发送不同的数据，“从Arduino”接收到这个数据后，会根据数据的值电点亮或熄灭它板上的LED，并读取A0上的模拟电压，再传回“主Arduino”。

如果你使用的是Arduino Uno，它的I²C接口在A4和A5上，如果是别的型号的Arduino，可以参考官方网站获知I²C接口位置。以Arduino Uno为例，参考图11.26，我们在“主Arduino”上烧录Arduino_i2c_master.ino，在“从Arduino”上烧录Arduino_i2c_slave。之后，我们把两个Arduino的5V、GND，以及I²C的两根线分别接好，将USB线连接到“主Arduino”上，打开串口工具，就可以看到通信数据了（见图11.27）。

观察一下，“从Arduino”上的LED是如何闪动的？想一想，如何改变“从Arduino”闪动的频率？感兴趣的读者不妨尝试把“从Arduino”的A0引脚接到VCC或者GND，看看串口工具上的信息有什么变化。再更进一步想一想、试一试，怎样把两个“从Arduino”同时接到“主Arduino”上去？

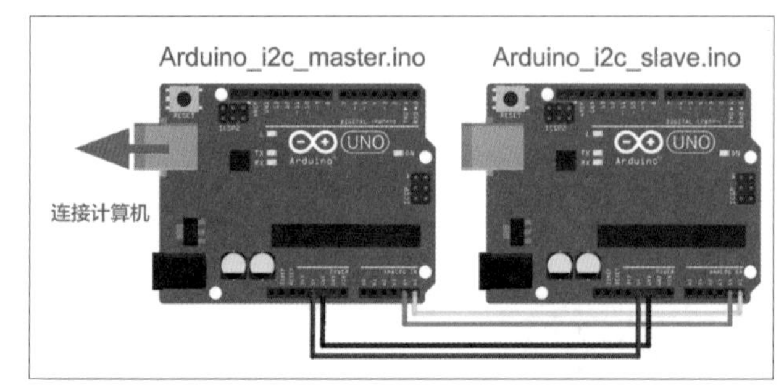

图11.26 两个Arduino Uno的连线法

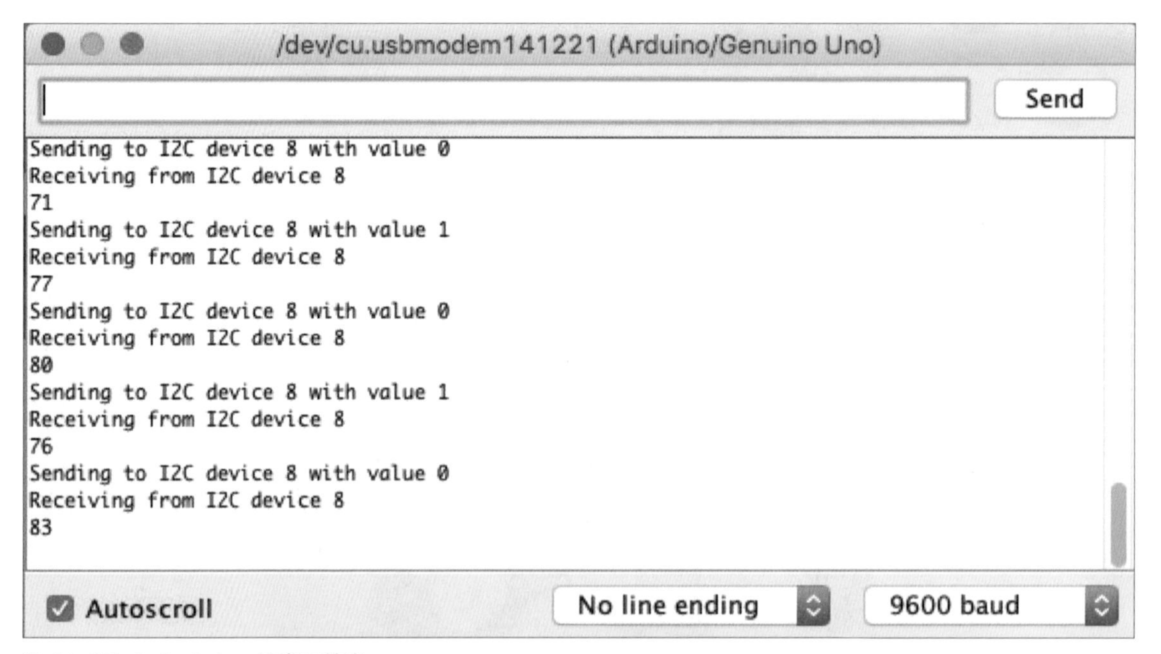

图11.27 主Arduino的串口输出

12 信号处理

本章我们一起通过动手实践讨论数字信号处理的基础知识，了解如何使信号平滑、如何提取一些典型的信号特征。

使用Arduino采集过传感器信号的读者，一定有体会，直接收集到的信号，通常需要进行处理，才能获得我们真正需要的信息。如何有效地处理信号？这里我们介绍4种基础的信号处理方式。

- 平滑滤波（Average Filtering）
- 滞回比较（Hysteresis Comparator）
- 峰值检测（Peak Detection）
- 包络线检测（Envelope Detection）

在具体介绍每种信号处理方式之前，让我们通过几个例子，熟悉几种需要进行信号处理的场景，稍后进一步分析每种场景适用于哪种处理方式。

场景一：当我们使用传感器读取信号时，信号可能会有很多噪声（见图12.1）。想要获得干净的信号，我们需要对原始数据进行处理。

场景二：当我们用压力传感器等器件与用户交互时，从传感器上读到的是有噪声的模拟量（见图12.2）。我们往往需要将模拟量转换成开关量，来判断用户是否在按压，但是如果直接与固定阈值相比较，信号上的噪声可能会造成误触发。

场景三：当我们使用心跳传感器获取心跳信号时，传感器可以给我们提供模拟信号的波形（见图12.3）。要想计算心率，我们需要准确提取出信号峰值的位置。

场景四：当我们使用Kinect等体感传感器进行人体追踪时，Kinect可以返回人体各个关节

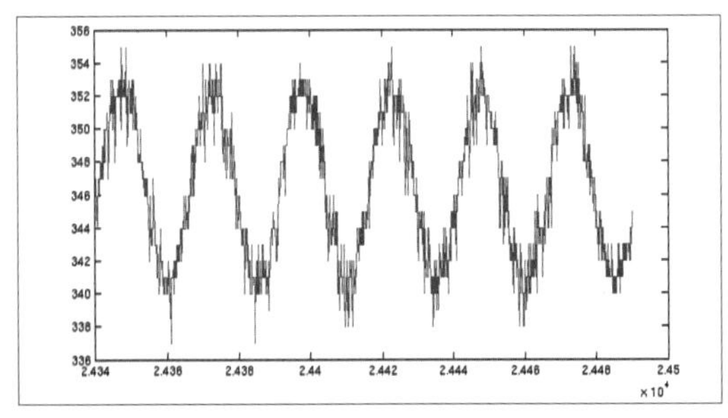

图 12.1 有噪声的信号

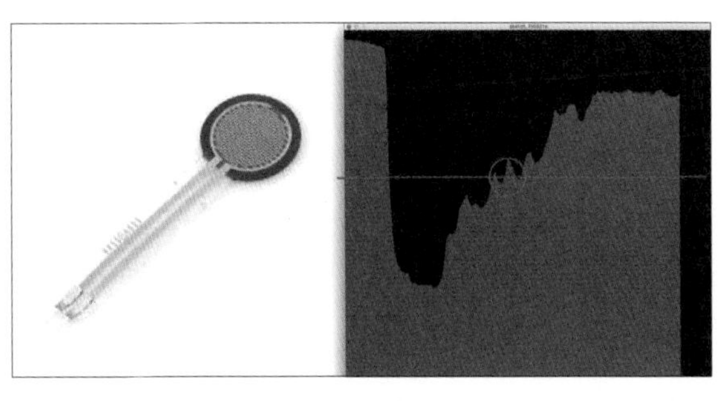
图 12.2 压力传感器和有噪声的压力信号

的位置数据（见图12.4）。因此我们很容易获得用户手的坐标数据，但程序怎样才能判断用户是否在做挥手这一动作呢?

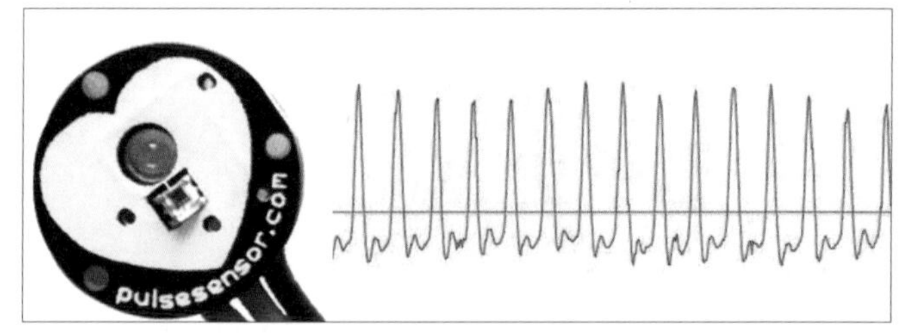

图 12.3 心跳传感器和心跳信号

在开始介绍具体算法之前，首先介绍一下我们做实验的平台。为了可以直观地操作输入信号，观察输出信号，并修改代码，我们制作了一个在浏览器里做数据读写实验的网页。请读者朋友从程序包中打开两个网页：其中一个网页请在手机上打开，它会让整个屏幕显示品红色；另一个网页看起来复杂一些，请在计算机上打开，它会请求打开摄像头，追踪视野中的品红色物体，并执行程序。

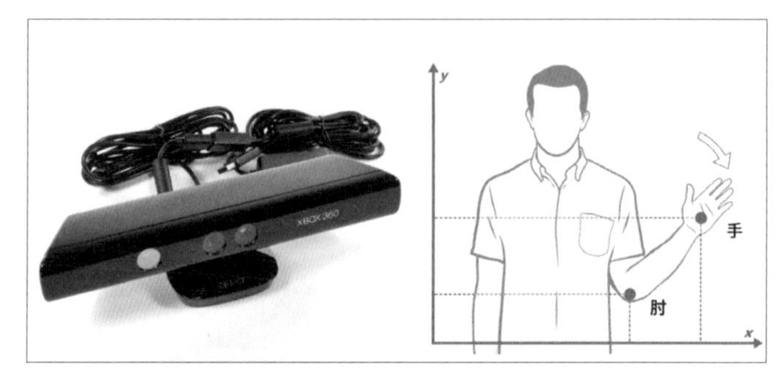

图 12.4 Kinect 体感传感器与用户挥手动作的抽象表示

我们可以看到PC端网页（见图12.5）分为3部分：左上框是一个图表区，用来显示输入信号和应用算法后的输出信号。左下框是输入算法代码的练习区，我们用JavaScript来写代码。右上框是摄像头的视野，我们能看到摄像头拍摄到的画面。

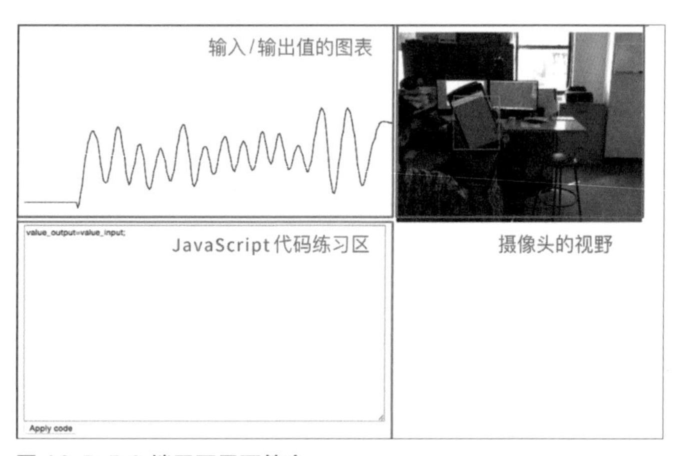

图 12.5 PC 端网页界面简介

我们先看摄像头视野，它会在视野中寻找品红色的物体。如果我们打开手机端网页，把手机屏幕对着摄像头，它就可以捕捉到手机屏幕上的品红色，并在追踪位置上画一个绿色的方框。我们的实验平台把手机位置的纵坐标作为原始输入信号，并把它复制到全局变量value_input中。试试上下移动手机，看图表区有什么变化。观察左上方的图表区域，你会注意到一条变化的蓝紫色曲线，事实上它是两条完全重合的曲线：红色的曲线对应的是全局变量value_input的数值，蓝色的曲线对应的是全局变量value_output的数值。纵轴范围是0 ~ 255，横轴是时间。

图表下方是代码练习区，在这里我们可以编写信号处理的代码。练习区中的代码每帧会被执行一次。当我们写完算法代码后，单击“Apply code”按钮，如果代码没有语法错误，我们编写的算法将立刻开始执行。否则输入区下方会显示错误信息。现在我们动手试一下，把代码改成："value_output=255-value_input;"，单击"Apply code"，看看红色线和蓝色线是不是分开了？

对于不熟悉JavaScript的朋友，我们介绍一下这次实验中使用新变量的办法。在JavaScript中，如果在建立变量前就去读取这个变量，是会出错的。解决办法是在程序开头检查变量，如果变量没建立过，就建立一个。下面的代码用于建立变量new_var，类似这种代码在示例程序中将出现很多次。

```
if(typeof new_var === 'undefined'){
  new_var=0;
};
```

12.1 平滑滤波算法

在介绍这一算法前，我们重温一下平均数的算法。如果我们需要计算一组数的平均值，我们把所有数加起来，再用总和除以这组数的个数，就得到了这些数的平均值。信号的平滑滤波，正是使用这一概念。

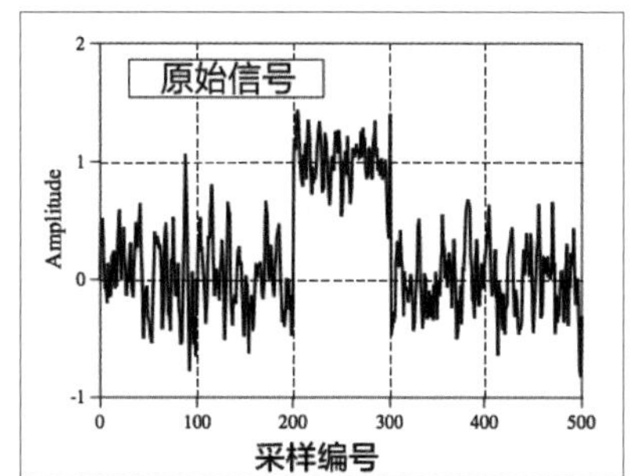

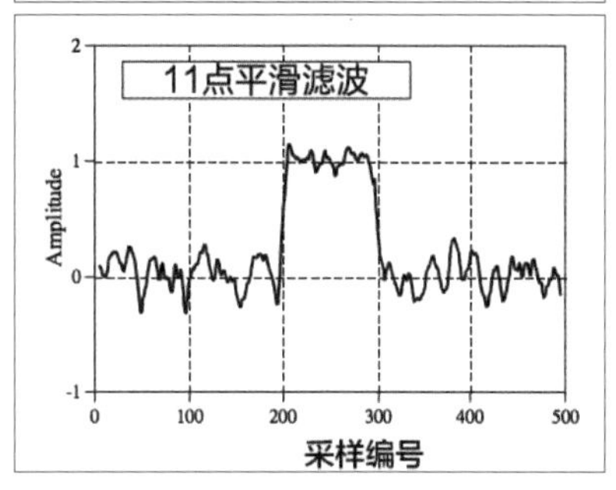

图 12.6 平滑滤波示例

对于信号而言，我们不会把所有的值相加一起平均，那样的话整段信号就只剩下一个点了，失去了波形。对于信号的每一个采样点，我们把它和它之前的几个值取平均值，就能得到相对平滑的波形。图12.6中的原始信号经过11点滤波后，原始信号上的尖刺都变平滑了。

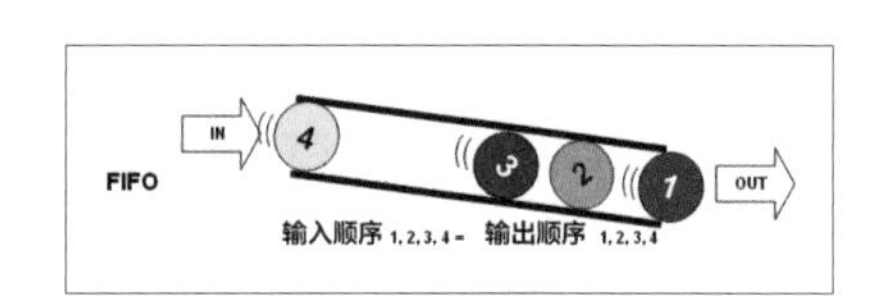

图 12.7 先入先出队列

为了实时地实现数据流的平均，我们不妨建立一个先进先出（FIFO，First In，First Out）的队列（见图12.7）。每当信号有一个新值到来时，我们就把它加入到队列里。如果当前队列的长度比我们设定的长度n要长，我们就丢弃一个最旧的值。通过这种办法，就可以时刻保持最新的n个数的数值，以便计算平均值。

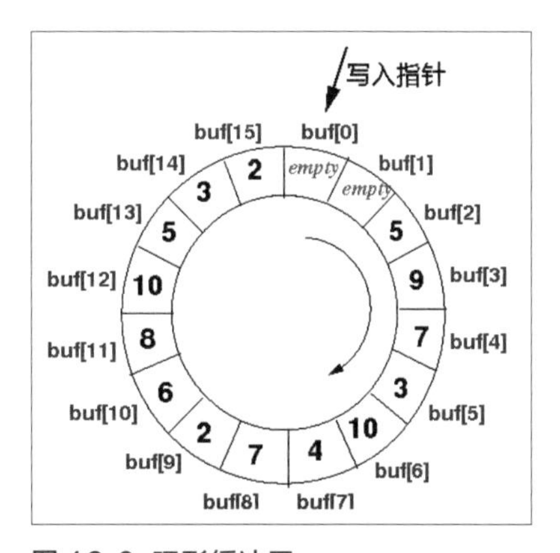

图 12.8 环形缓冲区

在编程中，如果我们把这n个值放到一个数组里，又想把数组内的元素整体移动一个单元，消耗的运算时间会很长。为了解决这个问题，需要了解环形缓冲区这一概念（见图12.8）。我们有一个固定长度的数组（图中数组长度是16），有一个写入指针，每写一个值，我们就把指针向后移一位。当指针超出数组边界时，我们把指针拉回数组开头。采用这种方式，每写一个新值，就会有一个旧值被覆盖。不仅实现了实时存储最新n个数据的需求，而且程序执行效率会比较高。

接下来我们从Working code.txt文件中复制以下这段代码，把它贴到代码练习区中，看看它的效果。

```
//average filtering, 平滑滤波
if(typeof data_filter === 'undefined'){   //我们需要在使用数组前声明数组
  data_filter=[0,0,0,0,0,0,0,0];
};
if(typeof data_pointer ==='undefined'){
  data_pointer=0;
};
data_filter[data_pointer]=value_input;   //将值存入数组
data_pointer++;
if (data_pointer==8) data_pointer=0;
sum=0;
for (i=0;i<8;i++){  //计算数组的平均值
 sum+=data_filter[i];
}
value_output=sum/8;
```

我们试着上下快速颤动手机，看看红色线是不是充满毛刺，而蓝色线是不是比较光滑？这就是平滑滤波的效果。

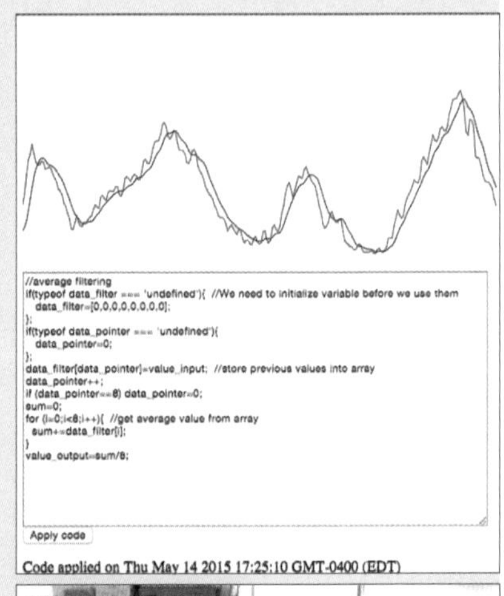

图12.9 平滑滤波测试

需要注意的是，在这个平滑滤波算法中，用来计算平均数的数组的长度，应当根据需求调整。示例代码中采用了长度为8的数组作为平均队列，感兴趣的读者不妨试试改变这一数组的长度，观察输出信号的变化。如果这个队列长度太短，滤波的能力可能不够，即平滑效果不好，信号仍然充满毛刺（见图12.9）。如果这个队列太长，滤波能力太强，即信号过于平坦，可能会漏掉我们需要抓取的特征信号。因此建议大家多做尝试，来找出满足你应用的最佳队列长度。

12.2　滞回比较算法

当我们想把传感器的模拟值转换为“高”和“低”来判断时，一般会设定一个阈值，超过阈值即判断为“高”，不足则为“低”。但是，如果输入信号有噪声，我们可能会在阈值附近得到一大堆恼人的跳变。以图12.10为例，毛躁的蓝色下降的线为输入信号，横向橙色线为设定的阈值，红色线为输出信号。由于蓝色输入信号充满噪声，数值在阈值附近反复跳动，导致红色的输出信号也出现了很多不必要的跳变，表现为图12.10中蓝色橙色线交汇处附近，出现很多红色竖线。

现在我们在实验平台上模拟这种输入信号。复制以下代码（Direct Comparison部分），单击“Apply code”。一手持手机缓慢上下移动的同时，微微抖动手，模拟噪声，你应该就能观察到噪声导致的多个跳变，如图12.11所示。

```
//Direct Comparison
if (value_input>(128)){
 value_output=255;
}else{
 value_output=0;
}
```

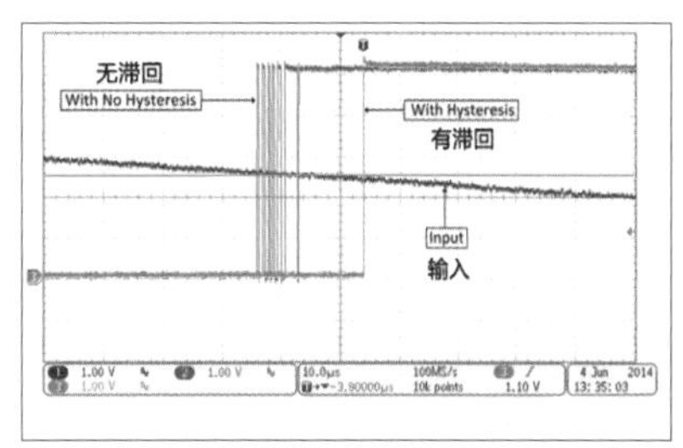

图 12.10 有无滞回比较算法的区别

如何解决这个问题呢？我们可以使用两个阈值来做判断。如图12.12所示，当输入信号下降，刺破阈值时，我们判断输出应该改变。与此同时，我们把阈值向上抬高一小段，作为新的阈值。通过这种方式，噪声就很难达到新的阈值位置，便不会导致输出改变。这样我们就可以避免噪声导致的反复跳变。仅当信号回升，突破较高的阈值后，我们再把阈值向下移回来即可。

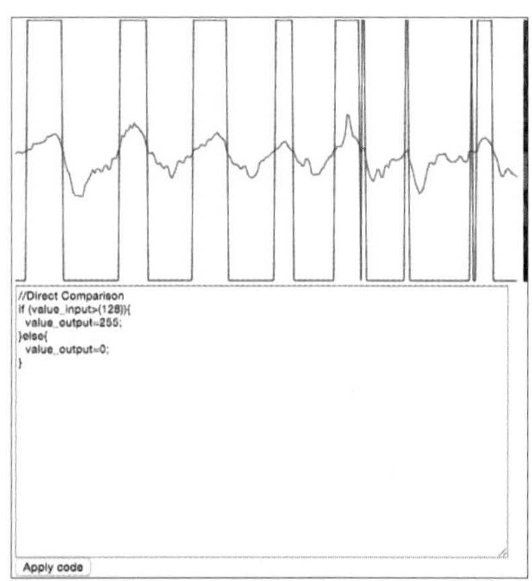

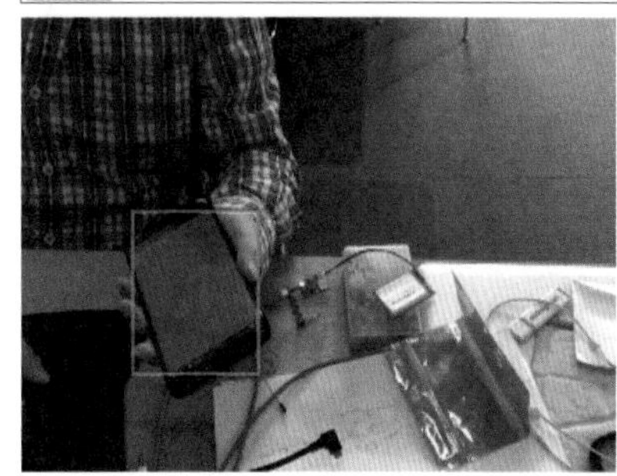

图 12.11 无滞回测试

请用以下代码（Threshold部分）再试一试，绿色的线是阈值，我们试着抖动手机，看看还会不会有多余的绿线跳变（见图12.13）？

```
//Threshold，带滞回的阈值代码
if(typeof value_was_above_threshold === 'undefined'){
  value_was_above_threshold=false;
};
if (value_was_above_threshold){
 value_threshold=128-5;
}else{
 value_threshold=128+5;
}
if (value_input>value_threshold){
 value_was_above_threshold=true;
}else{
 value_was_above_threshold=false;
}
if (value_was_above_threshold){
```

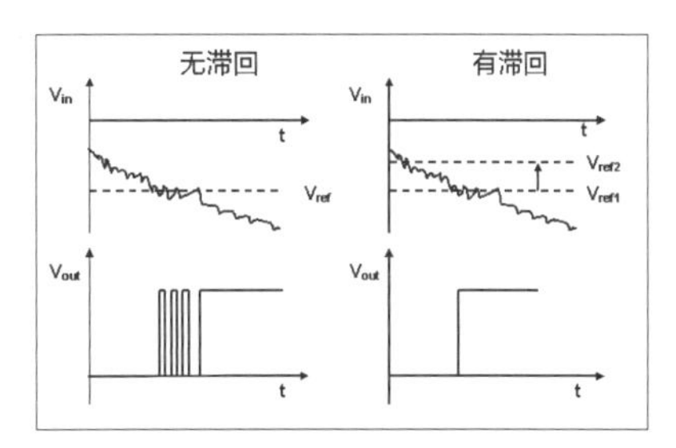

图 12.12 滞回方法

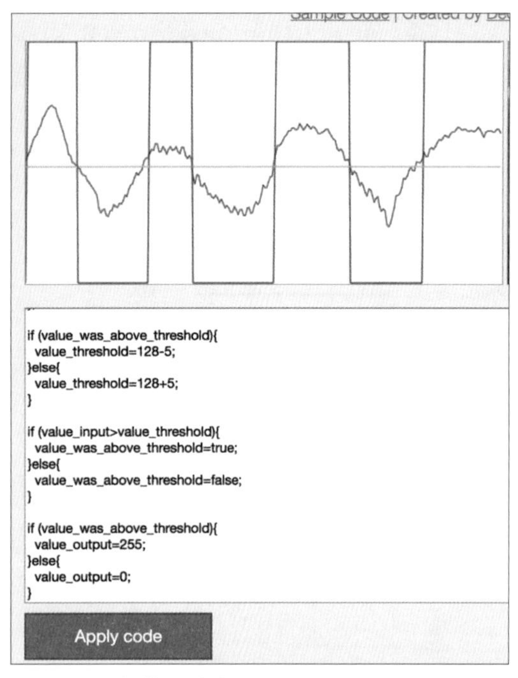

图 12.13 有滞回测试

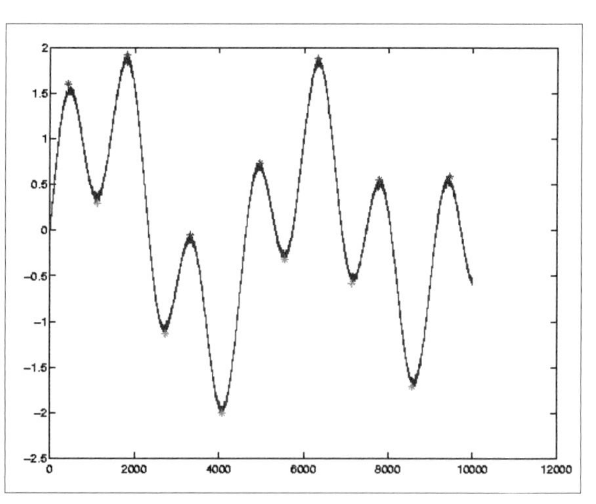

图 12.14 峰值和谷值

```
 value_output=255;
}else{
 value_output=0;
}
```

12.3 峰值检测算法

做峰值检测，首先我们要定义什么是峰值。一个比较简单的定义是：如果一个点的值比前一个值和后一个值都大，那么它就被认为是一个峰值（见图 12.14）。

运用这个定义，我们用下面这段简单的代码（basic peak detection 部分）来测试一下它的效果。

```
//basic peak detection，基本峰值检测
if(typeof previous_frame_data ===
'undefined'){
   previous_frame_data=0;
};
if(typeof two_frame_ago_data ===' undefined' ){
  two_frame_ago_data=0;
};
if (value_input<previous_frame_data && two_frame_ago_data<previous_frame_data){
  value_output=255;
}else{
  value_output=0;
}
```

```
two_frame_ago_data=previous_frame_data;
previous_frame_data=value_input;
```

我们发现这段代码在大多数时候是能工作的（见图12.15）。但是如果峰值不那么明显，识别效果就不会那么好。典型的情况是，有的峰值处可能相邻两个点的值是相同的，在这种情况下，这种算法就不灵了。

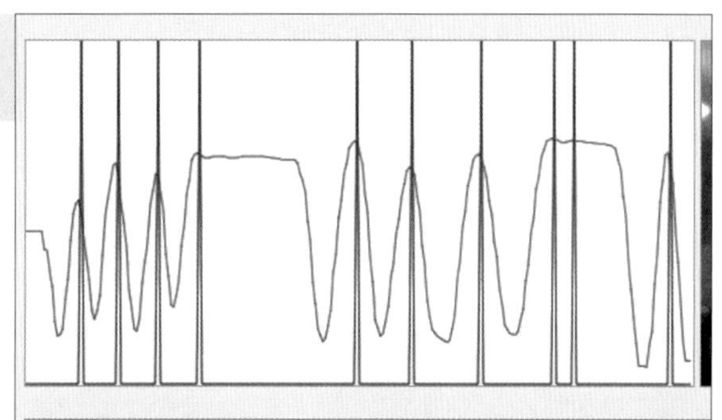

图 12.15 简单峰值检测测试

一种改进的办法是通过判断信号变化的趋势来识别峰值。当算法在寻找峰值时，算法会一直记录从上一个谷值开始，信号的最高值。一旦信号的值比最高值低一定的限值时（Δ），我们就可得知刚才经历了一个峰值。从此开始，我们的算法用相反的方式开始寻找谷值（见图12.16）。

在这种算法中，Δ 控制着算法的灵敏度。较大的 Δ 限值会使算法不容易受噪声干扰，

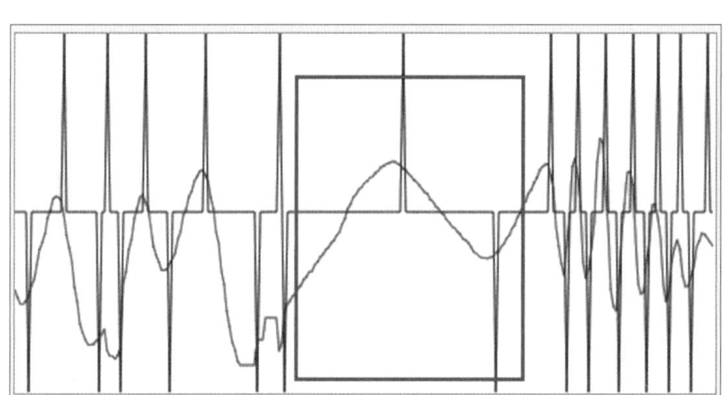

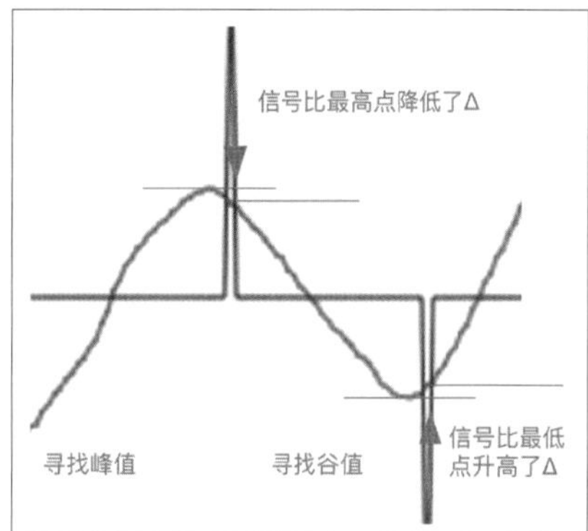

图 12.16 改良峰值、谷值检测

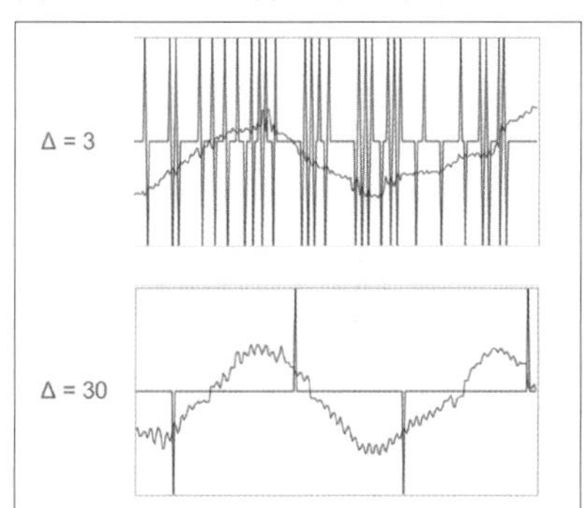

图 12.17 不同限值的效果

但坏处是使算法的延迟增大（见图12.17）。

改良后的算法如下（better peak detection部分）。

```
//better peak detection，改良峰值检测
delta=3;
if(typeof max_value === 'undefined'){
   max_value=0;
};
```

```
if(typeof min_value === 'undefined'){
   min_value=255;
};
if(typeof looking_for_peak === 'undefined'){
   looking_for_peak=looking_for_peak=true;
};
if (value_input>max_value) max_value=value_input;
if (value_input<min_value) min_value=value_input;
value_output=128;
if (looking_for_peak==true) {
  if (value_input<(max_value-delta)) {
    value_output=255;
    min_value=max_value;
    looking_for_peak=false;
  }
} else {
  if (value_input>(min_value+delta)) {
    value_output=0;
    max_value=min_value;
    looking_for_peak=true;
  }
}
```

这种寻找峰值的算法也被应用在股票市场下单操作中。跟踪止损单（Trailing Stop Order）的算法就和我们刚才介绍的算法一样，这种下单方式是美股交易所直接支持的。假设我们用10元买入一只股票，把止损的差额设为1元。如果股票价格下降，跌至9元，差额达到1元时，这只股票就被自动卖出，从而实现了自动止损的目的。但是如果股票价格上升，假设上升到15元，那么止损的价格就也随之上浮到14元，这时股票要跌至14元时，就被卖出，实现止损目的，又获得了4元的收益。读者朋友不妨想一想，这种跟踪止损的方式，是不是和我们寻找峰值的思路完全一样呢?

12.4 包络线检测算法

包络线简单来说，就是一条包裹信号峰值/谷值的光滑曲线（见图12.18）。我们回到一开始提到的检测挥手的算法。如果手静止不动，那么我们手的位置-时间的图表就应该是一条横线。如果画出它的包络线，也应该基本和横线重合。如果手开始上下挥动，那么上包络线（红色）会向上

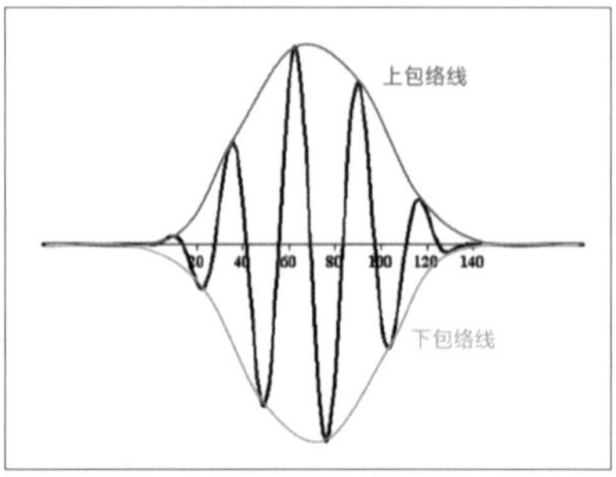

图12.18 包络线

移，而下包络线（绿色）会向下移，包裹住整个曲线。我们只需要计算上下包络线的差值，就可以判断用户是否在挥手了。

接下来的问题就是如何根据信号生成上下包络线。一个比较简单的算法是：如果是上包络线，我们让它慢慢下降，如果输入信号比它大，那么上包络线就直接上调到与输入信号相同的位置。这样上包络线就一定不会低于信号，但又会慢慢向信号靠近。下包络线的算法正好相反。

这种算法和模拟电路中的二极管包络线检测电路工作方式非常相似。图12.19中的二极管电路，当输入信号比电容电压；高时，输入信号将通过二极管将电容电压抬升至输入信号的电压。而当输入信号比电容电压低时，电容电压将被电阻缓缓降低。

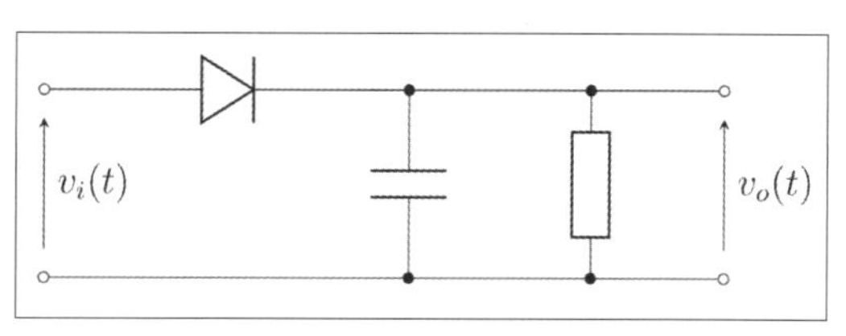

图 12.19 二极管电路图

我们可以用以下代码（envelop detection lower和envelop detection upper部分）来测试，试试将手机上下挥动以及手机保持不动这两种情况下，上下包络线各会怎样运动（见图12.20）。

```
//envelop detection lower，计算下包络线
if (value_input<value_output){
 value_output=value_input;
}else{
   value_output+=0.5;
}
//envelop detection upper，计算上包络线
if (value_input>value_output2){
 value_output2=value_input;
}else{
   value_output2-=0.5;
}
```

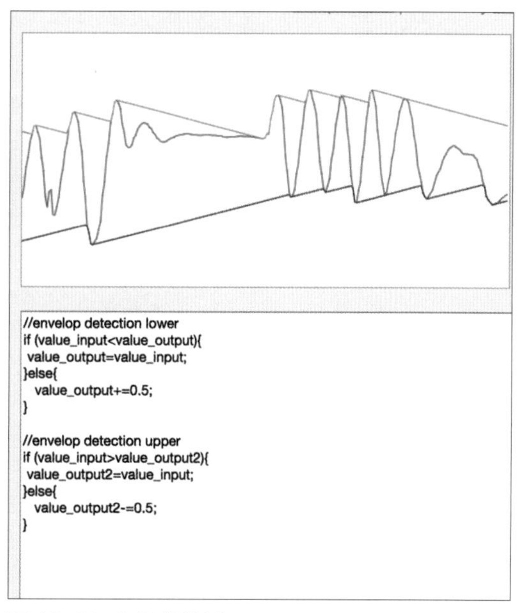

图 12.20 包络线检测

12.5 总结及引申

本章我们介绍了4种简单的信号处理算法，对于有噪声的信号需要平滑（场景一），适合使用平滑滤波算法；如果我们想把模拟信号转化成开关量，并避免噪声干扰（场景二），我们可以使用滞回比较算法；需要侦测信号峰值的位置（场景三），可以用峰值检测算法；而检测用户手是否在挥动（场景四），可以使用包络线检测算法。

读者朋友们的电子原型项目如果涉及信号处理，不妨思考一下，你的项目原始信号可能有怎样的噪声，怎样处理信号会效果更好？

13 Arduino USB 通信

本章我们介绍使用Arduino进行USB通信的几种方式。不同的Arduino上的USB口有什么不同？Arduino有哪些与计算机通信的方式？Arduino如何与我们编写的程序通信？Arduino是否可以和网页直接通信？

13.1 Arduino上几种不同的USB接口

使用Arduino时，USB是其与计算机通信最常见的接口。你一定还记得，在接触Arduino之初，我们就是用USB接口往Arduino上烧录程序，并打开串口工具与Arduino通信的。值得注意的是，不同型号的Arduino板子上的USB接口略有不同，我们汇总在表13.1中，下文将具体讨论。

表13.1第一行列举了读者朋友们最常使用的Arduino型号，它们使用ATmega328芯片。

表13.1 不同型号的Arduino板子上的USB接口

USB 接口类型	Arduino 类型	示例
USB转串口芯片的USB口	Arduino Uno、Nano等使用ATmega328芯片的Arduino	Arduino Uno
软件模拟USB口	Arduino Gemma等使用ATtiny85芯片的Arduino	Arduino Gemma

（续表）

USB 接口类型	Arduino 类型	示例
内置USB口	Arduino Micro、Leonardo等使用ATmega32U4芯片的Arduino	Arduino Leonardo
内置USB OTG口	Arduino Zero、Due等使用ARM Cortex-M芯片的Arduino	Arduino Zero

ATmega328这款芯片并不支持USB接口，所以不能直接连接计算机。早在2005年，第一代Arduino使用9针串口与计算机通信（见图13.1），但是9针串口在新的计算机上越来越难以找到，因此现在Arduino使用一块USB转串口芯片来解决这个问题。

具体到USB转串口芯片，早期官方Arduino使用FT232芯片，最新的官方Arduino Uno使用一块装有定制固件的ATmega8U2，其他生产商也使用PL2303、CP2102、CH340芯片。无论采用哪种转接芯片，我们的计算机直接连接到的其实是USB转串口芯片，而不是Arduino主芯片本身。对于这一类型的Arduino，我们不能通过上传Arduino程序的方式修改USB的功能，因此这种Arduino只能以串口的方式与计算机通信，这是USB转串口芯片所决定的。

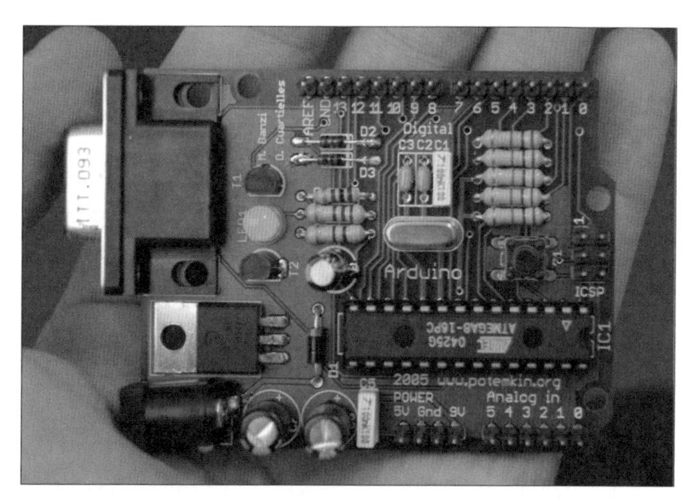

图13.1 第一代Arduino

表格第二行列举的是一类廉价的USB Arduino开发板，包括Arduino Gemma、Adafruit

图 13.2 Digispark 开发板

Trinket、Digispark（见图13.2）等，它们使用模拟的USB口与计算机通信。这些板子使用Objective Development Software GmbH提供的V-USB技术，在本来不支持USB的芯片上通过软件精确模拟USB的信号来模拟USB通信。这种方式硬件成本低廉，但有一些先天的限制。首先软件模拟需要消耗大量的运算资源，因此主芯片需要为USB通信预留大量的运算时间，影响了主程序的速度。另外受制于主芯片的速度，芯片只能模拟USB低速设备（1.5Mbit/s）。使用USB低速通信时，模拟HID设备（鼠标、键盘、自定义HID设备）、MIDI设备或自定义设备还是可行的。由于模拟串口不完全符合USB标准，会遇到不少兼容性问题，我们在本章中不再过多介绍，有兴趣的读者朋友可以参考V-USB官网，或者Adafruit Trinket、Digispark的Arduino例程，来看这些类型的Arduino是否满足你的需求。

表格第三行，Arduino Micro、Leonardo等开发板使用ATmega32U4作为主芯片。这款芯片内置USB控制器。与我们刚才介绍的模拟USB不同，ATmega32U4内置的USB控制器使用特制的硬件进行USB通信。对于我们开发者来说，这带来了两个好处：第一，USB通信速度更快了，ATmega32U4可以以USB低速（1.5Mbit/s）或者全速（12Mbit/s）的速度进行通信，因此可以模拟绝大多数USB设备。第二，由于不需要软件模拟，主芯片可以分配绝大多数时间用来执行我们的程序，因此主程序的执行速度也变快了。

正是由于硬件层面上我们有了充足的资源，软件层面上才得以简化。Arduino官方程序已经在每个Arduino Leonardo程序中都内置了USB串口模拟程序，这也是为什么我们把Arduino Leonardo插到计算机上时，系统中会出现一个串口。此外，Arduino Leonardo模拟别的USB硬件也非常方便。Arduino官方例程里包含键盘和鼠标的模拟程序，我们也可以通过别的第三方库来模拟别的硬件或接口。本章我们将着重讨论这种USB接口。

表格第四行列举了更高级的Arduino，例如Arduino Zero、Due等。它们的主芯片上的硬件USB控制器不仅可以像Arduino Leonardo上的那样模拟USB设备，也可以作为主机去访问别的USB设备。举个例子，我们可以使用一根USB OTG线，将Arduino Zero的microUSB口转换成母口，再把一个普通的USB键盘插上去。这时我们就可以用Arduino来读取这个键盘的输入。感兴趣的读者朋友可以参考Arduino官方的USBHost例程，其中有读取键盘和鼠标的示例代码。

13.2 Arduino USB串口通信

USB串口通信是Arduino最常见的通信方式，适用于几乎所有Arduino。使用这种方式一般需要先安装驱动程序，保证Arduino的USB串口可以被操作系统正常识别，之后我们就可以用应用程序与Arduino通信了。

保证驱动程序工作后，最简单的通信程序是Arduino IDE自带的串口工具：串口监视器（Serial Monitor）。串口监视器允许我们在计算机和Arduino硬件之间双向传送信息。我们可以把需要发送给Arduino的信息写到串口监视器上方的文本框中，再按“发送”（Send）键，文本框里的信息就会通过USB接口发送给Arduino。同时，Arduino发送给计算机的信息会出现在串口监视器下半部分的大文本框中（见图13.3）。

串口工具对于开发者快速测试串口通信是非常方便的。但是它也存在两个缺点：一个是这是一个纯手动工具，虽然自由度很高，但是所有信息都必须手动输入，无法自动化，而且当接收信息太多、太快时，信息快速滚动，人眼可能看不过来；另一点是串口工具只适合处理传输可打印字符（Printable Character）的程序，如果Arduino程序通信使用了不可打印字符，我们只能看到一堆乱码，难以人工识别。

为了解决这两个问题，我们可以在计算机上使用自己编写的程序进行串口通信，这样不仅可以快速且自动地进行通信，而且也可以使用二进制方式处理不可打印字符的问题。Arduino最常用的配套程序是Processing（见图13.4）。Processing是一个免费的Java库和开发工具，Arduino

图13.3 Arduino IDE及其自带的串口工具——串口监视器

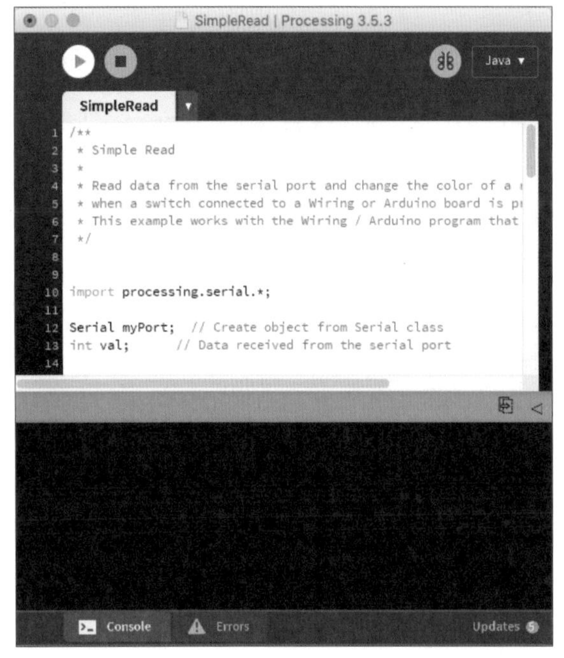

图 13.4 Processing 及其一个串口示例代码

IDE即是以Processing为蓝本开发而来的，而且Arduino大部分计算机端示例代码都是以Processing编写的。我们通过Processing自带的示例程序可以很方便地上手。

除了Processing外，绝大多数在本地运行的主流编程语言支持串口通信，C/C++、Python、Java、Node JS等都有串口通信的功能或者对应的库，读者可以按需选用。需要注意的是，JavaScript如果被写在网页里，一般是在沙盒中执行，不能访问串口，而在Node JS里则一般可以。

13.3 Arduino USB键盘通信

刚才我们讨论了使用USB串口通信的方式。串口方式虽然常用，但是有两个限制：第一是需要安装驱动程序。不同串口转换芯片的实现方式略有不同，因此如果计算机没有安装与硬件相对应的驱动程序，是不能与硬件通信的。第二个问题是串口通信需要能在本地运行的程序来进行通信，如果程序运行在沙盒（比如网页）里，就无法实现。

在简单的应用中，如果我们只需要Arduino向计算机传输少量的信息，一个巧妙的办法是让Arduino模拟成一个键盘。这种方式的好处是直接回避了驱动程序的问题，因为任何操作系统对于USB键盘的支持都很好。另外我们接收信息的计算机端程序只需要处理键盘按键信息，一般编程会比较简单，尤其是网页应用，这种方式非常方便。

如果要使用这种方法，我们必须选用直接支持USB接口的Arduino。一般我们推荐使用Arduino Leonardo或Zero之类内置USB接口的Arduino，但因为USB键盘可以在低速模式下工作，因此具有模拟USB接口的开发板也是可以的，只是程序稍麻烦一些。假设我们选用的是内置USB接口的Arduino，由于Arduino环境自带键盘模拟库，键盘通信是非常简单的，只需要调用Keyboard库即可。读者朋友可以参考Arduino自带的键盘例程，这里我们就不再过多介绍。

那么有没有办法能够既实现双向通信，又回避驱动程序呢？有两个办法。

如果计算机向Arduino传输的数据也非常少，我们可以通过操作键盘上的指示灯来传输信息。键盘上一般至少有3个指示灯：大写锁定、滚动锁定、数字锁定。我们不仅可以在键盘上通过按对应的按键来切换这3个指示灯的亮灭，也可以调用操作系统API来改变它们的亮灭。因此，我们可以通过计算机程序将需要发送的信息以一定的指示灯变化顺序进行编码，在Arduino上我们可以使用NicoHood的HID库模拟键盘，就可以在Arduino上读取到我们模拟键盘上的指示灯状态，并进行解码。

第二个办法针对需要进行较大量数据交换的情况，我们可以使用自定义HID设备的方式进行通信。在Arduino端使用NicoHood的HID库，使用RawHID对象来创建自定义HID设备。在计算机端，我们一般调用signal11的hidapi库或者它在别的语言里的封装库进行通信。

13.4 Arduino WebUSB通信

时下越来越多的应用采用Web方式运行，那么如果我们的程序运行在一个网页里，比如直接在网页里写JavaScript，或者在此基础上使用P5js一类的库，我们会发现JavaScript并不提供操作串口的库。这是因为出于安全性的考虑，浏览器一般不允许程序直接访问硬件。因此，传统上如果我们想要网页能够访问串口，需要在计算机本地另外安装一个程序进行中转：网页通过网络协议访问这个程序，再由这个程序去访问串口。

可喜的是，最近几年出现了WebUSB技术，能够方便地满足网页和硬件通信的需求。WebUSB是一个JavaScript API，它可以允许网页通过浏览器访问USB设备。与上述传统的另外安装程序的方式相比，WebUSB除了浏览器之外不需要任何别的程序，对用户友好很多。由于这项新技术还只是在草案阶段，尚未正式成为W3C标准，因此不是所有浏览器都支持这项技术。在撰写这篇文章的时候（2020年4月），61版本及以上的Chrome桌面版和移动版浏览器、48版本及以上的Opera浏览器、79版本及以上的Edge浏览器都支持这项技术。我们可以按需选择浏览器来操作。

在一起练习使用WebUSB前，我们先用一个应用案例来了解一下这项技术可以做什么。来看看ARM的开源调试工具DAPLink（与我们之前调试Arduino M0使用的调试器类似）。一般我们用调试器调试代码或者烧写代码时，需要在计算机上安装程序才能完成这些工作。但是由于支持WebUSB的DAPLink可以直接与网页通信，因此用户不需要安装任何程序，只要打开网页就可以操作DAPLink烧写目标代码。比如目前创客教育领域里很常见的micro:bit，早期我们需要把编译好的HEX文件下载到本地，再把它通过板上调试器模拟出来的大容量存储器烧录到目标芯片上。现在我们通过WebUSB可以直接配对好开发网页和调试器，用户在网页上单击下载键

图 13.5 一键下载 micro:bit 程序

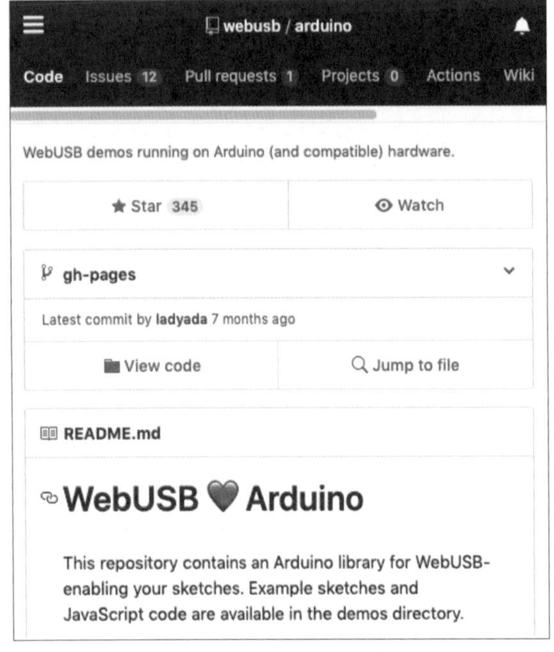

图 13.6 WebUSB Arduino 示例代码

就可以让网页把目标芯片烧录好，对用户非常友好（见图13.5）。

WebUSB的创立者之一Reilly Grant在Github上提供了Arduino使用的WebUSB库和示例代码（见图13.6），我们可以在任何内置USB的Arduino上进行测试。从USB的层面来说，WebUSB是一个厂家自定义接口（Vendor-Specific Interface），与Arduino自带的CDC-ACM串口不同，WebUSB的接口不会被操作系统直接占用，因此浏览器可以直接访问它。另外，Linux和macOS对于厂家自定义接口都不需要任何驱动程序，而对于Windows 8.1及以上平台，WebUSB通过二进制设备对象存储描述符（Binary Object Store Descriptor）向操作系统请求安装WinUSB.sys驱动程序，也不需要任何用户干预，可以自动安装好。因此，WebUSB在所有主流操作系统下，都不会有安装驱动程序的麻烦。

下面我们练习使用WebUSB。Arduino和网页例程可以在Github上下载，也可以在本书随附的文件中找到。由于WebUSB的Arduino库是Arduino自带的CDC（默认的USB串口）库改造而成的，因此在Arduino上的使用方式也和串口的使用方式高度类似。首先我们创建一个WebUSB对象，之后我们就可以像使用串口的Serial对象一样，通过begin函数来开启接口，通过write函数来发送数据。需要注意的是，普通串口不需要flush函数也可以将数据发走，WebUSB不使用flush函数的话，可能会有部分数据留在Arduino上，不会被发出去。

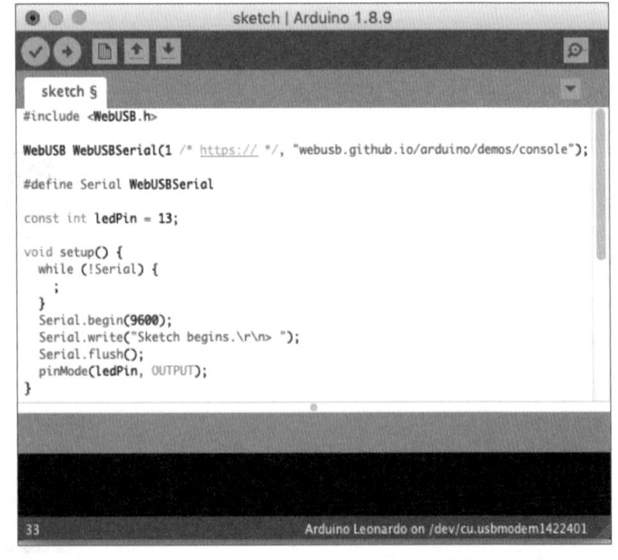

图 13.7 WebUSB Arduino Console 例程（部分）

下面我们以WebUSB自带的Console例程（见图13.7）为例，先来分析Arduino端的代码。它首先使用WebUSB类创建了WebUSBSerial对象（前两行），再通过宏定义将文件中所

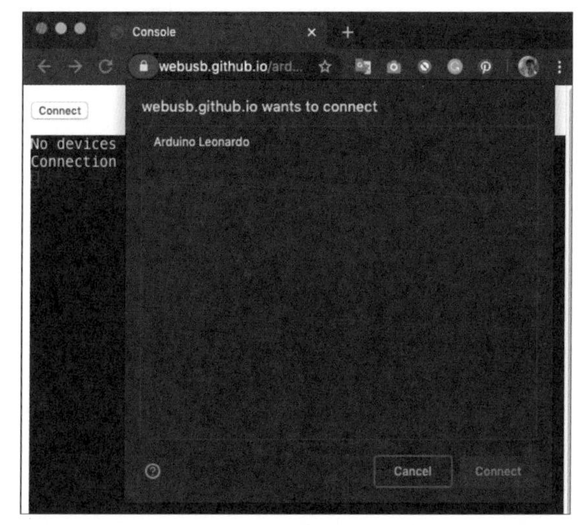

图 13.8 WebUSB 配对硬件

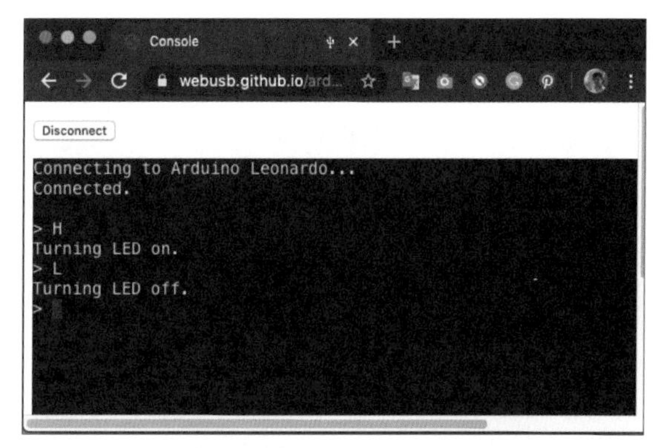

图 13.9 通过网页控制 Arduino 上的 LED

有Serial都替换为WebUSBSerial（第三行）。之后，这段代码持续侦听WebUSB接口，对于WebUSB接收到的任何一个字节，都会原样发送回去。与此同时，当WebUSB接收到大写字母H时，程序将点亮13脚上的LED，并发送“Turning LED on.”。当WebUSB接收到大写字母L时，程序将熄灭13脚上的LED，并发送“Turning LED off.”。

接下来我们打开console文件夹里的index.html（见图13.8）。单击“Connect”按钮，浏览器会列出所有可连接的WebUSB，我们选择对应使用的硬件（图中为烧录好console示例程序的Arduino Leonardo）再单击“Connect”按钮。当Arduino连接上后，我们可以按住Shift键保持为大写输入状态，按H键，Arduino上的LED会点亮，并发送“Turning LED on.”；按L键，Arduino上的LED会熄灭，并发送“Turning LED off.”（见图13.9）。

我们注意到计算机上的console示例代码分为两部分，分别是console.js和上一级目录的serial.js。console.js是这个例程专有的代码，而serial.js是所有例程共享的库代码。在我们编写自己的WebUSB应用时，可以直接复制serial.js到自己的应用中直接使用。

我们在这里简要介绍一下serial.js的内容（见图13.10），方便读者理解并为自己所用。serial.js里面有一个serial对象，帮我们连接硬件并收发信息。在主程序中，当我们想要知道有哪些WebUSB设备连接到计算机上时，我们调用serial里的requestPort方法。我们会注意到，requestPort方法里有一个filters数组，里面有很多vendorId和productId。这个过滤器起到的作用是一个白名单，只有USB硬件ID符合要求的硬件才会被显示出来。当我们选择好硬件后，就可以调用connect方法连接WebUSB设备。在连接的过程中，serial对象会遍历硬件上的所有接口，找到厂商自定义接口，也就是我们的WebUSB接口，并加以连接。当WebUSB设备发送数据给计算机时，serial会通过回调函数onReceive通知上一层代码。当我们想要给WebUSB设备发送数据时，可以调用send方法。

```
100 lines (92 sloc) | 3.68 KB

1   var serial = {};
2
3   (function() {
4     'use strict';
5
6     serial.getPorts = function() {
7       return navigator.usb.getDevices().then(devices => {
8         return devices.map(device => new serial.Port(device));
9       });
10    };
11
12    serial.requestPort = function() {
13      const filters = [
14        { 'vendorId': 0x2341, 'productId': 0x8036 }, // Arduino Leonardo
15        { 'vendorId': 0x2341, 'productId': 0x8037 }, // Arduino Micro
16        { 'vendorId': 0x2341, 'productId': 0x804d }, // Arduino/Genuino Zero
17        { 'vendorId': 0x2341, 'productId': 0x804e }, // Arduino/Genuino MKR1000
18        { 'vendorId': 0x2341, 'productId': 0x804f }, // Arduino MKRZERO
19        { 'vendorId': 0x2341, 'productId': 0x8050 }, // Arduino MKR FOX 1200
20        { 'vendorId': 0x2341, 'productId': 0x8052 }, // Arduino MKR GSM 1400
21        { 'vendorId': 0x2341, 'productId': 0x8053 }, // Arduino MKR WAN 1300
22        { 'vendorId': 0x2341, 'productId': 0x8054 }, // Arduino MKR WiFi 1010
23        { 'vendorId': 0x2341, 'productId': 0x8055 }, // Arduino MKR NB 1500
24        { 'vendorId': 0x2341, 'productId': 0x8056 }, // Arduino MKR Vidor 4000
25        { 'vendorId': 0x2341, 'productId': 0x8057 }, // Arduino NANO 33 IoT
26        { 'vendorId': 0x239A }, // Adafruit Boards!
27      ];
28      return navigator.usb.requestDevice({ 'filters': filters }).then(
29        device => new serial.Port(device)
30      );
31    }
32
```

图 13.10 serial.js 部分代码

13.5 总结及引申

我们了解了Arduino上4类不同的USB口，以及它们如何与计算机通信，重点练习了Arduino USB串口通信和WebUSB通信。

我们在制作原型应用时，会面临选择哪款Arduino作为开发板这个问题。通信需求是其中一个重要考虑因素。我们不妨按照输出－输入－用户（Output-Input-User）的逻辑来思考，应用是否需要和计算机通信？需要输出什么信息？是否需要输入信息？通信的复杂程度如何？用户将是自己，还是其他有软硬件能力的创客，抑或是普通用户（没有软硬件能力，不希望安装额外程序）？想清楚了这些问题，相信读者就能更加自信地选择适合自己应用的Arduino开发板。

14 蓝牙低功耗

本章我们介绍近年来非常流行的蓝牙低功耗（BLE）：这种通信技术有何优缺点，哪些场合适用蓝牙低功耗技术，如何使用它。我们还将练习用蓝牙连接浏览器，进行数据通信等。

14.1 什么是蓝牙低功耗

蓝牙低功耗（Bluetooth Low Energy，或称Bluetooth LE、BLE）是蓝牙4.0标准的一个子集。与别的无线连接技术相比，蓝牙低功耗有一些特有的优势。

顾名思义，蓝牙低功耗最大的优势是能量消耗少。在很多无线应用中，蓝牙低功耗可以用一节纽扣电池运行很多年。另外蓝牙低功耗的配对是可选的，既可以配对，也可以不配对（即广播模式）就直接传递数据。此外，绝大多数主流系统原生支持蓝牙低功耗技术，无论是Windows、macOS、Linux还是iOS、Android系统，都对蓝牙低功耗有完善的支持。再者，蓝牙低功耗的硬件成本也比较低。完整的模块零售价格可以控制在2美元以内，批量采购价控制在1美元内也是可能的。

说了这么多好处，再讲讲蓝牙低功耗的不足。它最大的不足，就是数据传输速度比较慢。这也是蓝牙低功耗追求降低功耗而付出的代价。它的最大数据传输速率是260kbit/s，比别的无线协议低得多。可见如果想要在蓝牙低功耗上实时传输音频、视频等高速率内容是不可行的，这时我们可以使用经典蓝牙（Bluetooth Classic）技术来实现这些应用。

了解了以上优点和缺点，你是否对“蓝牙低功耗为什么能量消耗少”这一问题有了一些猜测？没错，这是由于蓝牙低功耗不是一直维持连接的。在大部分时间里，蓝牙芯片都在休眠状态，从而节省能量。蓝牙芯片会按照双方预先商定好的间隔，同时打开无线电功能进行通信（见图14.1）。通过这种方式，蓝牙低功耗的功率很低，相应地，速度也比较慢。

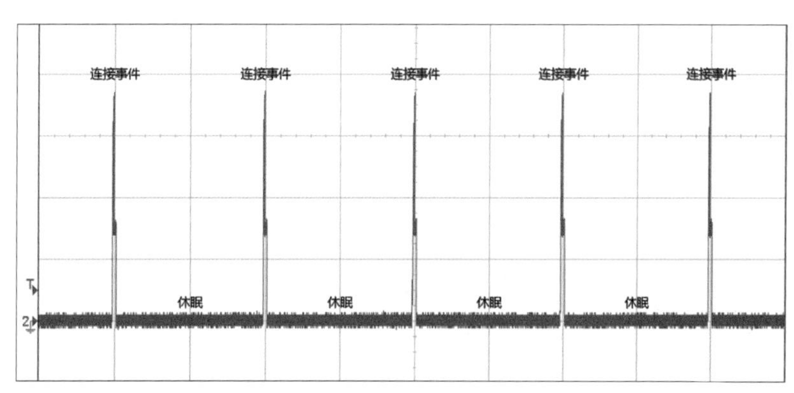

图14.1 BLE连接的电流消耗与时间的关系

14.2 蓝牙低功耗的角色概念

蓝牙低功耗有两对工作角色（见图14.2）：一对是广播者（Broadcaster）和观察者（Observer），另一对是中央设备（Central）和外围设备（Peripheral）。蓝牙低功耗可以在这两对之中以任意一对角色进行工作。下面我们将讨论介绍这两对角色。

14.2.1 角色一：广播者与观察者

在这对角色中，广播者持续不断地向周围的环境发送数据包，而观察者则是被动地从空中捕获数据包。在这种工作方式中，发射与接收的双方并没有建立数据连接，信息的传输是完全单向的。我们不妨类比无线电广播，广播者并不知道听众（观察者）是否存在，也不知道有多少个听众（观察者）；而从听众（观察者）的角度看，听众（观察者）的数量也没有限制，多个听众（观察者）同时接收一个广播者的信号是完全没有问题的。

这种工作方式的一大应用场景是蓝牙信标（Beacon）。信标的概念是使用一个小型的蓝牙发射器发送少量的信息，附近的蓝牙接收器（主要是用户的智能手机）接收这些信息。发射器发送的信息可以是任何内容。

目前市场上主流的信标标准有3个，它们分别是苹果的iBeacon、谷歌的Eddystone，以及Radius Networks的AltBeacon。其中Eddystone在2018年底取消了它的信息推送功能，AltBeacon的使用范围也不太广，因此我们在这里只分析苹果的iBeacon技术。当然，我们自己进行原型制作的时候，也未必一定要符合现有的信标标准。

我们先来观察一下，一个标准的蓝牙广播数据包中有哪些信息（见图14.3）。

第一行是一个蓝牙报文（Message）。它的第一个字节是前导码（Preamble），前导码是01010101或者是10101010的交替二进制序列。如果下一个字节的最高位为0，那么前导码就是01010101。而如果下一个字节的最高位为1，那么前导码就是10101010。这个前导码存在的意义是帮助接收机测量无线电信号强度，并配置好放大器的增益倍数。

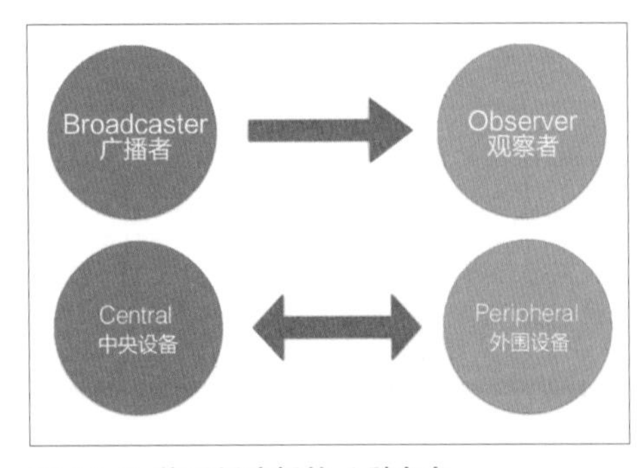

图 14.2 蓝牙低功耗的 4 种角色

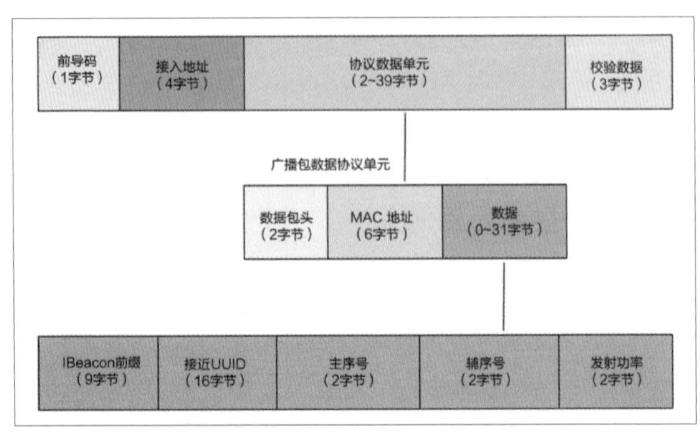

图 14.3 BLE 广播包格式，第二行为标准广播包格式。第三行为 iBeacon 专用格式

之后的4个字节，是接入地址（Access Address）部分。对于广播模式的数据包，它的地址是固定为0x8E89BED6的。而对于我们之后讨论的中央－外围模式，它的地址是随机的。

下边是协议数据单元（PDU, Protocol Data Unit），它是我们存放数据的主要位置。协议数据单元之后的3个字节，也就是报文的末尾，是校验数据，它使用循环冗余校验（Cyclic Redundancy Check, CRC）算法来检验报文是否有传输错误。

对于蓝牙广播数据包，协议数据单元是我们可操作的部分，它的长度是2字节到39字节不等。对于广播包而言，这段单元被分为3部分：两个字节的报头（Header）、6个字节的MAC地址，以及0到31字节不等的数据字段。其中报头和MAC地址我们一般不直接操作，我们的数据都是存储在数据字段里面的，最多31字节。

1. iBeacon

iBeacon是一种苹果发布的信标协议，它允许智能手机、平板电脑或者其他设备在靠近iBeacon时进行特定的操作。出于隐私的考虑，除非主动扫描，智能手机App并不能获取附近所有的iBeacon，只有App向操作系统提交iBeacon的白名单，操作系统才会将扫描到的iBeacon信息传递给App。即使App在后台工作，iBeacon也可以跳出通知提示用户（见图14.4）。iBeacon一般用于室内定位或导航用途，可以解决GPS定位在室内不准确的问题。举个例子，在旧金山国际机场，它们的App就可以在用户靠近商店时通过iBeacon和App给出提示。

我们返回去看BLE广播包格式的第3行，iBeacon的数据格式。它分为5部分。第一部分是iBeacon前缀（iBeacon prefix），为9字节。这一部分所有iBeacon都是一样的。之后16字节是接近UUID（Proximity UUID），这一部分用以区分不同服务iBeacon。简单来说，就是我们可以用这一字段来区分你的iBeacon和别人的iBeacon。由于这个ID非常长，所以一般不太可能会有两家服务碰巧使用了一样的UUID。当我们编写App时，只要将自己的UUID告知操作系统，系统就会返回周围的iBeacon信息。

UUID之后分别是两字节的Major（主序号）字段和Minor（辅序号）字段。这两个字段各2字节，取值范围在1～65535，它们的作用是用来区分不同iBeacon。图14.5所示是一个百货商店的例子。整个百货商店集团所有的iBeacon共用同一个UUID，在不同的分店，

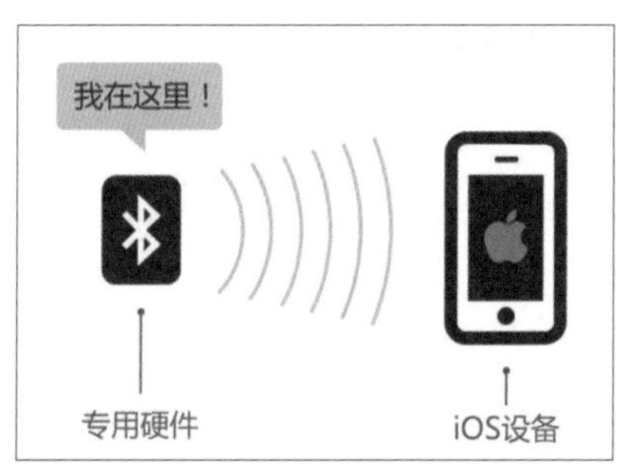

图14.4 iBeacon工作方式（来自：nerdery）

商店位置		旧金山	巴黎	伦敦
UUID		D9B9EC1F-3925-43D0-80A9-1E39D4CEA95C		
Major		1	2	3
Minor	服装	10	10	10
	家庭用品	20	20	20
	汽车行业	30	30	30

图14.5 Major和Minor值用法示例

iBeacon使用不同的Major值。比如旧金山分店使用1，巴黎分店使用2，伦敦分店使用3。在同一家门店里，不同的iBeacon使用不同的Minor值进行区分。比如服装区域使用10，家庭用品区使用20，汽车用品区使用30。这样一来，当我们的智能机接收到iBeacon的信号后，就可以根据UUID、Major和Minor的值，来获取智能机所处的区域。

iBeacon最后的一个字段，是发射功率（TX power），标明了这个iBeacon在1m距离处的信号强度。对于同一个无线电信号而言，距离越远，信号越弱；反之距离越近，信号越强。但是对于不同的iBeacon发射器而言，它们的发射功率不同，天线增益不同，外壳的衰减也不同，所以我们不能简单地将信号强度直接转换为距离值，而是需要用智能机上接收到的信号强度，和iBeacon在1m处的信号强度（由iBeacon生产者预先测定）相比较，从而计算出智能机和iBeacon粗略的距离关系（见图14.6）。

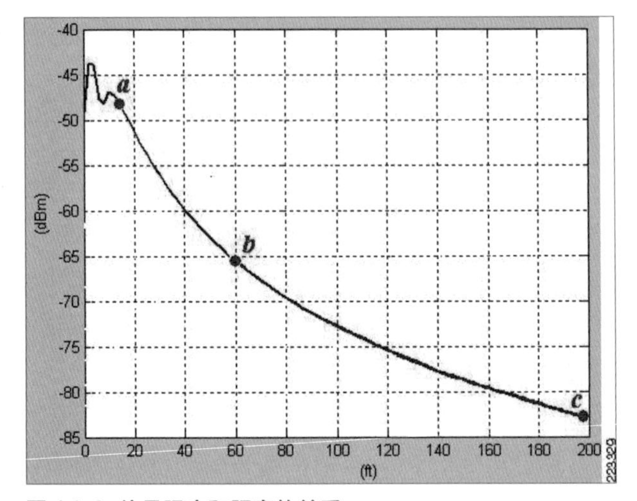

图 14.6 信号强度和距离的关系

iBeacon中的发射功率是以分贝毫瓦（dBm）计量的。这个值用对数表示功率和1mW之间的关系。简单来说，数字越大，功率越大。一般蓝牙低功耗的信号强度都低于1mW。因此这个值一般都是负的。举个例子：-50dBm的信号，比-100dBm要强。

对于智能设备而言，它的蓝牙接收器可以测量BLE信号的强度，用测量到的信号强度和iBeacon的发射强度相比较就可以估算距离信息。但是值得注意的是，这个测量值既不准确也不稳定。因此一般我们不直接使用距离值，而是把距离粗略地分为3个范围：很近、近和远。通过这种方式，iBeacon隐藏了不稳定的距离信息，防止用户看着来回跳动的距离值产生困惑（见图14.7）。

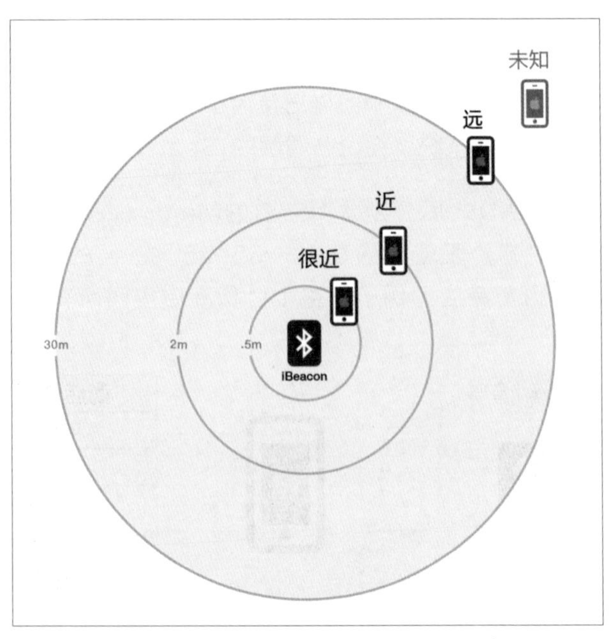

图 14.7 iBeacon 距离感应（来自：nerdery）

目前市场上有一些蓝牙定位的新进展。传统的蓝牙定位使用3个以上的蓝牙信标，智能机可以通过信号强度算出来自己和这几个信标之间的距离。由于信标的位置在安装信标的施工过程中就已经确定了下来，智能机可以使用自己测量的距离和信标的位置，通过三角定位计算自己的位置。由于手机测量信号强度并不非常准确，这种定位方式不是特别精确。在2019年1月，蓝牙技术联盟（Bluetooth SIG）公布了5.1标准，可以使用多天线技术来准确地测量相对角度信息。未来如果读者朋友们需求更高精度的蓝牙定位，不妨关注一下5.1标准是否已经普及。

了解了这么多，下面让我们动手试验一下iBeacon技术，进一步体验一下它的功能。我们不使用任何专用硬件，只使用一台iOS设备来模拟iBeacon。首先我们下载Radius Networks的Locate Beacon这个App。

在这个App里，我们单击右下角的发射图标，就可以进入模拟iBeacon功能界面。它默认有很多iBeacon模版可以使用，我们单击右上角的加号，自己添加一个新的iBeacon（见图14.8）。

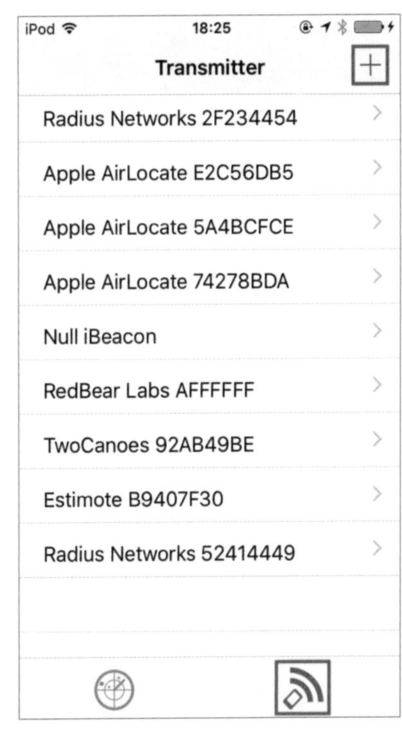

图 14.8 添加 iBeacon

在添加界面里，我们给iBeacon一个名字，这个名字不会被发送，只是在这个App里方便查找。然后设定一个UUID，可以是任何值，再设好Major与Minor值。然后设定好发射功率。这个App有个小Bug，发射功率必须为负值，可是弹出的软键盘却没有负号可输入。我们可以从别处复制粘贴一个来。另外，新版本的iOS会忽略这个值，无论我们输入多少，模拟出来的发射功率都是-59dBm。不过这些都不影响我们测试。当值输入好后，我们就可以单击“Advertise Now”，来模拟一个iBeacon（见图14.9）。

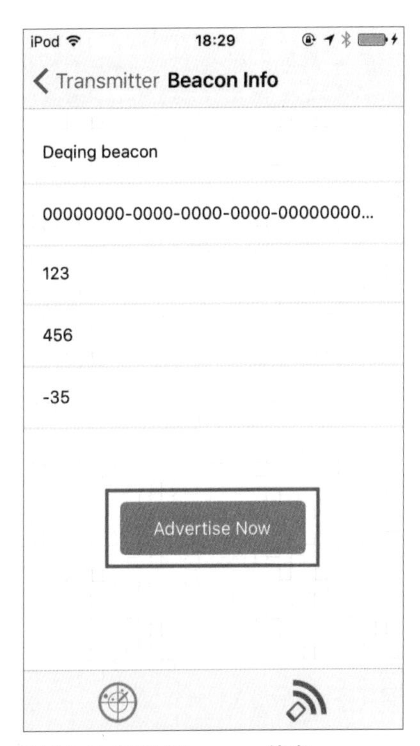

图 14.9 添加 iBeacon 信息

为了接收iBeacon信息，我们可以使用计算机或另一台智能手机。这里我们演示的软件是iBeaconScanner，作者是Liam Nichols，读者朋友可以从Github上下载iOS版本（见图14.10）。我们也可以用另一台iOS设备上的Locate Beacon来接收。在iOS上，注意要开启定位权限，并把相同的UUID加入接收列表。

很快就可以在iBeaconScanner中找到我们模拟的iBeacon了，我们可以看到刚才设定的UUID、Major和Minor值，并可以看到距离和信号强度的关系。当我们把手

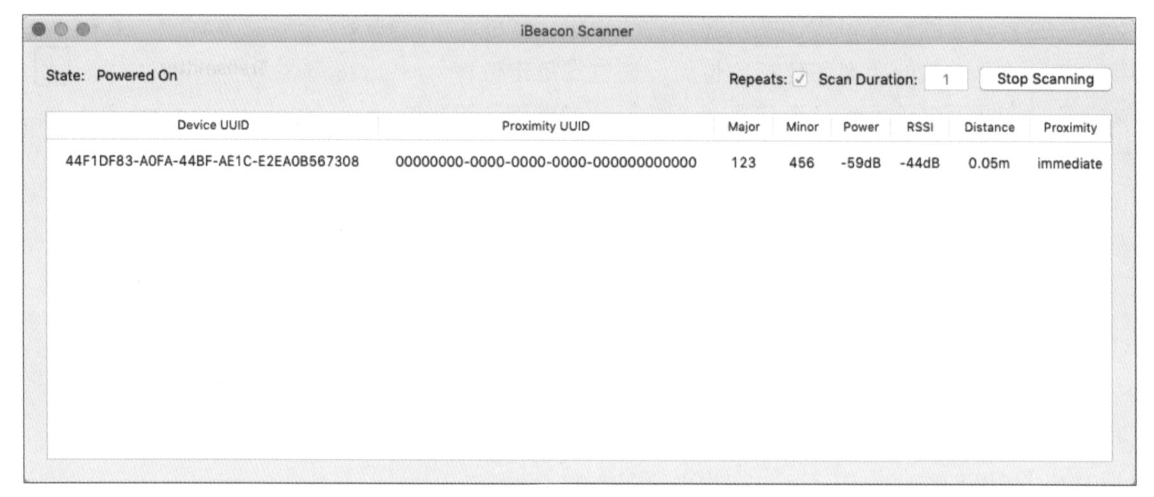

图 14.10 使用 iBeacon Scanner 扫描 iBeacon

机拿远时，信号强度会下降，距离会增加。感兴趣的朋友不妨思考一下，如果我们要部署真正的iBeacon系统，该怎样设定UUID、Major和Minor呢?

2. 自定义Beacon

其实除了使用大厂的信标标准外，我们也可以定义自己的蓝牙信标标准。如果我们只需要单向数据传输，数据量不大，也不担心数据保密的话，可以让我们的发射器工作在广播者模式，并把需要传输的数据放在广播的数据字段里。这样我们的发射器可以非常简单，只要让接收器（一般是智能手机）工作在观察者模式下，并捕捉发射器的数据包，就可以实现单向通信。

这里介绍一个非常有意思的蓝牙发射器方案。我们知道蓝牙广播的数据包是固定的，不需要跳频通信，甚至可以用较便宜的普通的2.4GHz收发芯片来做蓝牙广播发射器。Dmitry Grinberg在2012年发表了一篇很有意思的文章叫《*Faking Bluetooth LE*》。他使用一片很便宜的nRF24L01+模块，配合自己准备的数据包，实现了蓝牙广播。如果只需要广播数据，用普通2.4GHz芯片也是可以实现的，这样成本会比使用蓝牙专用芯片还要低。

14.2.2 角色二：中央设备和外围设备

下面我们来讨论BLE的第二对工作角色：中央设备和外围设备。这是BLE最常用的模式。中央设备扫描、发现并连接到周围的外围设备上，一般由性能比较强的设备担任，如计算机、智能手机等。外围设备发出广播数据包，让中央设备知道自己的存在，等待中央设备连接自己。与“广播者与观察者”角色不同，中央设备和外围设备需要先建立连接，才能互相通信。

在BLE通信中，通信的基本元素叫作特征（Characteristic），一个或多个特征形成一个服务（Service），一个或多个服务形成一个规范（Profile）。规范、服务、特征，组建了BLE通信的3层结构（见图14.11）。

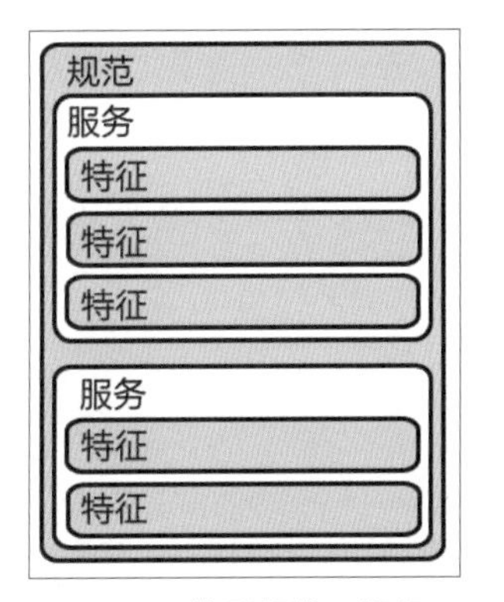

图14.11 蓝牙规范－服务－特征

规范是预先设定好的服务的一组集合。有一部分规范是蓝牙技术联盟定义好的，另外的规范可以由外围设备的设计者自行定义。对我们而言，可以根据需要，自行定义自己的规范。

服务用来将规范划分成几个相关的区块。在每个服务中，都包含有特定的数据块，就是特征。每个服务都有自己的UUID，用来把自己和其他的服务区分开来。

特征是BLE的最基本结构，每个特征都是一个可以通信的数据节点。与服务类似，每个特征都有自己的UUID，用来把自己和其他的特征区分开来。

举个例子，电池服务（Battery Service）是蓝牙官方定义的一个服务，用以传输电池电量信息。电池服务的UUID是0x180F。在电池服务中，只有一个特征，即电池电量（Battery Level）。它的UUID是0x2A19（见图14.12）。

由于电池服务是官方定义的服务，即使设备产自不同的厂家，它们表示电量的服务都是一样的，它使用相同的方式传递电量数据。因此，即使我们把不同厂家的设备连接到智能机上时，也可以在不用任何特殊程序的情况下读取设备的电量（见图14.13）。

14.3 在iOS里制造一个蓝牙外围设备

下面让我们动手试验，使用一个iOS设备（iPhone、iPad或iPod touch）制造一个蓝牙外围设备，使用一台计算机作为中心设备，并把它们连接起来。在试验过程中，我们来讨论蓝牙连接的概念。

首先在iOS设备上安装一个App：Punch Through公司的LightBlueExplorer。这个App虽然有安卓版，但是安卓版不能模拟外围设备，因此本试验中我们必须使用iOS版。

打开LightBlue Explorer后，我们首先单击左下方第二个图标“Virtual Devices”（虚拟设备），再单击右上角添加一个外围设备（见图14.14）。

这个App会给我们很多设备的模板，这里选择第一个“Blank”（空白设备），单击右上角“Save”（保存），如图14.15所示。

电池服务

0x180F

特征	UUID	属性	参数
电池属性	0x2A19	Read, Notify	0 ~ 100 %

图14.12 电池服务

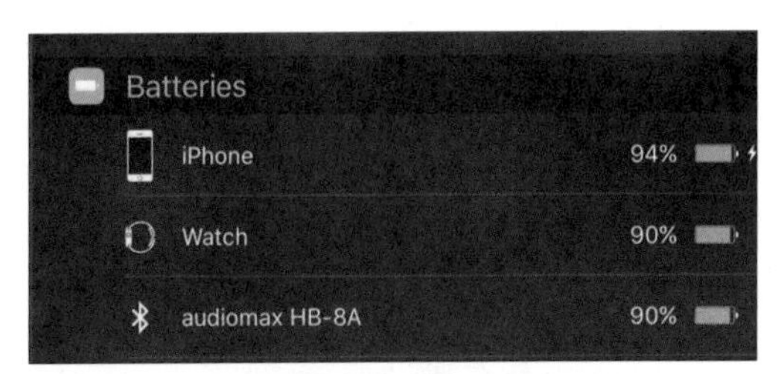

图14.13 iPhone指示不同设备的电量

这时会看到设备列表中出现了我们刚才添加的蓝牙设备“Blank”。我们单击它进行设置（见图14.16）。

首先设置它的名字，不妨取一个有意义的名字，方便我们在计算机上查找。名字不必太复杂（见图14.17）。

在这个默认的空白设备里，它自带一个UUID为0x1111的服务，这个服务里有一个UUID为0x2222的特征，单击进入这个特征（见图14.18）。

这个特征默认是没有值的，我们单击文本框，给它赋一个值，什么值都可以（见图14.19）。

图 14.14 添加蓝牙设备

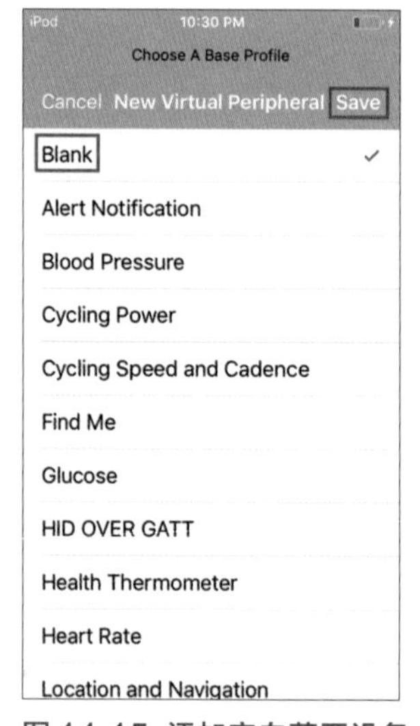

图 14.15 添加空白蓝牙设备

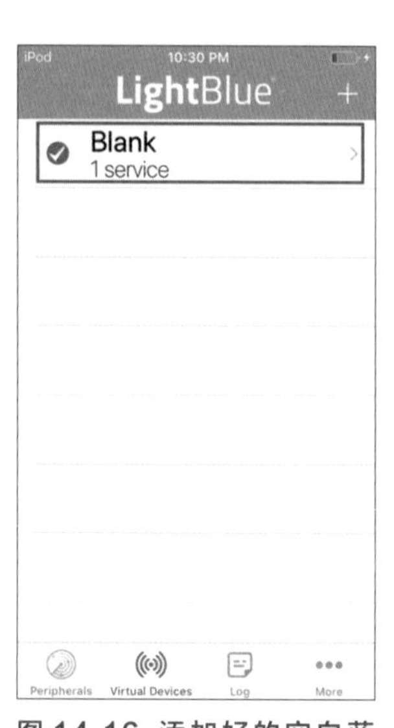

图 14.16 添加好的空白蓝牙设备

图 14.17 重命名设备

图 14.18 设备重命名

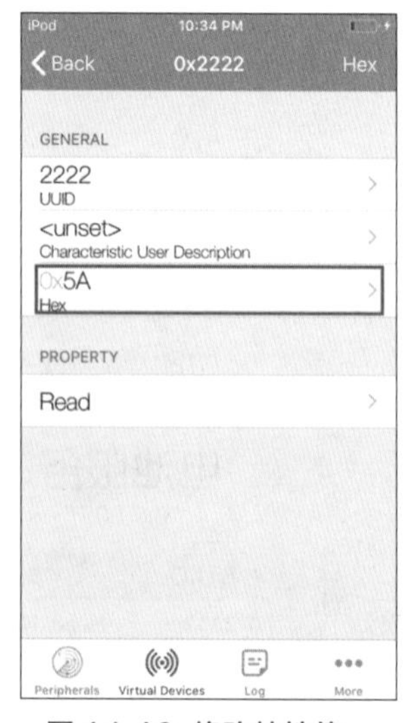

图 14.19 修改特性值

现在我们退回最上级菜单，我们的最基本蓝牙外设已经准备好了（见图14.20）。

图 14.20 返回主界面

14.4 用WebBluetooth制造一个蓝牙中央设备

较新版本的Chrome浏览器，无论是桌面版还是安卓移动版，都支持WebBluetooth技术。这样我们使用Chrome就可以直接在网页里进行蓝牙操作，而无须安装其他程序。读者朋友可以在国际搜索引擎里搜索：github deqingsun Javascript-Signal-Processing。

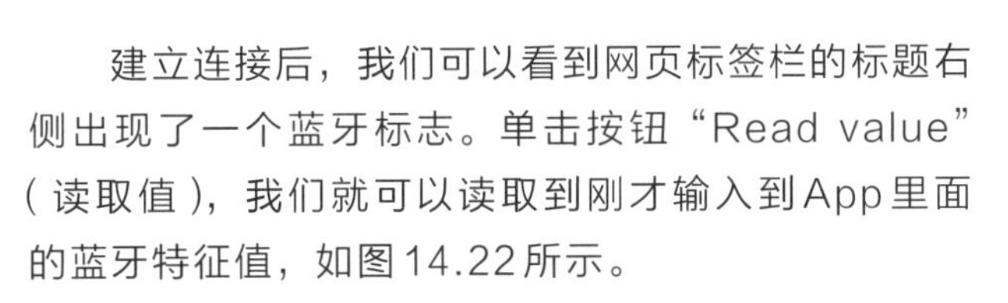

打开链接后会看到图14.21所示的界面。我们单击“Connect”（连接），这时Chrome会列出附近所有符合搜索条件的蓝牙设备。在列表里找到我们刚才设置的设备，选中它，并单击“Pair”（配对）。

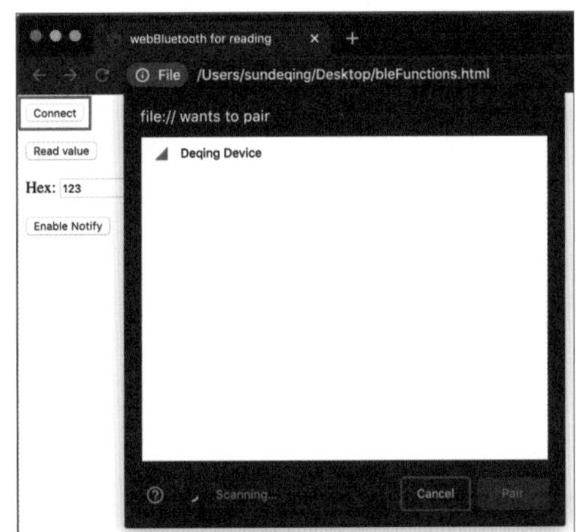

图 14.21 Chrome 搜索蓝牙设备

建立连接后，我们可以看到网页标签栏的标题右侧出现了一个蓝牙标志。单击按钮“Read value”（读取值），我们就可以读取到刚才输入到App里面的蓝牙特征值，如图14.22所示。

图 14.22 Chrome 读取蓝牙特征

我们上面读取的蓝牙特征的属性是“读取”，它可以让中央设备，也就是我们的计算机，读取App里的值。接下来，我们在App里再添加一个写入属性的特征。首先我们单击右上角的“Option”（选项），并在弹出菜单中选择“Add Characteristic”（添加特征），如图14.23、图14.24所示。

这时会出现一个列表，询问我们想将新的特征添加到哪个服务中去。我们选择1111服务，会看到1111服务里出现了一个新的特征，ID非常长，我们单击这个新特征以编辑，如图14.25和图14.26所示。

我们单击它的UUID，将ID修改为3333。新特征默认的属性是“Read”（读取），如图14.27所示，我们单击它，取消“Read”（读取），选择“Write”（写入），如图14.28所示。

确认一下新的特征ID是3333，并且属性是写入，如图14.29所示。此时我们单击后退，再确认

图 14.23 单击右上角 Option

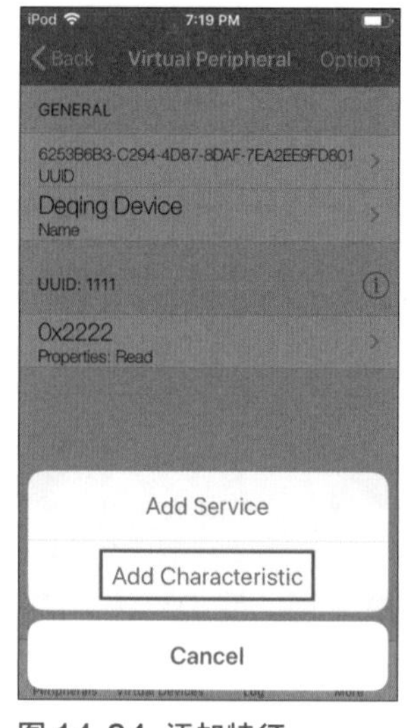

图 14.24 添加特征

图 14.25 在服务 1111 内添加特征

图 14.26 选择刚添加好的特征

图 14.27 修改 UUID 为 3333 并单击读取

图 14.28 选择 Write（写入）

我们的设备是不是有两个特征：2222 特征为读取，3333 特征为写入，如图 14.30 所示。

接下来，我们返回到 Chrome 的网页里，刷新一下，重新单击“Connect”连接蓝牙设备。单击“Write value”（写入值）按钮，我们在 App 里进到 3333 特征里看一下，是不是可以看到和 Chrome 文本框里一样的值“123”？这说明你已经成功写入了信息，如图 14.31 所示。

BLE 的特征有 3 种常用的属性：读取（Read）、写入（Write）、监听（Notify），如图 14.32 所示。一个特征可以同时兼具多种属性。为了简单起见，我们上面的动手练习里每个特征只有一个属性。其中对于读取属性的特征，中央设备可以向外围设备发送读取请求，外围设备会送回需要的值。而对于写入属性的特征，中央设备可以向外围设备发送值，外围设备收到后会给

图 14.29 确认 UUID 为 3333 且属性为 Write

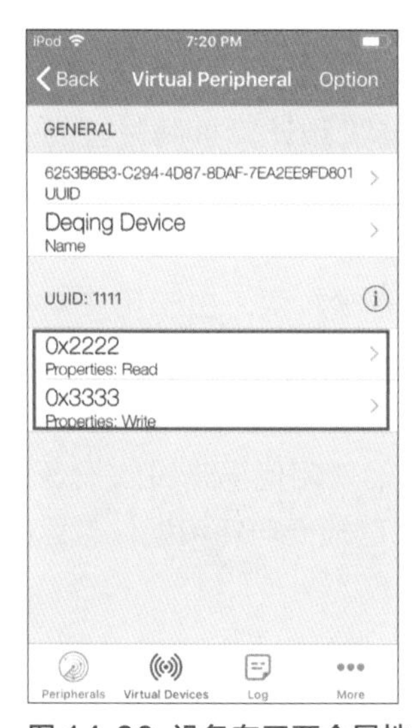

图 14.30 设备有了两个属性

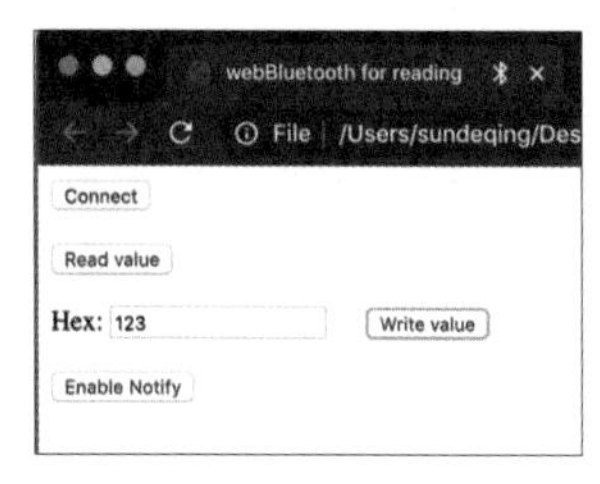

图 14.31 Chrome 写入蓝牙特征

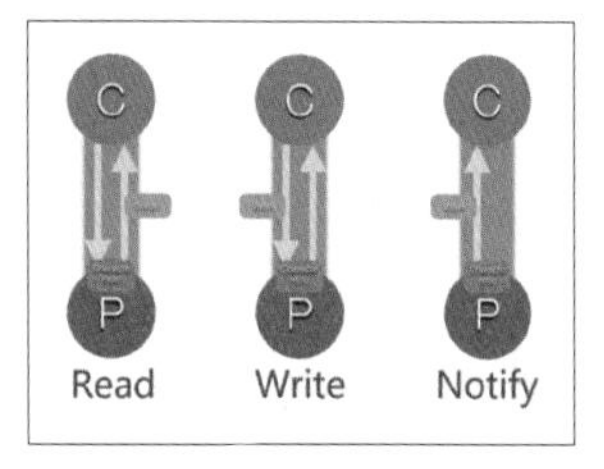

图 14.32 读取、写入和监听

中央设备应答。想象一下，如果我们需要获得外围设备上一个特征最新的值，我们如果使用读取方式，需要一遍遍反复读取，效率不高。对于监听属性的特征，主机可以开启对这个特征的监听，而外围设备更新特征值后，可以直接将新的值推送给主机，这样一来效率更高。

下面我们试验“监听”属性。首先在App里再添加一个监听特征，把它的UUID设为4444，并把它的属性设为Notify（监听），如图14.33所示。需要注意的是，Lightblue有一个Bug，直接添加的监听特征不能立刻工作，我们返回虚拟设备列表，单击对钩取消选定设备，再单击一次重新选中，监听特征就可以正常工作了，如图14.34所示。

图 14.33 添加监听特征

图 14.34 重新选中蓝牙设备

我们再次刷新Chrome页面，重新单击“Connect”连接设备，并单击“Enable Notify”（开启监听），如图14.35所示。接下来我们就可以在App来给4444特征赋值。你会发现，当在App里赋值之后，相同的值立刻出现在了Chrome里面。

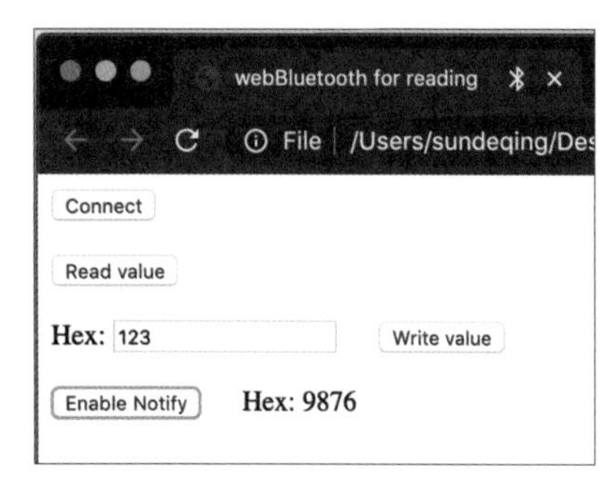

图 14.35 Chrome 监听蓝牙特征

14.5 连接到实体设备

我们刚才进行的实验都是在智能机和计算机间进行的。感兴趣进一步探索的读者朋友，可以将蓝牙结构建立在自己的硬件上。市场上制作蓝牙设备的平台有许多，读者朋友们可以按需选择。对于初学者而言，我们建议使用micro:bit进行试验。这块开发板是BBC提供的，核心是nRF51822，并且自带调试器，非常方便。由于用户众多，有很多资料和教程可以参考。比如我们刚才在LightBlue Explorer上制作的虚拟设备，我们也可以做在micro:bit上。读者朋友可以参考本书随附的sketch_microbit_sample代码（扫描目录页二维码登录云存储平台获取）。流程也和实验中非常类似，我们使用代码来设置设备名，添加服务和特征，并且把特征和其他程序代码连到一起，就可以实现蓝牙低功耗和硬件电路的连接了。

14.6 结语

到这里，很高兴我们已经一起讨论了13个关于电子原型制作的话题，从原型制作基础知识和LED入门，到传感器、电机、电源、通信、信号处理等进阶内容，再到PCB设计制作及蓝牙等高阶知识。无论是随手翻阅还是动手做练习，你一定已经了解了产品原型设计及制作的整个过程，同时开始熟悉交互设计与快速迭代的方法。或许你已经在开始制作自己的电子原型，实现或部分实现了自己的点子。那么下一步该做什么?

我建议你试图动手做下面这样一个电子原型。

- 至少有一种输入方式（Input）和一种输出方式（Output），例如探测温度（Input）、显示度数（Output）。
- 不仅仅是一个软件，而是有一个实体电子部分，例如用Arduino、温度传感器、LED、面包板搭建电子原型。
- 这个原型可以被复制部署成一个网络，互相通信，例如做3个探测温度装置，放在家里的3个不同房间，用一台计算机控制它们。
- 完成以上步骤后，再重新做一次！没错，这一次不是简单的重复，而是一次迭代，我们鼓励你思考哪里可以改进，甚至尝试自己制作PCB。
- 在整个过程中，我们鼓励你向朋友展示你的设计，观察和询问他们的使用体验，看看是否和你设想的一致? 如果不一致，该怎样改进?

如果你回想至今我们学习过讨论过的所有内容，你会发现动手做这样一个电子原型并不难。一旦你做出它，你就可以自豪地宣布自己是一个创客（Maker）了！我们深信practice makes perfect，相信通过动手制作自己的电子原型，你会迅速应用知识，积累经验，激发创造力。Good Luck！